火灾烟气毒害分析

胡定煜　编著

中国建材工业出版社

图书在版编目（CIP）数据

火灾烟气毒害分析/胡定煜编著．—北京：中国建材工业出版社，2015.10（2019.1重印）

ISBN 978-7-5160-1277-2

Ⅰ.①火… Ⅱ.①胡… Ⅲ.①火灾—烟气—气体分析 Ⅳ.①TU998.1

中国版本图书馆 CIP 数据核字（2015）第 208326 号

内 容 简 介

本书以火灾烟气为主要研究对象，对其产生、危害特性、采样分析方法、成分分析技术、毒性评估方法、产烟规律、毒性分级管理等进行了较深入的分析，并在此基础上探讨了火灾烟气的控制与管理措施。

本书可供广大聚合物材料和建筑材料的开发人员、火灾科学与消防工程的研究人员、建筑工程设计人员、消防监督管理人员，以及高等院校和科研院所相关专业的师生参考使用。

火灾烟气毒害分析

胡定煜　编著

出版发行：中国建材工业出版社

地　　址：北京市海淀区三里河路 1 号

邮　　编：100044

经　　销：全国各地新华书店

印　　刷：北京鑫正大印刷有限公司

开　　本：787mm×1092mm　1/16

印　　张：11.5

字　　数：300 千字

版　　次：2015 年 10 月第 1 版

印　　次：2019 年 1 月第 2 次

定　　价：48.00 元

本社网址：www.jccbs.com.cn　　微信公众号：zgjcgycbs

本书如出现印装质量问题，由我社网络直销部负责调换。联系电话：（010）88386906

前　言

火灾危害主要来源于三个方面，即火焰辐射热量、低氧状况以及火灾烟气。而火灾烟气是火灾事故中造成人员伤亡的重要因素之一。随着材料工业的发展，新型材料不断涌现，火灾烟气中的毒物品种及数量变得更为复杂，发生火灾烟气毒性伤害的概率大为增加。近年来，特别重大火灾如洛阳“12·25”东都商厦火灾、深圳“9·20”舞王俱乐部火灾、上海“11·15”教师公寓火灾、吉林德惠“6·3”火灾、河南“5·25”鲁山养老院火灾等灾难性事故的发生，均造成了巨大的人员伤亡和财产损失。火灾烟气毒性危害问题已经成为当今消防亟待解决的重大课题之一。

世界各国都非常重视材料的燃烧产烟及烟气毒性方面的研究工作。美国、英国、德国、日本、加拿大等国以及欧洲的一些研究机构就此开展了大量的研究，并出台了许多相应的标准。著名学者 Zapp、Hartzell 等更是拓展了燃烧毒理学研究领域，出版了《Combustion Toxicology: Principles and Test Methods》、《Advances in Combustion Toxicology》等极具影响的学术专著。国内《建筑材料及制品燃烧性能分级》（GB 8624—2012）和《材料产烟毒性危险分级》（GB/T 20285—2006）等一些相关标准对材料燃烧烟气毒性等提出明确的要求，并制定了分级管理措施。清华大学、中国科技大学、公安部四川消防研究所、天津消防研究所等一些科研院所在火灾烟气毒性研究方面走在了同行的前列，并发表了许多极具价值的学术论文。但令人遗憾的是，关于火灾烟气毒性分析的研究内容多散存于火灾科学研究诸多著作的章节之中或期刊杂志的论文之中，而专门性的学术著作或教材在国内仍是空白。

基于此，在参阅、引用国内外文献资料的基础上，笔者编写了此书。本书以火灾烟气为主要研究对象，对其产生、危害特性、采样分析方法、成分分析技术、毒性评估方法、产烟规律、毒性分级管理等进行了较深入的分析，并在此基础上探讨了火灾烟气的控制与管理措施。全书共 8 章。第 1 章为绪论，主要介绍了火灾烟气的危险性和研究现状；第 2 章介绍了火灾烟气的主要危害特性及定量描述方法；第 3 章重点阐述了火灾烟气组分的毒害作用及其机理；第 4 章以 FTIR 分析技术为重点，着重介绍了火灾烟气的采样及分析技术；第 5 章详细介绍了烟气毒性的分级管理标准和毒性评估模型及方法；第 6 章重点介绍了烟气毒性的动物试验评估方法和手段；第 7 章介绍了火灾烟气生成的影响因素以及组分间的相互作用；第 8 章着重介绍了火灾烟气危害的控制与管理。

书稿编写过程中，得到了中国人民武装警察部队学院、北京理工大学领导、专家、同行的大力帮助，在此一并致以衷心的感谢。同时，特别感谢武警学院材料与火灾科学教研室舒中俊教授在书稿编写过程中的悉心指导。此外，本书参阅、引用了大量国内外文献和其他资料，在此特对被引用材料的作者和单位致以深切的谢意。

由于时间仓促，编者水平有限，书中存在不足之处，乃至缺点错误也实属难免。本书一旦出版希望得到更多专家教授、同行的批评和指正，以便通过今后的教学、科研实践不断修改完善。

胡定煜
2015 年 10 月

目　录

第一章　绪　　论

第一节　火灾烟气的危险性

火灾是火失去控制而蔓延的一种灾害性燃烧现象，是人类社会威胁较大的灾害之一。火灾往往会造成大量的人员伤亡和巨额财产损失，以及环境污染等，影响社会稳定。火灾危害主要来源于三个方面，即火焰辐射热量、低氧状况以及火灾烟气。在多数火灾中，辐射热量、低氧状况对火灾中人员造成的伤害远不及火灾烟气吸入对人员造成的伤害大。据美国消防协会（NFPA）对历年毒性烟气致死人数和受害者死亡地点的统计数据表明，每年由于烟气吸入中毒死亡的人数占火灾死亡人数的2/3～3/4，而其中60%～80%的人员均在远离火源的位置死亡。这一现象说明毒性气体本身及其在火灾现场空间的传播是火灾事故中造成人员伤亡的重要因素之一。

一、火灾烟气的危害性

火灾中，可燃物质燃烧或不完全燃烧以及高分子化合物高温分解产生的气体和固体物质的混合物统称为烟气。美国试验与材料学会（ASTM）对烟气的定义是：某种物质在燃烧或分解时散发出的固态或液态悬浮微粒和高温气体。在已有文献中，关于“烟气”有多种不同的定义。常见的有如下三种：①烟气是燃烧中产生的一种气溶胶状物质；②烟气是可燃物燃烧产生的可见挥发物；③烟气为在不完全燃烧过程中所产生的、由大量微粒所组成的可见云团，其包括燃烧物释放的高温蒸气或气体、未燃的分解物和冷凝物以及被火焰加热的空气等。尽管对“烟气”的定义各有不同，但有两点是统一的。一是烟气的产生与燃烧有关；二是烟气的成分一般都非常复杂，是由多相物质组成的混合物。总体而言，火灾烟气是由以下三类物质组成的具有较高温度的混合物，即气相燃烧产物，未完全燃烧的液、固相分解物和冷凝物微小颗粒，以及未燃的可燃蒸气和卷吸混入的大量空气。火灾烟气中含有多种有毒、有害、腐蚀性气体成分和颗粒物等，加之火灾环境高温缺氧，必然对生命财产和生态环境造成极大的危害。

聚合物材料是火灾中毒性烟气的重要来源。有机类聚合物材料因其质轻、防水、耐腐蚀、价格便宜及加工方便等优点，在建筑内装饰中得到广泛应用。建筑内装饰材料是指建筑结构主体完成后，在建筑内进行顶棚、墙面、楼地面、隔断等部位装饰装修用的各种材料。随着生活水平的提高，人们对装修的标准越来越高，有时为了达到某一装饰效果，往往采用可燃甚至易燃的装饰材料，大大增加了建筑的火灾危险性。表1-1是常见聚合物材料在建筑内装饰上的应用。

表 1-1 聚合物材料在建筑装饰装修上的应用

类别	主要制品	材料
墙面材料	墙纸、墙布	PVC
	墙面砖	PS、PVC、PP
	护墙板	PVC、MF
地面材料	地面砖和卷材	PVC、PMMA
	涂布地板	UP、EP、PU、AC、PC
	地毯	PA、PP、PAN
顶棚材料	吊顶	PVC
线材	踢脚线、顶角线和窗帘盒	PVC、PS
衬设	门窗、窗帘、幕布、床罩、沙发罩和家用电器外壳	PET、PAN、PVA、PS、UF、PF
隔热材料	泡沫塑料	PS、PU、UF、PF
其他	隔断、广告牌、玻璃钢等	PE、PS、PVC、PMMA

随着材料工业的发展，新型材料不断涌现，建筑用装饰装修材料也从传统的木材、石材向聚合物材料转变。火灾烟气中的毒物品种及数量变得更为复杂，发生火灾烟气毒性伤害的概率大为增加。由于烟气毒性的威胁，阻碍了人员安全疏散和消防队的灭火救援行动，由此造成巨大的人员伤亡和财产损失。近二十年来，特别重大火灾时有发生。火灾烟气毒性危害问题已经成为当代消防急需解决的重大课题之一。

1993 年 2 月 14 日唐山林西百货大楼火灾，经法医鉴定死亡的 80 人中，除一人属高空坠落死亡外，其余全部死于有毒烟气。

1994 年 11 月 27 日 13 时 28 分，辽宁阜新艺苑歌舞厅发生大火，因易燃的化纤布（棉丙交织布）燃烧时分解产生大量有毒气体，加上出口狭窄，人员较多，最终造成 200 余人中毒窒息死亡。

1994 年 12 月 8 日新疆克拉玛依友谊馆大火，死亡 325 人，其中 95%以上死于烟气中毒。

1996 年 11 月 20 日下午 4 时 47 分，香港弥敦道嘉利大厦发生火灾，火灾燃烧了 21 小时，造成 40 人死亡，81 人受伤。

2000 年 12 月 25 日，洛阳东都商厦发生特大火灾，死亡人数达 309 人。事后统计表明，这 309 人全部是因为吸入有毒烟气重度中毒窒息而亡。

2003 年 2 月 28 日，南通市某家具公司发生了火灾，参与救火的 50 多名人员事后不久陆续出现头昏、恶心、四肢乏力等症状，入院治疗后全部痊愈。经调查，初步确定为由火灾引发的烟气吸入性中毒事故。

2003 年 12 月 12 日上午 8 点左右，温州市区发生一起特大火灾。共造成 21 人死亡。其中，2 楼的新艺苑舞厅因烟气窒息中毒死亡 19 人。

2008 年 9 月 20 日 23 时许，深圳龙岗区舞王俱乐部因使用自制礼花弹手枪发射礼花弹，引燃天花板从而引发一起特大火灾事故，造成 43 人死亡，88 人受伤。

2009 年 1 月 31 日晚 11 时 55 分左右，福建省长乐市区吴航街道郑和中路 178 号的“拉丁”酒吧，因桌面上燃放的烟花引燃了天花板，造成重大火灾事故，15 条鲜活的生命在火灾中逝去，22 人受伤。

2009 年 2 月 9 日晚 21 时许，在建的央视新台址园区文化中心发生特大火灾事故，大火持续六小时，火灾由烟花引起。央视新台址北配楼火势猛烈时火焰高近百米，浓烟滚滚，一度将正月十五的圆月完全遮蔽。从发生火灾的大楼上掉落下来的灰烬像雪片一样落在 1km 范围内。建筑物过火、过烟面积 21333m^2，其中过火面积 8490m^2，造成直接经济损失 16383 万元。

2010 年 11 月 15 日，上海静安区胶州路的教师公寓发生火灾。由于电焊引燃了违规使用的大量聚氨酯泡沫等易燃材料，导致大火迅速蔓延，事故最终造成 58 人遇难，71 人受伤，直接经济损失 1.58 亿元。

2011 年 2 月 3 日，沈阳皇朝万鑫酒店发生火灾，起火原因是燃放礼花引燃外墙表面装饰材料，事故虽没造成人员死亡，却带来巨大的经济损失。

2012 年 6 月 30 日 15 时 41 分，天津蓟县莱德商厦发生火灾。商厦内可燃物大量堆积，造成较大的火灾荷载，且燃烧速度快，发生火灾后短时间内迅速形成大面积燃烧。化妆品、塑料制品等有机物质燃烧释放出大量有毒高温烟气，笼罩整个大厦，形成立体式燃烧。火灾造成 10 人死亡、16 人受伤，过火面积 6800m^2。

2013 年 6 月 3 日，位于吉林省长春市德惠市的吉林宝源丰禽业有限公司主厂房发生特别重大火灾爆炸事故，最终酿成 121 人死亡的悲剧，直接经济损失 1.82 亿元。

上述各起火灾事故中，大量的人员伤亡均与火灾烟气毒性具有密切的联系。火灾烟气的危害性已经引起了消防从业人员及科研人员的高度重视。

二、火灾烟气的毒性作用

燃烧毒理学是研究暴露于火灾氛围对健康的不利影响。火灾氛围指所有材料或产品在有焰或阴燃燃烧条件下热分解产生的产物，在火灾现场所形成的区域环境。燃烧毒理学研究的目标是识别那些潜在的能够通过燃烧或热降解产生有害产品的材料，确定有毒产品以及毒性程度的最佳测量识别方法，以确定暴露在不同火灾毒性氛围中对健康的影响，并分析和研究此类产品燃烧产物对有机体的生理作用机制。这一领域研究的最终目标是减少因吸入浓烟而导致死亡的人类火灾死亡人数，强化或有针对性地开展对于幸存者的有效治疗，以及预防由火灾烟气吸入造成的不必要伤亡。因此，从 1970 年左右开始，燃烧产物毒性研究一直成为火灾科学中持续关注和辩论的话题。测量燃烧产物成分和浓度并进行毒性评估具有重要的安全意义。火灾烟气毒害分析是燃烧毒理学领域的一项重要的研究课题。

目前，已知火灾中有毒烟气的成分有数十种，主要分为无机类毒害气体和有机类毒害气体。无机类毒害气体包括 CO、CO_2、NO_x、HCl、HBr、H_2S、NH_3、HCN、P_2O_5、HF、SO_2等，有机类毒害气体包括光气、醛类气体等。有时也将火灾产生的细颗粒物、烟雾和可能产生的重金属粉末归入火灾产生的有毒有害物质。烟气成分的毒害作用主要体现在窒息作用和刺激作用两个方面。

1. 窒息作用

CO 和 HCN 是火灾中足以引起明显窒息作用的毒性气体。CO 由于比 O_2 更容易与血液中的血红蛋白结合，从而降低了血液运输 O_2 的能力，致人缺氧而窒息，严重者则死亡。HCN 是所有氰化物中中毒最快、毒性最强的一种，可以使人缺氧，抑制人体中酶的生成，阻止正常的细胞代谢，造成机体组织内窒息。当 HCN 与 CO 同时存在时，两者的毒性呈现相加作用，其中 HCN 的毒性比 CO 剧烈得多，毒性约为 CO 的 20 倍。

氧气通常占空气体积的 20.9%，人类呼吸及神经系统的所有功能均已适应此浓度。当氧气浓度稍微下降时，就开始出现生理反应。对于不同的个体，实际效应可能千差万别，而且受年龄和总体生理状况影响。火灾现场经常出现缺氧状况，导致人员因缺氧而窒息。

另外，CO_2的浓度会影响人的呼吸速率，空气中CO_2的正常浓度为 0.03%，火灾烟气中CO_2的浓度总是大于此值，有时可高达 10%。CO_2浓度的增加会迫使肺的换气作用加倍，呼吸速率越快，吸入的包括 CO、HCN 在内的有毒气体就越多，这是一种间接的中毒。

火灾烟气中常见窒息剂的毒性数据见表 1-2。

表 1-2　火灾烟气中常见窒息剂的毒性数据

窒息剂	5min 暴露		30min 暴露	
	失能浓度/ppm	致死浓度/ppm	失能浓度/ppm	致死浓度/ppm
一氧化碳	6000～8000	12000～16000	1400～1700	2500～4000
氰化氢	150～200	250～400	90～120	170～230
低氧	10%～13%	<5%	<12%	6%～7%
二氧化碳	7%～8%	>10%	6～7%	>9%

说明：低氧和二氧化碳浓度指体积百分浓度。

2. 刺激作用

由于新型建筑材料的大量使用，使得火灾中硫氧化物、氮氧化物、氰化氢、氯化氢、固体和液体颗粒等毒性组分大量生成。这些物质能刺激人的某些感官或功能系统，使人不适。刺激性主要体现在两个方面：一种是刺激神经，主要是毒物在眼和上呼吸道引起的反应；另一种是刺激肺，主要是毒物在下呼吸道引起的反应。绝大多数的火灾中，烟气的两种刺激效应是共存的。

火灾烟气中常见刺激性气体的毒性数据见表 1-3。

表 1-3　火灾烟气中常见刺激性气体的毒性数据

窒息剂	5min 暴露		30min 暴露	
	失能浓度/ppm	致死浓度/ppm	失能浓度/ppm	致死浓度/ppm
丙烯醛	95～100	500～1000		50～135
氯化氢	75～11000	12000～16000		2000～4000
氟化氢	极限取量 50			
溴化氢	致死剂量 500（10min）			
氮氧化物	极限取量 50～1000			

第二节　火灾烟气研究现状

在诸多灾害中，火灾的发生频率最高。近年来，随着国民经济的快速发展，我国的火灾形势呈现出愈演愈烈之势。火灾对人和财产造成很大的危害，通常可分为两类：热辐射引起的危害和非热因素引起的危害。对于火灾中热辐射的危害已经有较多的研究成果了，而对于非热因素引起的危害则研究得不太多，特别是对其中烟气毒性的研究最为缺乏。几乎所有火灾都会产生大量的烟气。在烟气的各种成分中，一氧化碳是唯一已被证实造成火灾中人员大量死亡的气体，并且已引起足够的注意。但对其他成分的了解不是很多，如 HCN 和丙烯醛等。一些毒物成分对人的影响同样不可忽视，如人在浓度为 30ppm 的丙烯醛环境中滞留 5～10min 即可致命。因此，研究可燃物在火灾中产生的作用十分关键。尤其在现代建筑物中，使用了大量的新材料，而新材料的使用对火灾烟气毒物的产生起着重要的作用。关于火灾烟气毒性的研究现状，主要体现在以下几方面。

一、材料产烟模型

火灾烟气毒性测试通常采用小尺度试验方法。小尺度试验的基础理念是：借助温度、有无火焰和供氧量等参数改变，在小尺度试验装置中得到火灾不同类型、不同阶段的化学反应环境；在这些情况下，材料火灾烟气毒性与全尺寸试验相应阶段相似。小尺度试验是在特定的加热和通风情况下，对材料的烟气毒效测试的方法。根据国外现有的情况来看，采用的小尺度物理火灾模型不统一，有 15 种之多。国际标准化组织于 1985 年邀请 20 位火灾工程专家结合评价体系对 15 种小尺度火灾模型进行评价。评价较高的模型是：德国 DIN 53436 管式炉，美国 NBS 杯炉、NBS 锥形炉和辐射炉。1996 年，ISO 形成了第一个关于火灾烟气毒性的国际标准《火焰气流物致命毒性强度的评估》(ISO 13344)。在小尺度模型装置方面，ISO 13344 推荐了 8 种模型，没有做进一步的筛选。

我国于 1987—1990 年间进行了材料产烟毒性试验方法学基础的研究，解决了材料产烟毒性试验的定量化、重复性、再现性等技术问题；建立了我国独特的材料产烟毒性试验方法和装置，其产烟原理参照德国标准 DIN 53436 管式炉，与小鼠暴露染毒相结合，适用于各种材料的不同产烟情况下进行不同染毒时间的动物染毒评价，现已成为国家防火建材质检中心对防火建材毒性分级的标准检测装置。

二、烟气成分分析

采用化学分析的方法对火灾烟气有毒成分进行分析测试，有利于研究烟气中各毒性组分产生的毒性作用，综合分析毒性产生的原因和机理。一般采用气相色谱、气-质联用、NDIR、磁氧分析、离子色谱、比色分析等传统分析方法测试火灾烟气毒性组分。但由于传统的成分分析法主要是根据不同的火灾烟气成分的特性采用不同的分析方法，操作程序烦琐，且大多只能采取间歇取样分析，无法对整个燃烧过程的火灾毒性烟气成分进行在线实时分析。因此，1997—1999 年由欧盟出资，芬兰、英国等 6 个国家 10 个科研机构联合开展了“用傅里叶变换红外光谱技术（FTIR）分析火灾烟气成分”的 SAFIR 计划。该计划属于欧盟标准化研究项目，并为 CEN、ISO、IEC 和 IMO 制定烟气成分分析标准做准备。ISO/TC92 在 2002 年年会上首次提出了工作草案 ISOWD 19702“火灾气流物毒性试验——用 FTIR 技术对火灾烟气成分的分析”，并进一步完善成为国际标准。

公安部四川消防研究所于 2003 年开展了分析火灾烟气成分的新方法研究，建立了 FT-IR 分析烟气多组分的方法，实现了对烟气多组分的在线实时测量。

表 1-4 中所示的是空气流速 $50dm^3 \cdot h^{-1}$ 时采用红外光谱法测得的一些材料的燃烧气体产物。

表 1-4　一些材料在空气中燃烧时的气体产物

燃烧产物 $(mg \cdot g^{-1})$ / 材料	CO_2	CO	COS	SO_2	N_2O	NH_3	HCN	CH_4	C_2H_4	C_2H_2
聚乙烯	502	195						65	187	10
聚苯乙烯	590	207						7		
尼龙-6,6	563	194				4	26	39		
聚丙烯酰胺	783	173				32	21	20		
聚丙烯腈	630	132					59	8		
聚氨基甲酸酯	625	160					11	17	37	6
环氧树脂	961	228					3	33	5	6
脲-甲醛树脂	980	80					22			
三聚氰胺-甲醛树脂	702	190			27	136	59			
雪松	1397	66						2	1	

在烟气成分分析中，关于毒气混合物（成分、浓度等）是怎样在室内随漂移距离而变化的，以及这些毒性气体与装饰材料之间如何产生化学反应等问题都是值得深入研究的重要课题。

Galloway 等曾对 HCl 气体在室内传播规律进行了研究。实验研究表明，HCl 和大多数建筑材料的反应特别迅速，如水泥板、石膏板等。在火灾中测得的 HCl 最高浓度通常比计算得出的材料燃烧释放 HCl 的值要小很多，并且 HCl 很快会从其最高值下降，直至完全从空气中消失。Galloway 等利用 5 个火灾场景实验研究了空气中 HCl 气体的自发迁移规律，建立了一个考虑到对流传质、表面吸收平衡和表面消失速率的空气中的 HCl 衰减模型。模型研究结果表明，HCl 浓度的减少，主要是由于 HCl 迁移到墙壁并和墙壁发生反应，而不是在流动（物理过程）中损失。因此火灾时 HCl 的相对毒性在有迁移运动的烟气层中比没有运动时的要小。

火灾中由聚合物分解释放的 HCl 毒性已引起广泛重视。目前在大部分模型中，HCl 通常被认为是一种随着其他燃烧产物一起扩散的不会损失的气体。但研究表明 HCl 在火灾环境下的空气中不会停留很长时间，化学反应会使其浓度降低，其降低速率和外部环境有关，化学反应主要发生在气-固交界面。

HCl 的衰减现象很重要，因为它是目前广泛应用的建筑材料的主要燃烧产物。在火灾气体抽样分析中，HCl 的体积约占 1/3，所以在考虑火灾危害特别是含有 PVC 材料的危害时，HCl 的衰减就应特别注意，以避免过高估计其危害。

三、动物暴露染毒

成分分析与动物暴露染毒是目前国际上评估火灾烟气毒性的两种主要技术途径。动物染毒法有利于对烟气总体毒效的评价。动物实验一般是在特殊的实验箱中进行的，它们大致可分为静态和动态两种。

衡量标准有 LC_{50}（Lethal Concentration）、IC_{50}（Incapacitation Concentration）/*RD*

(Respiratory Depression)、EC_{50}（Effete Concentration）等。LC_{50}是在一定暴露期和后观察期内50%的烟气暴露动物死亡时对应有毒气体（$\times10^{-6}$）或者材料火灾烟气（g/m^3）的浓度，暴露时间有10min、30min、60min、140min和240min不等。后期观察有5min、7min、7d和14d不等。与此类似，定义丧失能力的浓度IC_{50}/RD是对呼吸系统造成损害的评价参数。最常用的评价指标是LC_{50}。有一种计算燃烧或裂解产物的生物毒性指数（TX）的标准，它是根据在不同时间内的急性死亡率m_i和致死系数K_i计算出来的，可由下式表示：

$$TX=\frac{\sum K_i m_i}{\sum K_i}$$

式中，m_i为时间i时的总的死亡率；K_i为时间i时的致死系数。

引起早期死亡的材料的TX一般很高，但随时间增加而减小。

四、烟气毒性评估

火灾烟气毒性评价与预测是解决火灾烟气毒性危害问题的关键。国外在火灾烟气毒性评价和预测方面仍不断进行深入研究，如欧盟的“COMBUSTTON”项目、“TOXFIRE”项目，美国消防研究基金会（FPRF）、美国国家标准和技术研究所（NIST）和美国消防协会（NFPA）于2000年开始的“火灾烟气对逃生和健康的非致死影响的国际研究（SEFS）”项目等，进而建立了大量的毒性评估数学模型。火灾烟气毒性评价与预测已成为消防安全工程的重要研究内容。

我国2001年开始的“973”项目“火灾动力学演化与防治基础”，重点解决火灾孕育、发生和发展中的关键科学问题，并对火灾防治环节中的基础问题进行系统攻关。“火灾中毒害物质的释放机理和对人体的影响”作为“火灾动力学演化与防治基础”的一个攻关项目，由清华大学、公安部四川消防研究所、解放军防化研究院、中国科技大学共同承担，拟通过火灾烟气毒性评价和预测技术探索火灾中不同类型的毒害物质分布对动物及人体的影响。

五、其他相关研究

针对火灾烟气的主要毒性组分CO，NIST于20世纪90年代初研究了CO的形成机理，认为CO的形成与火灾环境相关的流体动力学和热力学有关；Beyler和Zukoski等人采用烟罩试验方法来研究CO、CO_2、O_2的生成情况，发现它们的生成与燃料和空气的比率有关。在充分燃烧情况下，每单位质量（1kg）的燃料产生的CO约为0.2kg，与Mulholland的基于全尺寸火灾实验的结果一致。我国公安部四川消防研究所于2000年通过模拟火灾和实体火灾试验研究了地下商业街火灾中CO、CO_2、O_2的生成规律等。

第三节　烟气毒性研究发展方向

火灾烟气毒性的研究是火灾基础研究中一个不可缺少的方面，结合材料燃烧烟气毒性研究现状，烟气毒性研究发展应着重加强以下几个方面。

一、烟气组分间的相互作用

主要包括：

1. 两种不同气体间的相互作用。如 NO_2 与 CO_2、NO_2 与 CO、NO_2 与 O_2、NO_2 与 HCN、NO 与上述气体间的作用等。

2. 三种气体间的相互作用。如 NO_2、CO_2 与 HCN 之间、NO_2、CO 与 HCN 之间等。

3. 多种气体之间的相互作用。如 5 种气体，CO、CO_2、NO_2、O_2 与 HCN 之间的作用。

4. 研究材料在不同条件燃烧时产生的毒害物质的组成与分布规律，火灾各阶段毒害物质形成的化学动力学机理，火灾产生的毒性组分与毒效力的相互关系等。

二、烟气毒物的迁移规律

在火灾调查分析过程中发现，多数因中毒而死于火灾的人并非死在起火房间内，而是在邻近的房间或更远的地方。这就提出了一个问题：毒气混合物（成分、浓度等）是怎样在多房间内随漂移距离的变化而变化的，同时数米之遥的漂移也可为空中悬浮毒物中的化学反应提供相当可观的时间，这一化学反应又是如何进行的。基于此，应着重研究建立描述可燃材料烟气产生速率的模型及烟气扩散的浓度变化模型，用于描述烟气毒物迁移规律。主要包括常见建筑材料及装饰材料有毒物质生成速率模型，火灾烟气毒性气体成分、浓度传播过程中的时空变化规律等。

三、毒性数据库的完善

主要包括：

1. 通过小尺寸试验、中等规模试验和全尺寸试验以及各种现场火灾分析，获取能包括不同试验条件、不同燃烧材料等的大量数据，获取更多的试验数据（包括不同的试验条件、不同的可燃材料等），以此完善现有火灾烟气毒性数据库。

2. 考察不同年龄、体质的人受烟气毒性影响状况的差异，以及建立能将动物试验数据外推到人的方法，建立火灾中人员丧失逃逸能力的毒性指标和判据。

3. 研究能反映不同气体在动物或人体内生理和生化上的毒性相互作用的参数，改进现有评价模型等。

4. 对现有预测模型进行验证研究，开发可用于实际火灾的烟气毒性动态预测模型，为人员安全疏散和消防队抢险救援提供技术支持。

第二章 火灾烟气毒性分析基础

一般来说，把包围在火周围的云状物称为烟，在建筑火灾中通常把材料燃烧产生的烟气和空气混杂物统称为烟来进行讨论。烟气浓度和毒性取决于燃烧物质，也就是燃料；烟气总量取决于火的大小和起火建筑物的类型。燃料的种类仅影响烟量，至于火的大小则取决于什么样的物质燃烧和燃烧的速度。在建筑中，火灾给人们造成重大危害的一个重要因素就是燃烧物释放出的烟气，除了其毒性外，火灾中的烟气温度较高，对人员呼吸道有严重损坏，容易造成缺氧窒息；烟气还会影响视觉，使能见度降低，易造成人员心理恐慌，影响安全疏散，妨碍人员的扑救等。

第一节 火灾烟气的生成与产率

由燃烧或热解作用所产生的悬浮在气相中的固体和液体微粒称为烟或烟粒子，含有烟粒子的气体称为烟气。火灾过程中会产生大量的烟气，其成分非常复杂，主要由三种类型的物质组成：①气相燃烧产物；②未燃烧的气态可燃物；③未完全燃烧的液、固相分解物和冷凝物微小颗粒。火灾烟气中含有众多的有毒、有害、腐蚀性成分以及颗粒物等，加之火灾环境高温缺氧，必然对生命财产和生态环境都造成很大的危害。

在发生完全燃烧的情况下，可燃物将转化为稳定的气相产物。但在火灾的扩散火焰中是很难实现完全燃烧的。因为燃烧反应物的混合基本上由浮力诱导产生的湍流流动控制，其中存在着较大的组分浓度梯度。在氧浓度较低的区域，部分可燃挥发分将经历一系列的热解反应，从而导致多种组分的分子生成。例如，多环芳香烃碳氢化合物和聚乙烯可认为是火焰中碳烟颗粒的前身，它们在燃烧过程中会因受热裂解产生一系列中间产物，中间产物还会进一步裂解成更小的“碎片”，这些小“碎片”会发生脱氢、聚合、环化，最后形成碳粒子。图 2-1是聚氯乙烯形成碳烟粒子的过程。正是碳烟颗粒的存在才使扩散火焰发出黄光。这些小颗粒的直径约为 10～100nm，它们可以在火焰中进一步氧化。但是如果温度和氧浓度都不够高，则它们便以烟炱（soot）的形式离开火焰区。

母体可燃物的化学性质对烟气的产生具有重要的影响。少数可燃物质（例如一氧化碳、甲醛、乙醚、甲酸、甲醇等）的燃烧产物在光谱的“热辐射”范围内（0.4～100μm）是完全透明的，或是以某些不连续波带吸收（或辐射）的，不能呈现连续吸收的黑体或灰体辐射特征。因而，燃烧的火焰不发光，且基本上不产生烟。但在相同的条件下，大部分可燃液体和固体燃烧时就会明显发烟。

材料的化学组成是决定烟气产生量的主要因素，可燃物分子中碳氢比值不同，生成碳烟的能力不一样，碳氢比值越大，产生碳烟的能力越大，如乙炔中碳氢比为 1∶1，乙烯中碳氢比为 1∶2，乙烷中碳氢比为 1∶3，所以在扩散燃烧中乙炔生碳能力最大，乙烷最小，乙烯介于中间；可燃物分子结构对碳烟的生成也有较大影响，环状结构的芳香族化合物（如苯、萘）的生碳能力比直链的脂肪族化合物（烷烃）高。此外，氧供给充分，碳原子与氧生成 CO 或 CO_2，碳粒子生成少，或者不生成碳粒子；氧供给不充分，碳粒子生成多，烟雾很大。

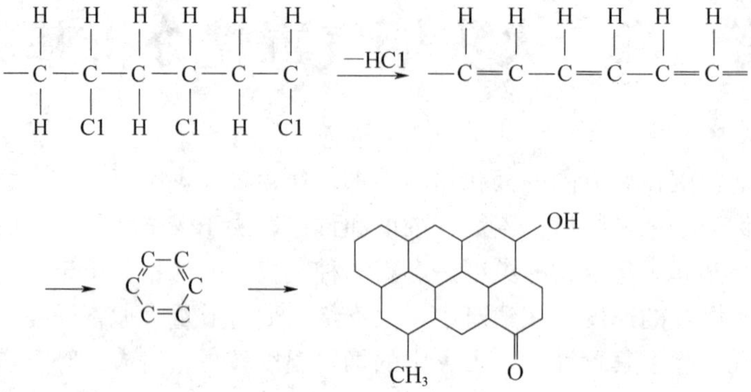

图 2-1　聚氯乙烯的发烟过程

有焰燃烧时，固体材料会产生高温和挥发性的可燃蒸气，这些蒸气在火焰上方将被引燃并释放密度低于环境空气的高温烟气，这些高温烟气的上升和周围空气的卷吸形成烟羽流。当烟羽流的温度不够高时，就会因燃烧不充分而产生大量离散的固体颗粒。如前所述，其中把一些未燃烧的炽热碳粒通常称为烟炱。高温可燃气体的总量与周围卷吸空气相比是比较少的，因此，火灾中烟气的产生速率近似等于火焰和上升的高温烟气柱卷吸空气的速率。图 2-2给出了固体燃料燃烧时烟气生成示意图。影响空气卷吸速率的主要因素有：火灾燃烧尺度、火焰的热释放、火焰上方高温烟柱的有效高度（图 2-2 中的 y）。

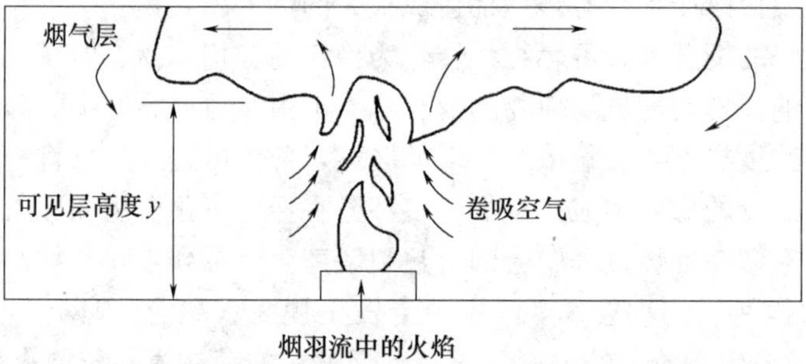

图 2-2　固体燃料燃烧时烟气生成示意图

烟气的产生速率 M（$kg \cdot s^{-1}$）可以用下式来估算：

$$M=0.096P\rho_0 y^{3/2}\left(g\frac{T_0}{T}\right)^{1/2}$$

式中，P 为火灾燃烧尺度（m）；y 为地面到烟气层底部的距离（m）；ρ_0 为环境空气的密度，如在 17℃时其值取 1.22kg/m^3；T_0 为环境空气的绝对温度（K）；T 为烟羽流中火焰的绝对温度；g 为当地的重力加速度（m/s^2）。若 $T=1100$K，则 $M=0.188Py^{3/2}$。由烟气的产生速率计算方法可以看出，有焰燃烧的烟气产生速率主要取决于火灾的尺度和高温烟气柱的高度。

阴燃也会产生烟颗粒，但这种燃烧是自燃，而热解则需要外部环境提供热源。除了少数几种材料以外，大多数材料都可以被热解。但是只有为数不多的材料能够阴燃，例如纤维材料（木料、纸张、纸板卡片等），软质的聚氨基甲酸酯海绵可以阴燃。阴燃的典型温度可达600～1100K。

此外，燃烧过程中烟气产生的多少还可以用材料的发烟系数来衡量。材料的发烟系数是用燃烧时生成的烟气总量与燃料的质量损失比来表示的。表 2-1 给出了几种建筑材料的发烟系数 ε。引用表 2-1 中给出的建筑材料的发烟系数时，应该考虑燃烧的工况。在很多情况下，材料的发烟系数被用作测量辐射热通量、氧浓度、样本标定和周围环境的温度。对于有焰燃烧，ε 在 0.001～0.17 这样一个很大的范围内，而热解和阴燃燃烧的 ε 仅为 0.01～0.17。

表 2-1　木质材料和塑料的发烟系数

类型	发烟系数 ε	燃料面积/m^2	燃烧条件
枞木	0.03～0.17	0.005	热解
枞木	<0.01～0.025	0.005	有焰燃烧
硬质纤维板	0.004～0.001	0.0005	有焰燃烧
纤维板	0.005～0.01	0.0005	有焰燃烧
聚氯乙烯	0.03～0.12	0.005	热解
聚氯乙烯	0.12	0.005	有焰燃烧
聚氨基甲酸酯（软质）	0.07～0.15	0.005	热解
聚氨基甲酸酯（软质）	<0.01～0.035	0.0005	有焰燃烧
聚氨基甲酸酯（硬质）	0.06～0.19	0.005	热解
聚氨基甲酸酯（硬质）	0.09	0.005	有焰燃烧
聚苯乙烯	0.17（M_{O_2}=0.30）	0.0005	有焰燃烧
聚苯乙烯	0.15（M_{O_2}=0.30）	0.07	有焰燃烧
聚丙烯	0.12	0.005	热解
聚丙烯	0.016	0.005	有焰燃烧
聚丙烯	0.08（M_{O_2}=0.30）	0.007	有焰燃烧
聚丙烯	0.10（M_{O_2}=0.30）	0.07	有焰燃烧
聚甲基丙烯酸甲酯（有机玻璃）	0.02（M_{O_2}=0.30）	0.07	有焰燃烧
聚氧亚甲蓝	～0	0.007	有焰燃烧
保温纤维素	0.01～0.12	0.02	阴燃

在使用表 2-1 中的参数计算烟气的生成时，应考虑以下因素：①各种材料的发烟系数是在小尺度的测试实验下得到的；②大多数实验是在外界环境下自由燃烧的，而燃烧中通风量的增减将影响烟气的产生量；③由于扩散和沉积，烟气在输运过程中会凝结、蒸发和沉积在物体的表面上。另外，冷凝也可形成烟气。

第二节　火灾烟气的性质与危害

一、火灾烟气的物理特性与危害

除了极少数情况外，所有火灾中都会产生大量的烟气。由于遮光性、毒性和高温的影响，火灾烟气对人员构成的威胁最大。例如，洛阳东都商厦特大火灾、广东舞王俱乐部火灾等事故中的人员伤亡基本上都是由于烟气导致的。火灾烟气是一种混合物，烟气分析讨论不能将其中的颗粒与气相产物分割开来。

烟气的存在使得建筑物内的能见度降低，这就延长了人员的疏散时间，使他们不得不在高温并含有多种有毒物质的燃烧产物影响下停留较长时间。若烟气蔓延开来，即使人员离着火点较远，也会受到影响。燃烧造成的氧浓度降低也是一种威胁，不过通常这种影响在起火点附近比较明显。统计结果表明，在火灾中85%以上的死亡者是死于烟气的影响，其中大部分是吸入了烟尘及有毒气体（主要是一氧化碳）昏迷后致死的。

（一）烟气的浓度与遮光性

烟气的浓度是由烟气中所含固体颗粒或液滴的多少及性质决定的。光穿过烟气时，这些颗粒或液滴会降低光的强度。烟气的遮光性就是根据测量一定光束穿过烟场后的强度衰减确定的。通常将烟气的光学密度定义为：

$$D=-\lg(I_0/I)$$

式中，D 为烟气的光学密度；I_0 为由光源射入长度给定空间的光束的强度；I 为该光束自该空间射出后的强度。

几乎在所有火灾中都会产生大量的烟气。燃烧条件不同，烟气组分的组成比例也存在较大差别。同样是固体可燃物，在火灾中可以发生阴燃，也可发生有焰燃烧。阴燃生成的烟气中含有较多未燃的碳氢化合物。这种产物与冷空气混合时可浓缩成较重的高分子组分，形成薄雾，并可缓慢地沉积在物体表面，又形成油污。而有焰燃烧产生的烟气颗粒则几乎全部是小的固体颗粒。其中一小部分颗粒是在高热通量作用下脱离固体的灰分，大部分颗粒则是在氧浓度较低的情况下，由于不完全燃烧和高温分解而形成的碳颗粒。即使初始可燃物是气体或液体，也能产生固体颗粒。大量颗粒物的存在使得烟气具有很强的遮光性，这种性质可严重降低火场中的能见度，从而对人员疏散和灭火行动产生严重影响。

能见度是指人们在一定环境下刚刚能看到某个物体的最远距离。能见度与烟气的散射和吸收系数、烟气的颜色、物体的亮度、背景的亮度、观察者的视力及观察者对光线的敏感度都有关。烟气中对人眼有刺激作用的成分也对人在烟气中的能见度有很大影响，因而在火灾中会延长人员的疏散时间，使他们不得不在高温并含有多种有毒物质的燃烧产物影响下停留较长时间。试验证明，室内火灾在着火后大约15min左右，烟气的浓度最大，此时人们的能见距离一般只有数十厘米。图2-3给出了暴露在刺激性和非刺激性烟气的情况下，人沿走廊的行走速度与烟气遮光性的关系。烟气对眼睛的刺激和烟气密度都对人的行走速度有影响。

随着减光系数增大，人的行走速度减慢，在刺激性烟气的环境下，行走速度减慢得更厉害。当减光系数为0.4m^{-1}时，通过刺激性烟气的表观速度仅是通过非刺激性烟气时的

70%；当减光系数大于 0.5m^{-1}时，通过刺激性烟气的表观速度降至约 0.3m/s，相当于蒙上眼睛时的行走速度。行走速度下降是由于是受试验者无法睁开眼睛，只能走“之”字形或沿着墙壁一步一步地挪动。表 2-2 列出了各种有毒气体的刺激性和腐蚀性及许可浓度。

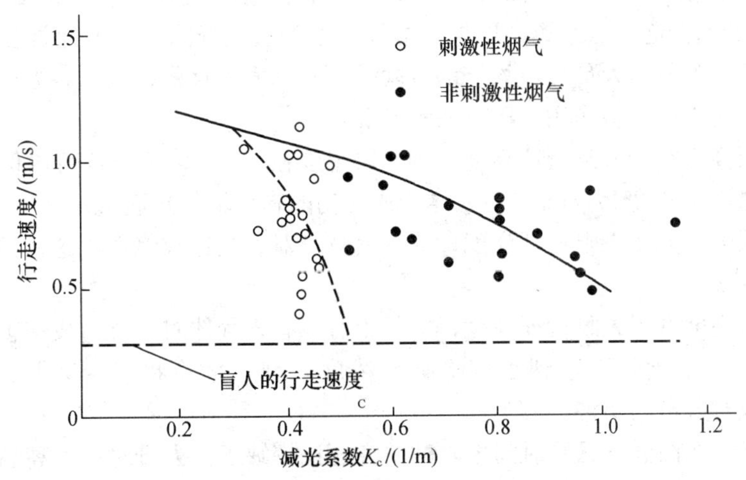

图 2-3 在刺激性与非刺激性烟气体中人的行走速度

表 2-2 各种有毒气体的刺激性、腐蚀性及其许可浓度

分类	气体名称	长期允许浓度	火灾疏散条件浓度
纯窒息性	缺 O_2	—	>14%
毒害性、单纯窒息性	CO_2	5000	3%
毒害性、化学窒息性	CO	50	2000
毒害性、化学窒息性	HCN	10	200
毒害性、化学窒息性	H_2S	10	1000
刺激性、腐蚀性	HCl	5	3000
刺激性	NH_3	50	—
毒害性、刺激性	Cl_2	1	—
刺激性、腐蚀性	HF	3	100
毒害性、化学窒息性	$COCl_2$	0.1	25
刺激性、腐蚀性	NO_2	5	120
刺激性、腐蚀性	SO_2	5	500

在火灾区域以及疏散通道中，常有相当数量含 CO 及各种燃烧成分的热烟或烟雾弥漫，给疏散工作带来极大困难。当疏散通道上部被烟气占有时，人们必须弯腰摸索行走，其速度缓慢又不易找到安全出口，还可能走回头路。在大部分被烟气充满的疏散通道中，人们停留 1～2min 就可能昏倒，停留稍长如 5min 以上就可致死。所以，疏散通道必须设置防排烟设施。实际检测表明，疏散通道中的烟气浓度，当有防排烟设施时，一般为火灾室内烟气浓度的 1/100～1/300。为保证人员疏散安全，必须保持疏散时人们的能见距离不得小于某一数值，即疏散极限视距 D_{min}。根据建筑的用途不同和在住人员对建筑物熟悉程度不同，疏散极限视距做如下规定：

(1) 住宅楼、教学楼、生产车间。因内部人员固定和对疏散路线熟悉，取 D_{min}=5m。

(2) 各类旅馆、百货大楼、商场。因大多数人员为非固定，对疏散路线、安全出口不太熟悉，取 $D_{min}=30m$。

(二) 烟气温度

火灾烟气的高温对人、对物都会产生不良影响。刚刚离开起火点的烟气温度可达到800℃以上，随着离开起火点距离的增加，烟气的温度会逐渐降低。但通常在许多区域仍能维持较高的温度，足以对人员构成灼烧的危险。而且随着燃烧的持续，各处的温度还会逐渐升高。高温烟气对人的危害作用有以下三种情况：

(1) 烟气层高度高于人眼特征高度、烟气层温度在180℃以下，这可以保证人体接受的烟气辐射热通量小于0.25W/cm² (对人体造成灼伤的临界辐射热通量)。

(2) 烟气层高度低于人眼特征高度，热烟气直接对人员造成烧伤，这种情况下的烟气层温度约为110～120℃。

(3) 烟气层高度低于人眼特征高度，烟气内有毒有害气体对人员造成伤害，可以根据某种有害燃烧产物的浓度是否达到了危险临界浓度来判定危险状态。例如，CO浓度达到0.25%就可构成对人员的伤害。

对于人员暴露在高温下忍受时间极限的研究还比较缺乏。人员对烟气高温的忍受能力与人员本身的身体状况、人员衣服的透气性和隔热程度、空气的湿度等有关。工业卫生文献上给出过一定暴露时间下（代表时间是8h）的热胁强（Heat Stress）数据，但关于人对高温的忍耐性未能提出多少建议。曾有试验表明，身着衣服、静止不动的成年男子在温度为100℃的环境下呆30min后便觉得无法忍受；而在75℃的环境下可坚持60min。不过这些试验的温度数值似乎偏高了。Zapp指出，在空气温度高达100℃极特殊的条件下（如静止的空气），一般人只能忍受几分钟；一些人无法呼吸温度高于65℃的空气。人体在火灾烟气中的常规耐受时间见表2-3。

表2-3 人体在火灾烟气中的常规耐受时间

温度和湿度条件	耐受时间
<60℃，水分饱和	>30min
100℃，水分含量<10%	12min
120℃，水分含量<10%	7min
140℃，水分含量<10%	4min
160℃，水分含量<10%	2min
180℃，水分含量<10%	1min

对于健康的着装成年男子，Cranee推荐了温度与极限忍受时间的关系式：

$$t=\frac{4.1\times10^{8}}{[(T-B_2)/B_1]^{3.61}}$$

式中，t 为极限忍受时间（min）；T 为空气温度（℃）；B_1 为常数（1.0）；B_2 为另一常数(0)。这一关系式并未考虑空气湿度的影响。当湿度增大时，人的极限忍受时间会降低。因为水蒸气是燃烧产物之一，火灾烟气的湿度较大是必然的。衣服的透气性和隔热程度对忍受温度升高也有重要影响。目前在火灾危险性评估中，推荐数据为：短时间脸部暴露的安全温度极限范围为65～100℃。

在受限空间内，烟气温度可高达数百度，地下建筑中火灾烟气温度可高达1000℃以上。

高温会使蛋白质的生物活性降低或者蛋白质变性，更高的温度会直接使细胞脱水碳化。吸入高温烟气会直接灼烧呼吸道黏膜组织，造成水肿病变，严重时，黏膜上皮会从基底层脱落，造成通气功能障碍。一般而言，此时声门在受到这种刺激时可以反射性关闭，进而窒息死亡。如果火灾烟气中含有强渗透力高温蒸汽，会造成下呼吸道甚至肺组织的热损伤。除了吸入性热损伤外，高温火灾烟气可以通过对流和辐射造成体表损伤。

（三）刺激性和腐蚀性

一般认为，火灾中产生毒害的气体有一氧化碳、氢氰酸、二氧化碳、丙烯醛、氯化氢、氧化氮、混合的燃烧生成气体。这些有毒气体通常可分为以下三类：窒息物或可产生麻醉的毒物；刺激物，感觉刺激物或肺刺激物；具有其他或特殊异常毒性的毒物。在药理学术语中，“麻醉剂”是一种可导致人失去知觉（即麻醉），同时丧失痛感的药。在燃烧毒理学中，该术语最初是指能导致中枢神经系统抑制，进而失去知觉，最终导致死亡的窒息性毒物。窒息性或可产生麻醉的毒物的效应取决于累积的剂量，即浓度乘暴露时间。毒性效应的强烈程度随剂量的增加而增加。虽然许多窒息物都来源于材料的燃烧，但在燃烧生成的气体中，只测出了一氧化碳和氢氰酸产生强烈急性毒性效应的最小浓度。

刺激效应实质上可由所有燃烧生成的气体产生。燃烧毒理学家通常认为刺激效应有两种类型：感觉刺激，包括对眼睛和上呼吸道的刺激；肺刺激，作用于肺的刺激。多数刺激物可产生具有感觉刺激和肺刺激特性的体征和症状。眼睛刺激是一种只取决于刺激物浓度的即刻效应，可以根据阻碍受害者逃离火场的能力来估算。角膜中的神经末梢受到刺激会产生疼痛、反复眨眼和流泪，强烈的刺激还可以导致眼睛损伤。受害者闭上眼睛虽然能够部分缓解这些效应，但会妨碍自己逃离火场。空气中的刺激物会进入上呼吸道，刺激那里的神经受体，在鼻、嘴、喉内产生灼热感并导致黏液分泌。感觉效应主要与刺激物的浓度有关，一般不随暴露时间的增加而增强。在灵长目动物身上，继初始感觉刺激的体征出现后，大量被吸入的刺激物便进入肺部并显示出肺刺激的症状。肺刺激的特征是咳嗽、支气管缩窄和肺流阻力增大。通常，暴露于高浓度下达6～48h便会出现组织炎症、组织损伤、肺水肿以及随后的死亡。暴露于肺刺激物中还会增加对细菌感染的敏感性。与感觉刺激不同，肺刺激效应既与刺激物浓度有关，又与暴露持续时间有关。

（四）恐怖性

由于火灾的突发性，对处在不熟悉环境中的人员，一看到浓烟滚滚、烈火熊熊，难免产生紧张、害怕，甚至惊恐万状、手足无措，若再有人员拥挤疏散通道，或是楼梯被烟火封锁，势必造成混乱，有人甚至会失去理智，辨别方向的能力进一步减弱。人们应注意利用烟气的某些性质，提高灭火效率，做好安全疏散。表2-4列出了一些常见可燃物燃烧时烟的特征。在火场上，根据烟的特征可以判别燃烧的物质；根据烟的浓度、温度和流动方向，可以查找火源，并大体上判断物质的燃烧速度和火势的发展方向。

表2-4　常见可燃物燃烧时烟的特征

物质名称	烟的特征		
	颜色	嗅	味
木材	灰黑色	树脂嗅	稍有酸味
石油产品	黑色	石油嗅	稍有酸味

续表

物质名称	烟的特征		
	颜色	嗅	味
硝基化合物	棕黄色	刺激嗅	酸味
橡胶	棕黄色	硫嗅	酸味
棉和麻	黑褐色	烧纸嗅	稍有酸味
丝	—	烧毛皮嗅	碱味
聚氯乙烯纤维	黑色	盐酸嗅	碱味
聚乙烯	—	石蜡嗅	稍有酸味
聚苯乙烯	浓黑色	煤气溴	稍有酸味
锦纶	白色	酰胺类嗅	—
有机玻璃	—	芳香	稍有酸味
酚醛塑料（以木粉填）	黑色	木头、甲醛嗅	稍有酸味

（五）烟熏损失

对于洁净厂房、实验室以及存放精密电子仪器的场所，发生火灾时由于烟气无孔不入，其中腐蚀性气体会使厂房结构强度下降，甚至精密仪器设备报废，造成财产损失。

二、火灾烟气的化学特性与危害

（一）烟气毒性

火灾气体是指材料在相应温度热解或燃烧释放的可在空气中传播的气相产物（ASTM 1994）。这种材料燃烧产物对生物体造成不利生理效应的毒性效力称为燃烧毒性。燃烧毒性是造成人员死亡的主要因素之一。调查表明，在火灾中，85%以上的死亡者是由于烟气影响造成的，其中约有一半是由 CO 中毒引起的，另外一半则由直接烧伤、爆炸压力创伤以及吸入其他有毒气体引起的。在火灾遇难者的血液中经常发现含有羰基血红蛋白，而这是受 CO 影响的结果。一氧化碳的毒性很大，当空气中含有 0.06%一氧化碳时即有害于人体，含有 0.20%时可使人失去知觉，含有 0.40%时可使人迅速死亡。

缺氧是气体毒性的特殊情况。当室内的含氧量降至 10%时就可对人构成危险。在同时存在 CO、CO_2和其他有毒成分的情况下，缺氧的影响更严重。有数据表明，若仅仅考虑缺氧而不考虑其他气体影响时，当含氧量降至 10%时就可对人构成危险。然而，在火灾中仅仅由含氧量减小造成危害是不大可能出现的，其危害往往伴随着 CO、CO_2和其他有毒成分的生成。有人曾对这种综合效应进行测试，但提供的实验数据不多。

图 2-4 是日本在 1962 年和 1975 年先后两次进行的实际火灾实验所得到的着火房间的气体成分曲线。可见，在轰燃发生前，氧气的浓度一直保持在 20%～21%，随着燃烧的持续，氧气的浓度逐渐减少，发生轰燃时，氧气的浓度急剧下降，并且在轰燃最盛期，氧气的浓度只有 3%左右。而对处于着火房间的人们来说，氧气的短时致死浓度为 6%，但即使含氧量在 6%～14%之间，不会短时死亡，也会因失去活动能力和智力下降而不能逃离火场。

火灾烟气的毒性不仅仅来自气体，还可来自悬浮固体颗粒或吸附于烟尘颗粒上的物质。烟尘和有毒气体通常是火灾中受害者首先遭受的有害物质，其危害在于阻碍视线而拖延逃生时间或导致人体器官先期失能（Early incapacitation）。尸检大多数死者，发现在气管和支气管中有大量烟灰沉积物、高浓度的无机金属等。材料燃烧产物的毒性不是绝对值，其毒害程度与剂量（浓度与暴露时间的乘积）有关。

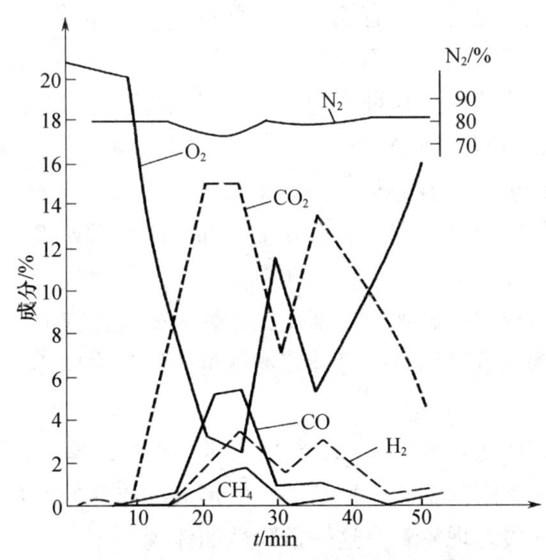

图 2-4　着火房间内气体成分变化曲线

评价材料燃烧产物毒性的参数有很多，其中最重要的参数之一是毒性试验的终点，它比鉴别主要毒物或其作用机理更重要。常用的终点判据有死亡率、瘫痪率、发病率等等。最常用的毒性指数是 LC_{50}（使 50％试验动物丧失生命的烟气浓度，简称半数致死浓度）和 EC_{50} 或 IC_{50}（使 50％试验动物丧失能力或停止活动的烟气浓度，简称半数瘫痪浓度）。此外还有 LD_{50}（使 50％试验动物致死的剂量，简称半数致死量），ALC_{50}（由于物质分解而不可能严格测定 LC_{50} 时，为了比较而计算出的半数致死浓度）。鉴于时间是逃离火场的主要因素，又提出了 LT_{50} 和 IT_{50}（分别指烟气使 50％试验动物丧生和停止活动的时间），在评价材料热解和燃烧产物毒性时此种判据越来越受重视。使用停止活动而不用死亡作判据的缺点是时间较短，然而致死所用的正常暴露时间（30min）似乎又较长。因为在通常情况下，建筑物里的人远少于 30min 就可以离开发生火灾的房间，甚至可逃出整个建筑物。

燃烧产物毒性的可保持时间限度也是重要的。可保持时间（TT）也称为危害限度（HL），其定义为死于有毒气体以前人员从有危险的环境中逃出所允许的最大浓度。还有一种评价参数，称为毒性指数（T_w）。

$$T_w = t_c V/W$$

式中，V 是动物暴露室的体积；W 是材料分解的重量；t_c 是气体的浓度（C）与 30min 使人致死的相同气体的浓度（C_f）之比值，即

$$t_c = C/C_f$$

若有数种有毒成分时，则 t_c 的近似值为这些值的简单加和。但若有协同效应，可用系数 s，即

$$t_c = t_{c1} + t_{c2} + s t_{c1} t_{c2}$$

注意不要把材料的毒性与材料的毒性危害混为一谈。由材料的毒性转变为材料的毒性危

害需考虑材料的数量。毒性危害仅仅是构成材料火灾总危害的许多参数之一。其他参数还包括材料的可燃性、火焰传播速度、热释放速率、烟的发生等。

（二）爆炸性

火灾燃烧可以是阴燃，也可以是有焰燃烧，两种情况下生成的烟气中都含有很多颗粒。但是颗粒生成的模式及颗粒的性质大不相同。碳素材料阴燃生成的烟气与该材料加热到热分解温度所得到的挥发分产物相似。这种产物与冷空气混合时可浓缩成较重的高分子组分，形成含有碳粒和高沸点液体薄雾。在静止空气条件下，颗粒的中间直径 D_{50}（反映颗粒大小的参数）约为 $1\mu m$，并可缓慢沉积在物体表面，形成油污。

有焰燃烧产生的烟气颗粒则不同，它们几乎全部由固体颗粒组成。其中一小部分颗粒是在高热通量作用下脱离固体的灰分，大部分颗粒则是在氧浓度较低的情况下，由于不完全燃烧和高温分解而在气相中形成的碳颗粒。即使原始燃料是气体或液体，也能产生固体颗粒。

这两种类型的烟气都是可燃的，一旦被点燃就可能转变为爆炸，这种爆炸往往发生在一些通风不畅的特殊场合。

烟气中的不完全燃烧产物，如 CO、H_2S、HCN、NH_3、苯、烃类等，一般都是易燃物质，而且这些物质的爆炸下限都不高，极易与空气形成爆炸性的混合气体，使火场有发生爆炸的危险。室内火灾中的轰燃现象就是这一危险性的体现。

（三）环境污染

一些恶性火灾由于持续时间长、燃烧面积大，不仅难以扑救、造成的损失大，而且燃烧产生的烟气会形成滞后的影响，造成严重的环境污染。

1997 年 8 月，印度尼西亚苏门答腊岛和加里罗曼丹岛森林发生火灾，大火持续了 3 个月，造成至少 30 万公顷林地烧毁，直接经济损失 1250 万美元。大火产生的浓烟笼罩在东南亚上空，造成严重的环境污染，同时引发了许多疾病，造成 6000 多人染病、271 人丧生。

2000 年，在美国北加州的斯坦尼斯劳斯县，一个 700 万只汽车旧轮胎的堆场自燃起火，废旧轮胎堆熔化出 8 万加仑油脂，流进附近的一口水塘，数百吨污染物还飘落到 100 多千米外的旧金山和萨克拉门托，附近的城市则在刮风时下起了“黑雨”。据估计，这次事件有 3600 多吨有害物质释放出来，其中包括 120 多吨致癌物质，对环境造成严重污染。

2003 年，位于日本栃木县黑矶市的普利司通公司的栃木工厂发生大火，将该厂精炼楼全部烧毁，几十万条轮胎化为灰烬，造成重大经济损失。在发生火灾时，为防止橡胶燃烧所产生的亚硫酸等有毒气体危害居民安全，工厂附近 1 千米范围内的 1708 户计 5032 人进行安全疏散，造成了很大的社会影响。

2007 年 6 月，捷克乌尔斯基布罗德市一仓库 1 万吨回收利用旧轮胎燃烧 3 天，造成直接经济损失 70 多万欧元。

2008 年 11 月，美国卡莱尔轮胎与轮毂有限公司 Bowdon 轮胎厂被一场无名大火焚毁，直接损失达 100 多万美元，附近 28 户居民撤离。

2009 年 2 月，三明市沙县高砂镇发生山林火灾。高科橡胶有限公司厂房和橡胶堆场近 2000 吨废旧轮胎被淹没在熊熊烈火中。现场空气中弥漫着橡胶燃烧的呛人气味，严重威胁附近小学、高速公路隧道、加油站、变电站、民房、火车站等建筑的安全。经过 190 名消防官兵和 5000 名各方参战人员 30 小时的连续奋战，才扑灭了福建历史上罕见的山林火灾。

第三节　火灾烟气浓度表述方法

烟气的浓度是由烟气中含有的固体颗粒或液滴多少与大小决定的。火灾烟气的浓度有多种表示方法，目前主要采用测量烟密度的方法。烟密度可以直接与所考虑火灾场合下的能见度建立联系，并可为烟气毒性的判断提供支撑依据。

一、烟气浓度与能见度

火灾中的烟气主要由高温气体（空气及分解气体）、水蒸气和弥散的烟灰（固体颗粒）组成，烟气浓度是烟气的一个重要特性，在建筑中通常以能见度来表征。火灾中烟气浓度通常有质量浓度、颗粒浓度和光学浓度三种表示方法。单位容积的烟气中含有烟粒子的质量称为烟粒子的质量浓度；单位容积的烟气中含有烟粒子的颗粒数称为烟粒子的颗粒浓度；由于可见光通过烟层时烟粒子使光线的强度减弱，光线减弱的程度与烟气的浓度有一种函数关系，通常称为光学浓度。

在发生火灾的建筑中，由于烟气的减光作用，火场中的能见度必然有所下降，而这会严重影响火灾中的人员活动。能见度指的是人们在一定环境下刚刚看到某个物体的最远距离，一般用 m 为单位。它主要由烟气的浓度决定，同时还与烟的成分与颜色、微粒的大小与分布状态、物体的亮度、背景的亮度、照明设备的种类及观察者对光线的敏感程度等因素有关。能见度与减光系数或单位光学密度的关系可表示为：

$$V=R/K_c=R/2.303D_0$$

式中，K_c 为减光系数；D_0 为单位光学密度；比例系数 R 根据实验确定，它反映了特定场合下各种因素的综合影响。一般对于自发光物体，R 的值为 5～10；对于反光物体，有反射光存在的场合下，R 的值为 2～4。同时烟气的刺激性对人的能见度也有很大的影响，这主要是由于烟气的刺激可导致人的眼睛无法睁开足够长的时间，以致无法看清目标，进而影响人的疏散速度。

此外，烟浓度的测定通常还采用光线阴暗度或光密度表示。光线阴暗度是光束穿过烟气时光强度衰减的一个度量标准。可以表示为：

$$S_x=100\left(1-\frac{I_x}{I_0}\right)$$

式中，S_x 为光线阴暗度；I_0 为平行光的入射强度；I_x 为光在烟气中穿过一段距离 x 后的光强度。

光密度以 OD_x 表示：

$$OD_x=\lg\left(\frac{I_0}{I_x}\right)$$

则有

$$OD_x=2-\lg(100-S_x)$$

将单位径距光密度定义为：

$$D_L=OD_x/L$$

式中，L 为光路长度。

另外，根据朗伯-比尔定律，有：

$$I_x = I_0 e^{-C_s L}$$

式中，C_s 为烟的减光系数，m^{-1}；L 为光路长度，m；I_x 为光在烟气中穿过一段距离 x 后的光强度；I_0 为平行光的入射强度。

因此，减光系数可以表示为：

$$C_s = -\frac{1}{L}\ln\frac{I}{I_0}$$

光在烟气中的传播遵循朗伯的吸收法则。假如平行光在烟气中穿越 1m，光强度降低 50%，如果相同的光在烟气中再穿越 1m，那么光强度就再降低 50%，即入射光强度的 25%。如果烟气没有发生变化，那么烟浓度 C 与光密度 OD_x 和光的传播距离 x 之间有直接的关系：

$$OD_x = x \times C \times B$$

式中，B 是一个取决于烟气特性的常数。由这个关系式可以看出，光密度与光穿越距离成正比。烟气浓度及烟气的质量很难通过质量直接测量，因此在建筑材料及其制品的产烟特性测试中，一般采用烟气光密度来表征试验过程中烟气发生的变化情况。在 ISO 5659 试验中还提到了质量光密度，即在试验条件下，以材料的质量损失测得的烟气遮光度来表示质量光密度。按照测试的方式通常又可以分为静态产烟测定和动态产烟测定。但不论哪种测定方式，试验装置中应包括光源、透镜、光圈、光路、光电接收器及其滤光片等部件，测试的是平行光经过烟气后的衰减情况，可用遮光率或透光率来表示前后光强度的关系。

二、烟密度

（一）静态产烟测定法

静态产烟测定的典型试验方法为 GB/T 8627—2007 和 ISO 5659-2：2012。静态测定表示在一个固定容积的箱体中，通过测量材料燃烧产生的烟气中固体尘埃对光的反射而造成光通量的损失来表征烟气量的变化情况。

1. *建筑材料燃烧或分解的烟密度试验方法*（GB/T 8627—2007）

GB/T 8627 采用《塑料燃烧或分解的烟密度试验方法》（ASTM D2843—1999，英文版）的相关内容，并根据我国国情进行了部分修改。与《建筑材料燃烧或分解的烟密度试验方法》（GB/T 8627—1999）的差异主要体现在以下三个方面：

（1）样品支架中的钢丝网格尺寸由 5mm 调整为 6mm；

（2）试验用燃气丙烷的工作压力由 210kPa 改为 276kPa；

（3）对有大量滴落物材料的特殊程序，增加了辅助燃烧器及收集盘等。同时增加了可选择程序。

该标准试验方法的目的是确定在燃烧和分解条件下建筑材料可能释放烟的程度。试验时，将试样直接暴露于火焰中，产生的烟气被完全收集在试验烟箱里。试验时，调节燃气丙烷压力为 276kPa，将 25mm×25mm×6mm 的试样放置在试验烟箱中的金属支撑网上，用丙烷燃烧器直接点燃试样。试验烟箱尺寸为 300mm×300mm×790mm，装有光源、光电池和仪表来测量光束水平穿过 300mm 光路后光的吸收率。除了距烟箱底部 25mm 高处的通风口，烟箱在 4min 的试验期内是关闭的。

试验过程中得到光吸收数据随时间变化的曲线，典型的图形如图 2-5 所示。最大烟密度值和烟密度等级两个指标被用来划分材料的等级。

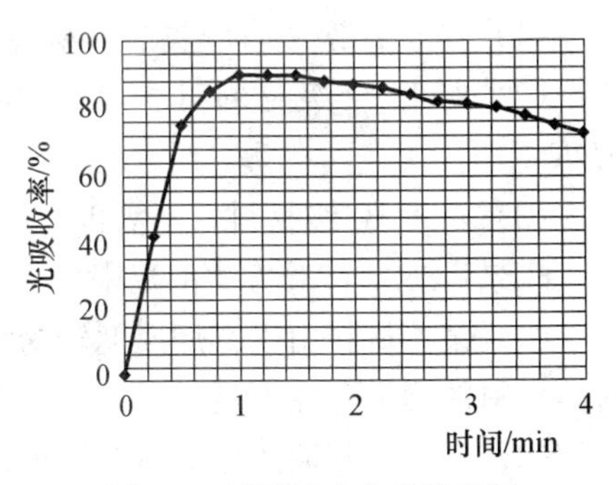

图 2-5　试样试验曲线示意图

GB/T 8627 把烟密度等级（*SDR*）定义为烟密度随时间变化的曲线所围的面积除以曲线图中纵横坐标端点长度相乘的积。在实际测量中，试验结束后对每组三个样品每隔 15s 的光吸收数据求平均值，并将平均值与时间的关系绘制到网格纸上，如图 2-5 所示。以曲线的最高点作为最大烟密度。曲线与其下方坐标轴所围的面积为总的产烟量，烟密度等级代表了 0～4min 内的总产烟量。测量曲线与时间轴所围面积，然后除以曲线图的总面积，即 0～4min 内 0～100％的光吸收总面积，再乘以 100，定义为试样的烟密度等级。

举例说明：在图 2-5 显示的光吸收与时间关系图中，用纵坐标 10mm 代表 10％光吸收，横坐标 10mm 代表 0.25min，4min 的图形总面积是 16000mm^2，曲线面积是 12610mm^2，因此，烟密度等级计算如下：

烟密度等级（*SDR*）＝12610/16000×100＝78.8

因此烟密度等级的通用计算公式为：

$$SDR=\frac{1}{16}(\alpha_1+\alpha_2+\cdots+0.5\alpha_{16})\times 100$$

式中，α_1、α_2、…、α_{16}为每隔 15s 三次平行试验的平均烟密度值，即遮光率。最大烟密度（*MSD*）为烟密度曲线峰值所对应的遮光率。烟密度越大，表示光衰减越厉害，即产生的烟气越多。

常见建筑材料的烟密度试验结果见表 2-5。对于高分子聚合物材料，烟密度等级值普遍较高，但酚醛泡沫除外。泡沫塑料材料表面的复合方式对烟密度试验结果影响较大，木基材料的烟密度等级较低。对同种材料来说，厚度和烟密度等级成正比，厚度和密度是影响烟密度等级的主要因素。

表 2-5　常见建筑材料的烟密度试验结果

材料名称	试样厚度/mm	*SDR*	材料名称	试样厚度/mm	*SDR*
PVC（聚氯乙烯）	9	54	橡塑（表面复合铝箔）	19	60
PC（聚碳酸酯）	3	73	铝塑板	4	31
PIR（聚异氰尿酸酯）泡沫	25	62	墙纸（贴合基材）	6.5	1
XPS（挤塑聚苯乙烯）泡沫	25	56	中密度纤维板	18	59
PF（酚醛）泡沫	20	18	红松板	29	16
PIR（表面复合铝箔）泡沫	20	59	羊毛吸声板	8	14
PIR（表面复合彩钢板）泡沫	25	71	木制吸声板	15	17
胶合板	1	14	高温高压板	8	13
胶合板	8	26			

该方法用于 GB 8624 分级的判据：

(1) 对于A级复合(夹芯)材料,烟密度等级 $SDR \leqslant 15$。

(2) 对于B_1级材料(包括特定用途材料,但对铺地材料不作要求),烟密度等级 $SDR \leqslant 75$。

(3) 对于B_2级材料,不需进行烟密度试验。

GB/T 8627 试验方法的局限性:

(1) 某些材料由于产烟速度较为缓慢,在4min的受火时间内不能充分产烟,该方法对这类材料的测量存在不足。

(2) 该方法测取的是材料在受火过程中的静态产烟量,对材料动态产烟特性不能评价。

(3) 对受热易分层的材料,平行试验的数据重复性较差。

(4) 对受热易溶滴的材料不能准确评价其产烟特性。

该标准被用来测量和描述在可控制的实验室条件下材料、制品、组件对热和火焰的反应,但不能够用来描述和评价材料、制品或组件在真实火灾条件下的火灾毒性和危险性。当考虑到与特定的最终使用时火灾危险性评价相关的所有因素时,测试的结果可以用作火灾危险性评估的参数。

2. ISO 5659-2:2012

ISO 5659-2:2012 试验以比光密度($D_s 10$)来表征材料在试验条件下的产烟特性。其计算公式:

$$D_s 10 = 132 \lg \frac{100}{T}$$

式中,T为连续记录10min的透光率;132为试验烟箱的V/AL所得的系数,其中V为烟箱体积,A为试样的作用面积,L为光路长度。

比光密度是以单位光密度来表示的。单位光密度可以用下式表示:

$$D_s = OD_x \times \frac{V}{AL}$$

式中,D_s为单位光密度;V为烟箱体积;A为试样的作用面积;L为光路长度。

(二)动态产烟测定法

静态产烟测试方法中,材料产生的烟气收集在一个固定的容器中,烟气随时间不断增多,可以得到容器内烟气总量随时间的变化关系,但是,不能直观地反映材料在热源作用下产生的烟气随时间的变化快慢,即产烟速率。并且在固定的容器中,产生的烟气颗粒可能会有一部分附着在光路中的镜片上,从而不能真实地反映烟气的生产量。因此在燃烧性能测试方法中,比较适合使用动态产烟测定法。在动态产烟测定中,测烟系统通常安装在试验装置的排烟管道中,通过风机或其他排风设备将燃烧产生的烟气不断地排走。通过在透镜前和光电接收器前吹入压缩空气形成气障,可以避免烟气颗粒聚集在这些元件上面从而影响其测试的准确性。在动态产烟测定系统中,通常在排烟管道两侧分别安装光源和光接收器。试验过程中,可燃物燃烧产生的烟气通过排烟管道不断地被排走,管道中的烟气颗粒含量随着可燃物燃烧的速度不断变化,同时,恒定光源的平行光通过烟尘粒子后的强度衰减情况也不断变化。因此在测试系统中通过测试光接收器的信号变化情况便能分析计算出产烟量的变化情况。

ISO 9705、ISO 13823、ISO 5660 等规定的试验方法均采用动态测定法,其测试方法基本相同。在这些方法中，将烟气生成速率定义为体积流速与减光系数的乘积，其公式为：

$$SPR(t)=\frac{V_{(t)}}{L}\ln\left(\frac{I_0}{I}\right)$$

式中，SPR（t）为t时刻的产烟速率（m^2/s）；$V_{(t)}$为t时刻的体积流速（m^3/s）；L为光路长度（m）；I_0为光源的初始强度；I为t时刻光通过烟气后的强度。

产烟总量TSP为产烟速率SPR曲线的积分值，以m^2表示，即曲线在坐标图中所包围的面积。由于试验装置不同，在计算产烟速率及其产烟总量时，对数据采集的设计存在一些差异。下面主要叙述在SBI试验方法中对烟气测量的计算。

ISO 13823试验中将101.325kPa、25℃的环境条件设置为标准条件，因此首先应将测试的体积流速转化成环境温度下的体积流速：

$$V(t)=V_{298}(t)\frac{T_{ms}(t)}{298}$$

式中，V（t）为排烟管道的体积流速（m^3/s）；V_{298}（t）为排烟管道的体积流速（m^3/s），标准条件温度设为298K；T_{ms}（t）为测量区的温度（K）。

试验中所有可燃物（包括试样和点火器的丙烷燃气）燃烧的SPR（t）计算公式为：

$$SPR_{总}(t)=\frac{V_{(t)}}{L}\ln\left[\frac{\overline{I}(30s\cdots90s)}{l(t)}\right]$$

式中，$SPR_{总}$（t）为试样和燃烧器总产烟速率（m^2/s）；$V_{(t)}$为排烟管道的体积流速（非标准条件下）（m^3/s）；L为穿过排烟管道的光路长度，即为排烟管道的直径（m）；l（t）为光接收器的输出信号（%）；$\overline{I}$（30s…90s）为试验开始后30s到90s的平均光强度，即初始光强度。

试样的产烟速率$SPR_{总}$（t）就可以通过总的产烟速率减去点火器燃气的产烟速率得到，当没有对试样进行受火时可以测量点火燃气的产烟速率。产烟总量TSP便为$SPR_{总}$（t）的积分值，或者写成累加公式为：

$$TSP(t_m)=3\sum_{300s}^{t_a}(\max[SPR(t),0])$$

式中，TSP为试样的总产烟量（m^2）；SPR（t）为试样的产烟速率（m^2/s）；

由于每3s采集一个数据点，所以采用了系数3，并且将试验中可能出现SPR负值的设为0。根据SPR曲线，便可以绘制出材料燃烧的SMOGRA（烟气生成速率指数）曲线。

三、材料产烟量

材料的性质是决定其发烟量的基本因素。同时材料的发烟状况还与燃烧环境密切相关。如果在某种设定的试验条件下测量不同材料的发烟状况，就可以定量比较它们的发烟性能，进而对材料进行分级。这种数据对于实际应用是很有价值的。此外，选择材料时还应考虑发烟速率问题。发烟速率是确定烟气蔓延快慢的重要参数。有些材料的发烟量差不多，但在火灾情况下它们的发烟速率则大不相同。例如火焰在泡沫塑料上发展很快，燃烧速率很高，达到人员不可忍受程度的烟气生成速率要比木材燃烧快得多，因而对人们生命安全的威胁也较严重。

材料燃烧的产烟量可以根据组成的元素分析计算得出。但是在实际火灾条件下，可燃物的燃烧情况非常复杂，它与支持燃烧的氧气直接相关，氧气充足时燃烧比较充分，氧气不足时便出现不完全燃烧。氧气的多少取决于可燃物的组分和含量。对于固定可燃物，可以通过可燃物的净热值以经验公式计算其燃烧所需的理论空气量。

$$V_0 = 0.25\frac{Q_d}{1000} + 0.28$$

式中，V_0 为标准状态下的理论空气量（m^3/kg）；Q_d 为可燃物的净热值。

燃烧时的实际空气量 V 与理论空气量 V_0 之比称为剩余空气率或过量空气系数 α_m。当 $\alpha_m > 1$ 时，可燃物充分燃烧；相反，便出现不完全燃烧。单位质量可燃物在理论空气量的条件下完全燃烧时所生成的烟气量为理论烟气量，理论烟气量也可以通过下面的经验公式进行估算：

$$V_y^0 = 0.248\frac{Q_d}{1000} + 0.77$$

现在已经设计了多种测试材料发烟性的方法，有的使试样只发生热分解，也有的对试样施加辐射热通量使其发生有焰燃烧，但它们的基本思想都是测定材料在规定条件下燃烧所生成烟气的光学密度。

目前代表性的测量方法是 NBS 标准烟箱法。该法是将一块 $75mm^2$ 的材料试样放在一个 0.9m（长）×0.6m（宽）×0.6m（高）的燃烧室中，其竖直上方是一个功率固定为 $2.5W/cm^2$ 的辐射热源，其下方是由 6 个小火焰组成的燃烧阵。试验中让火焰触及试样，将试样点燃并维持其燃烧。测量的结果采用光学密度的最大值表示，即

$$D_{max} = D_0(V/A_s)$$

式中，D_0 为单位长度的光学密度；V 是烟箱的容积；A_s 是试样的暴露面积。这种试验方法的复现性好，不过仍然有约 20％的误差。

国内目前采用的是《建筑材料燃烧或热解发烟量的测定方法(双室法)》(GB/T 16173—1996)。该标准非等效采用了《燃烧试验—对火反应—建筑制品的发烟量（双室法）》(ISO/DIS 5924，1991 年版)，适用于测定厚度不大于 70mm 的建筑材料及其制品、复合材料及其他固体材料在燃烧或热分解时的发烟量。试验报告以记录材料在规定条件下的最大烟密度平均值、质量损失、最高烟密度等数据来评价材料的发烟量。标准规定，材料烟密度是试样在规定的试验条件下发烟量的度量，它是用透过烟的光强度衰减量来描述的。

设入射光强度为 I_0，透过烟以后的光强度为 I，透光率为 T，则定义：

$$D = \lg(100/T)$$

式中，$T = (I/I_0) \times 100$。

第三章　火灾烟气毒害作用及机理

现代生活中出现的大量高分子合成材料纷杂多样，更容易生成复杂的有毒燃烧产物。在火灾过程中，如果氧气的消耗速度大于氧气的供给速度，将产生含有燃烧物成分的各种形式的缺氧产物。几乎所有的可燃性材料在燃烧时都会释放出大量毒性很高的一氧化碳（CO）气体和二氧化碳（CO_2）。而各种化合物燃烧则将释放出大量单核的碳氢化合物（如甲烷、丙烷等）和一些多核的碳氢化合物（如丙烯醛）等。许多常见材料中都含有氮（N）、硫（S）、卤族元素以及碳（C）、氢（H）等元素，当这些物质燃烧时，可能会形成氢氰化物（HCN）、氧化氮（NO）、二氧化硫（SO_2）以及氢卤酸（HCl、HBr 和 HF），同时也可能伴随有异氰酸盐、异氰酸酯、腈类和其他的有机物分解出来，这些产物对人体有毒有害。

火灾烟气的毒害作用主要体现在多种气体的复合或加和作用，虽然每一种毒性气体都可能在被暴露对象身上产生某种程度的损害，但实际火灾中出现单一气体危害人体健康的可能性几乎可以忽略。考虑到火灾现场烟气致人损伤或死亡的作用机制比较复杂，在不同的火灾场景中烟气组分中的各物质浓度并不完全一致，毒害作用强弱、机理等均有较大差异。因此，在火灾烟气毒性方面，本章仍以单一组分的毒性特征为主进行表述。

火灾烟气中可能的有毒有害气体的允许浓度及来源见表 3-1。

表 3-1　火灾烟气中的有毒有害气体的允许浓度及来源

名称	长时间允许浓度/ppm	短时间允许浓度/ppm	来　源
二氧化碳	5000	100000	含碳材料
一氧化碳	100	4000	含碳材料
氧化氮	5	120	赛璐珞
氢氰酸	10	300	羊毛、丝、皮革、含氮塑料、纤维质塑料
丙烯醛	0.5	20	木材、纸张
二氧化硫	5	500	聚硫橡胶
氯化氢	5	1500	聚氯乙烯
氨	100	4000	三聚氰胺、尼龙、尿素
苯	25	12000	聚苯乙烯
溴	0.1	50	阻燃剂
三氯化磷	0.5	70	阻燃剂
氯	1	50	阻燃剂
硫化氢	20	600	阻燃剂
光气	1	25	阻燃剂

第一节　气态组分的毒性作用

一、一氧化碳（CO）

CO是无色、无臭、无味、有毒的气体，是造成火灾中人员死亡的主要因素之一（另外两个因素分别是缺氧和强热），在火灾事故中通常有50%以上受害者死于CO的毒性作用。凡含碳物质不充分燃烧，均可产生CO。CO含量超过12.5%，有引起爆炸的危险（爆炸界限12.5%～74.2%）。

CO的主要毒害作用在于极大削弱了血红蛋白对O_2的结合力而使血液中O_2含量降低致使供氧不足（低氧症），而自身与血红蛋白结合成碳氧血红蛋白（carboxyhaemoglobin，HbCO）。人体暴露于CO中产生的病理症状见表3-2。

表3-2　人体暴露于CO的病理症状

暴露浓度/ppm	暴露时间/min	病理症状
50	360～480	不会出现副作用的临界值
200	120～180	可能出现轻微头痛
400	60～120	头痛、恶心
800	45	头痛、头晕、恶心
	120	瘫痪或可能失去知觉
1000	60	失去知觉
1600	20	头痛、头晕、恶心
3200	5～10	头痛头晕
	30	失去知觉
6400	1～2	头痛、头晕
	10～15	失去知觉，有死亡危险
12800	1～3	即刻出现生理反应，失去知觉，有死亡危险

美国《消防手册》（第17版）指出，HbCO饱和水平（即HbCO在血液中所占数量比例）高于大约30%便对多数人构成潜在危险，达到约50%便很可能对多数人是致命的。HbCO饱和度50%被定义为潜在致死临界值。当其浓度足够高（大约60%）时，死因通常判定为CO中毒；当其浓度低于50%时，死因往往判定为除CO毒性效应之外的缺氧、休克或烧死、或其他毒性气体（如HCN）致死。不同HbCO饱和水平下的病理症状见表3-3。而血液中HbCO的浓度与吸入气中CO的浓度及吸入时间的关系见表3-4。

表3-3　HbCO饱和度效应

HbCO饱和度/%	病理症状
0～10	无
10～20	前额皱紧，皮下脉管肿胀
20～30	头痛，太阳穴血管搏动

续表

HbCO饱和度/%	病理症状
30～40	重头痛、虚弱、头晕、视力减弱、恶心、呕吐、虚脱
40～50	有上述症状，此外呼吸频率加快，脉动速率加大，窒息
50～60	有上述症状，此外昏迷、痉挛、呼吸不畅
60～70	昏迷、痉挛、气息微弱，可能死亡
70～80	呼吸速率减慢直至停止，在数小时内死亡
80～90	在一小时内死亡
90～100	在几分钟内死亡

表3-4　空气中CO浓度、吸入时间与血液中HbCO浓度的关系

空气中CO浓度/（mg/m^3）	吸入时间	HbCO浓度/%
230～340	5～6h	23～30
460～690	4～5h	36～44
800～1150	3～4h	47～53
1260～1720	1.5～3h	55～60
1840～2300	1～1.5h	61～64
2300～3400	30～45min	64～68
3400～5700	20～30min	68～73
5700～11500	2～5min	73～76

CO中毒症状的轻重与吸入CO的浓度、吸入时间长短成正比，也与个体健康状况及对CO的敏感有关。轻度中毒患者血液中碳氧血红蛋白浓度在10%～20%，患者出现剧烈头痛、头晕、心悸、四肢无力、口唇黏膜呈樱桃红色、恶心、呕吐、耳鸣、视物不清、感觉迟钝，或有短暂晕厥、谵妄、抽搐、意识不清、幻觉等。吸入新鲜空气后，症状很快消失。当血液中碳氧血红蛋白浓度30%～40%则达到中度中毒状态。上述症状加重，患者出现呼吸困难，口唇、指甲、皮肤、黏膜呈樱桃红色，呼吸及脉搏增快，烦躁不安，步态不稳，颜面潮红，嗜睡状态，甚至意识丧失，呈轻度或中度昏迷，各种反射正常或迟钝，对外界强烈刺激尚有反应。吸入新鲜空气或氧气后可很快苏醒而恢复，一般无并发症和后遗症。当血液中碳氧血红蛋白浓度大于50%时，则为重度中毒。患者迅速出现深昏迷或呈去大脑皮层状态，出现惊厥、呼吸困难以至呼吸衰竭，即所谓“卒中型”或“闪击样”中毒。可并发脑水肿、肺水肿、心肌损害、心律失常或传导阻滞、休克、上消化道出血，昏迷时间较长者可有锥体系或锥体外系症状，肝、肾及皮肤可有损害表现。抢救后存活者，常有不同程度的后遗症。

少数重症患者脱离昏迷后可出现遗忘症，此症一般可逐渐好转，数日或2～3周后可以痊愈。其中有少数患者在神志恢复，间隔数日、数周甚至长达2个月的“清醒期”之后，又出现一系列神经系统严重损害表现，称为“急性CO中毒的神经系统后发症”。

由于一氧化碳在肌肉中的累积效应，即使在停止吸入高浓度的一氧化碳后，在数日内人体仍然会感觉到肌肉乏力。一氧化碳中毒对大脑皮层的伤害最为严重，常常导致脑组织软化坏死。

国家卫生部门把碳氧血红蛋白不超过2%作为制定空气中的一氧化碳限值标准的依据。考虑到老人、儿童与心血管疾病患者的安全，我国环境卫生部门规定：空气中的一氧化碳日平均浓度不得超过1mg/m^3；一次测定最高容许浓度为3mg/m^3。

二、二氧化碳（CO_2）

火灾中通常产生大量二氧化碳（CO_2）。CO_2为无色、无臭的不可燃气体。压力加大后，水溶性增高。CO_2虽然在可探测到的水平上毒性不太大，但中等浓度却可增加呼吸的速率和深度，从而增加每分钟呼吸量（*RMV*）。这可导致吸入毒物和刺激物的速度加快，因而使整个燃烧生成的气体环境更加危险。

空气中CO_2的正常浓度为0.03%。火灾烟气中CO_2的浓度总是大于此值，有时可高达10%。CO_2是一种特殊气体，当火灾烟气中浓度高于5%时，它能使呼吸速率急剧下降，对人起窒息作用；当浓度低于5%时，它起协同作用。呼吸速率越快，吸入烟气越多，危害越严重。因此，低浓度的二氧化碳对窒息剂的效果起放大作用。

2%的CO_2可使呼吸速率和深度增加约50%。吸入空气中CO_2浓度占3%时，人的血压升高，脉搏增快，听力减退，对体力劳动耐受力降低；如果吸入4%CO_2，*RMV*大约增加一倍，但个人几乎意识不到这种效应。CO_2浓度达5%30min时，呼吸中枢受刺激，轻微用力后感到头痛和呼吸困难；吸入空气中CO_2浓度占7%～10%时，数分钟即可使人意识丧失；当CO_2含量达到10%时，*RMV*可能是静止时的8～10倍。此时，实验对象还可能有晕眩、昏迷和头痛等症状。更高浓度时，则可导致窒息死亡。

轻症中毒者，有头晕、头痛、乏力、嗜睡、耳鸣、心悸、胸闷、视力模糊等不适，呼吸先兴奋后抑制，可有瞳孔缩小、脉缓、血压升高或意识模糊。

重症中毒者，常于进入现场后数秒钟内瘫倒和昏迷，若不及时救出易致死亡。被救出者仍常有昏迷、大小便失禁、反射消失、呕吐等，甚至出现休克和呼吸停止。经抢救治疗，较轻病例可能于数小时内逐步清醒，但头昏、头痛、乏力等仍需数日方可恢复；相对严重者则持续昏迷，并出现高热、抽搐、呼吸困难、衰竭或休克等危重病症状。

患者应立即脱离现场，吸入新鲜空气，必要时给予吸氧。如发现呼吸和（或）心脏骤停，及时施行心肺复苏术；不需复苏者，应参照CO中毒根据病情选择氧疗。严重中毒者，应及时送医并选择高压氧治疗。其他后续对症治疗等交由专业医护人员负责。

三、氮氧化物（NO_x）

氮氧化物在火灾高温中可直接由氮元素和氧元素反应形成，也可来自含氮材料的燃烧产物。HCN经高温燃烧后也可产生NO_x。NO_2和NO构成所谓的NO_x的混合物，俗称硝气（硝烟），相对密度接近空气。N_2O、NO_2比空气略重，均微溶于水，水溶液呈不同程度酸性。NO、NO_2在水中分解生成硝酸和氧化氮。N_2O在300℃以上才有强氧化作用，其余氮氧化物则有不同程度的氧化性，特别是N_2O_5，在－100℃以上分解放出氧气和硝气。它们均有一种难闻的气味，且具有毒性和刺激性。

氮氧化物可与生命的三大物质基础——脂质、蛋白质和核酸发生反应，进而对蛋白质、核酸等生物大分子及细胞成分的结构和功能造成影响，使生物体机能异常。氮氧化物能刺激呼吸系统，引起肺水肿，甚至死亡。NO还可与血红蛋白结合引起高铁血红蛋白血症，其生物毒理作用之一是抑制细胞能量代谢，从而干扰能量代谢；同时，NO不仅本身具有细胞毒性作用，它还能与其他自由基反应产生更具毒性的物质，如NO与超氧阴离子自由基发生快速反应生成具有强氧化性的过氧亚硝基阴离子 $ONOO^-$，对细胞造成不可逆的氧化损伤。NO_2能与体内多种类型的有机分子产生自由基，对人体组织细胞起破坏作用。

氮氧化物由肺部吸收的速度要比胃黏膜快20倍左右，一般情况下中毒损伤发展迅速，主要是通过呼吸道吸入中毒，损伤呼吸道，引起肺水肿及化学损伤性肺炎。可出现综合因素性休克，心肌收缩力下降，呼吸循环衰竭而死亡。但在吸入氮氧化物气体时，当时可无明显症状或有眼及上呼吸道刺激症状，如咽部不适、干咳等，常经6～7h潜伏期后出现迟发性肺水肿、成人呼吸窘迫综合征；同时，还可并发气胸及纵隔气肿，肺水肿消退后2周左右出现迟发性阻塞性细支气管炎而发生咳嗽、进行性胸闷、呼吸窘迫及紫绀，少数患者在吸入气体后无明显中毒症状而在2周后发生以上病变，表现为血气分析示动脉血氧分压降低，胸部X线片呈肺水肿或两肺满布粟粒状阴影。其中 N_2O_4 是一种强氧化剂，能氧化多种有机物，反应强烈时可以起火；而且具有强烈腐蚀性，能腐蚀大部分金属及人的皮肤黏膜、牙釉质和眼，引起局部化学性烧伤；长期吸入氮氧化物，使支气管和细支气管上皮纤毛脱落，黏液分泌减少，肺泡吞噬细胞吞噬能力降低，使机体对内源性或外源性病原易感性增加，抵抗力降低，呼吸道慢性感染明显。另外，硝气中如NO浓度高还可致高铁血红蛋白血症。不同浓度的 NO_2 对人体的影响见表3-5。

表3-5　不同浓度的 NO_2 对人体的影响

NO_2在空气中的浓度/（mg/m^3）	毒性作用
1.88	易感人群可能发生哮喘
47	呼吸道立即受到刺激、疼痛
188	发生可致死的肺水肿
1880	立即晕倒，15min内死亡

研究表明，NO_2 具有与HCN相比类似的致命毒性效力。NO的毒性效力大约只是 NO_2 的1/5。与HCN相比，NO_x 的毒性主要在于其作为肺刺激物的性质，使老鼠暴露后死亡通常发生在一天之内。虽然有研究报告指出，从含氮材料产生的 NO_x 远比HCN少（因而从毒理学上说，NO_x 不如HCN重要），但文献中也不乏相互矛盾的证据。弄清氮氧化物在燃烧毒理学中的作用，还需要进一步研究。

材料燃烧中 NO_x 的形成及反应机理主要有以下几种观点：

（1）自由基形成机理：

$$O+N_2 \rightleftharpoons NO+N^{\bullet}$$

$$O_2+N \rightleftharpoons NO+O^{\bullet}$$

$$OH+N \rightleftharpoons NO+H^{\bullet}$$

（2）氰化物形成机理：

$$CH+N_2 \rightleftharpoons HCN+N^{\bullet}$$

$$CH_2+N_2 \rightleftharpoons HCN+NH^{\bullet}$$

$$CH_2+N_2 \rightleftharpoons H_2CN+N^{\bullet}$$

$C+N_2 \rightleftharpoons CN+N^{\cdot}$

（3）温度较低时，氮氧化物形成机理推测如下：

$O+N_2+M \rightleftharpoons N_2O+M$

$H+N_2O \rightleftharpoons NO+NH^{\cdot}$

$O+N_2O \rightleftharpoons 2NO$

（4）NO_2 形成及降解机理如下：

$NO+HO_2 \rightleftharpoons NO_2+OH^{\cdot}$

$NO_2+H \rightleftharpoons NO+H^{\cdot}$

$NO_2+O \rightleftharpoons NO+O_2$

（5）N_2O 的形成及反应机理如下：

$NO+NH \rightleftharpoons N_2O+H^{\cdot}$

$NCO+NO \rightleftharpoons N_2O+CO^{\cdot}$

$N_2O+H \rightleftharpoons N_2+OH^{\cdot}$

$N_2+O+M \longrightarrow N_2O+M$

$N_2O+O \longrightarrow 2NO$

四、氯化氢（HCl）

氯化氢（HCl）是含氯材料燃烧后的产物，有强烈的感觉刺激物，也是烈性的肺刺激物。其浓度为 75ppm 时就对眼睛和上呼吸道极具刺激，这意味着已对行为造成了障碍。但灵长目动物在高达 17000ppm 浓度下暴露 5min 却没有发生身体失能。据报道，该毒物在剂量尚未达到造成身体失能的水平上曾导致过暴露后死亡。但到目前为止，人们尚未利用实际的 PVC 烟雾进行过比较研究。

HCl 主要依靠其浓度和刺激作用对人体产生影响，刺激人的眼部和上呼吸道并引起疼痛，使人体丧失运动能力，从而阻碍逃生。HCl 对人体表面（皮肤及眼结膜）和呼吸道内面（口、鼻、喉、气管及支气管的黏膜）会造成伤害。急性中毒死亡者，常呈现气管、支气管坏死，浮肿或肺血管损伤等症状。空气中 HCl 浓度及人体相应的生理障碍见表 3-6。

表 3-6　空气中 HCl 浓度及人体相应的生理障碍

HCl 浓度/ppm	人体生理障碍
0.5～1	轻微的刺激感
5	鼻子有刺激，令人不快
10	有强烈刺激，难以忍受 30min 以上
35	只能支持短暂时间
500～1000	无法作业，难以忍受
1000～2000	短时间即十分危险
2000 以上	数分钟内死亡

维持燃烧所需的化学成分根据燃烧的链反应理论是自由基，阻燃剂可捕捉燃烧反应中的自由基，作用于气相燃烧区，使燃烧区的火焰密度下降，从而阻止火焰的传播，最终使燃烧反应速度下降直至终止。研究表明，HCl 对火焰发展也具有抑制作用。Wang、Leylegian 等

通过对氯甲烷、二氯甲烷、三氯甲烷的氧化机制和火灾抑制效果的研究，提出正是 HCl 的形成终止了反应的继续进行。当聚合物（含卤阻燃剂）受热分解时，由于含卤阻燃剂的聚合物的分解温度和蒸发温度相同或相近，阻燃剂也同时挥发出来，此时同时处于气相燃烧区中含卤阻燃剂与热分解产物中，卤素便能够捕捉燃烧反应中的自由基。反应机理如下：

$$CH_3^{\cdot} + Cl^{\cdot}\ (+M) \longrightarrow CH_3Cl(+M)$$

$$2Cl^{\cdot} + M \longrightarrow Cl_2 + M$$

$$H^{\cdot} + Cl^{\cdot} + M \longrightarrow HCl + M$$

PVC 是最值得注意的含氯材料之一，其高温裂解行为受到诸多学者关注。田原宇等认为，PVC 受热首先脱出 HCl，350℃以下主要是 C—Cl 键的断裂；骨架脱出 HCl 后生成共轭烯烃，进一步热解主要是 C—C 键的断裂，形成多烯碎片，C—C 键的断裂为无规则断裂；除了部分多烯碎片无规则断裂形成脂肪烃类物质的挥发分外，还有一部分通过分子重排、环化形成芳烃结构。其中一部分以芳烃类物质进入挥发分，另一部分聚合形成稠环芳香族物质，最后变成焦粒。热解产物主要有 HCl、共轭多烯、脂肪族化合物、芳香族化合物、焦粒和烟。

$$-CH_2-CHCl-CH_2-CHCl-CH_2-CHCl- \xrightarrow{-HCl}$$

$$-CH{=}CH-CH{=}CH-CH{=}CH- \xrightarrow[300\sim600℃]{\text{C—C键断裂}}$$

多烯碎片 ⟶ 脂肪烃

↓ 环化

芳烃 $\xrightarrow[600\sim1000℃]{-H}$ 稠环芳烃 $\xrightarrow[>1000℃]{}$ 焦

五、氢化氰（HCN）

HCN 主要由火灾中含氮材料燃烧生成，这类材料包括天然材料和合成材料，如羊毛、丝绸、尼龙、聚氨酯、丙烯腈二聚物以及尿素树脂。近年来随着建筑装潢材料的多样化，越来越多种类和数量的含氮化合物得以广泛应用，所以火灾烟气中氰化氢的毒害作用也越来越重。

HCN 是一种毒性作用极快的物质，毒性约是 CO 的 20 倍，它基本上不与血红蛋白结合，但却可以抑制细胞利用氧气（组织中毒性缺氧）及人体中酶的生成，阻止正常的细胞代谢。当 HCN 达到 96～217mg/m^3时，房间一旦停止通风，30min 内人就会失去知觉；当 HCN 超过 217mg/m^3时，几分钟内人就会丧失行为能力；其半数致死浓度 LC_{50} 为 198mg/m^3。单一 HCN 浓度及中毒症状见表 3-7。

表 3-7　HCN 浓度与中毒症状

暴露浓度/ppm	暴露时间/min	病理症状
18～36	＞120	轻度症状
45～54	30～60	损害不大
110～125	30～60	有生命危险或致死
135	30	致死
181	10	致死
270	＜5	立即死亡

Tuovinen、Dagaut 等研究了材料燃烧中 HCN 的形成与氧化机理。Kantak 等研究指出，HCN 形成的主要机理是由于甲胺基团上的氢取代反应。HCN 能够被血液迅速带到脑组织，从而导致中毒患者的失能效应发生，其毒性与其分子在机体内能否迅速放出氰离子（CN^-）有关。氰化物可通过消化道、呼吸道及皮肤进入人体内，迅速与呼吸链中氧化型细胞色素 aa_3 的辅基铁卟啉中的三价铁离子 Fe^{3+} 迅速牢固结合，阻止其中 Fe^{3+} 还原成 Fe^{2+}，中断细胞色素氧化酶至氧的电子传递，使生物氧化过程受抑，产能中断，造成虽然血液为氧所饱和，但不能被组织细胞摄取和利用，产生“细胞内窒息”，从而使中枢神经系统及全身各脏器组织缺氧。由于中枢神经系统分化程度高，生化过程复杂，耗氧量巨大，对缺氧最为敏感，故 HCN 使脑组织功能首先受到损害。对 HCN 毒性的脑电研究，观察到 HCN 首先造成大脑皮层的抑制，其次为基底节、视丘下部及中脑，而中脑以下受抑较少。当吸入较大剂量 HCN 时，会引起“闪电式骤死”。氰化物对中枢神经系统也有直接的损伤作用，使其先兴奋-痉挛而后呼吸抑制麻痹。

六、硫化氢（H_2S）

硫化氢（H_2S）是某些含硫高分子材料、阻燃材料的燃烧产物之一。在一些化工仓库火灾中容易生成大量的硫化氢气体。H_2S 是一种无色、微甜、有强烈的臭鸡蛋气味，并有剧烈窒息性和刺激性的气体，相对分子质量 34.08，相对密度 1.09，熔点 −82.9℃，沸点 −61.8℃。易挥发，易溶于水，易溶于醇类、石油溶剂和原油中，燃烧时产生蓝色火焰。由于硫化氢可溶于水中，有时可随水流至远离发生源处，而引起意外中毒事故。

在火场高温作用下，最终容易生成二氧化硫（SO_2），后者有特殊气味和强烈刺激性。H_2S 与空气混合达到 4.3%～45.5%（体积分数）时，遇火源可引起强烈爆炸。由于其蒸气比空气重，故会积聚在低洼处或在地面扩散，若遇火源会发生燃烧。H_2S 遇热分解为氢和硫，当它与氧化剂，如硝酸、三氟化氯等接触时，可引起强烈反应和燃烧。

（一）对人体健康的危害

H_2S 主要会对人体健康产生危害，还会产生火灾或爆炸、造成环境污染等。是一种有恶臭、毒性很大的气体，是强烈的神经毒物，对黏膜有明显刺激作用。低浓度中毒要经过一段时间后才感到头疼、流泪、恶心、气喘等症状；当吸入大量 H_2S 时，会使人立即昏迷，在 H_2S 浓度高达 1000mg/m³ 时，会使人失去知觉，很快就会中毒死亡。不同浓度 H_2S 对人体的危害见表 3-8。

表 3-8　H_2S 对人体的危害

H_2S 浓度/（mg/m³）	接触时间	毒性反应	危害等级
0.035		嗅觉阈，开始闻到臭味	无危害
0.4		臭味明显	无危害
4～7		感到中等强度难闻臭味	无危害
30～40		臭味强烈，仍能忍受，是引起症状的阈浓度	轻度
70～150	1～2h	呼吸道及眼部刺激症状，吸入 2～15min 后嗅觉疲劳，不再闻到臭味	轻度
300	1h	6～8min 出现眼急性刺激性，长期接触引起肺水肿	中度

续表

H_2S浓度/（mg/m³）	接触时间	毒性反应	危害等级
760	15～60min	发生肺水肿、支气管炎及肺炎，接触时间长时引起头疼、头昏、步态不稳、恶心、呕吐、排尿困难	重度
1000	数秒钟	很快出现急性中毒，呼吸加快，麻痹而死亡	重度
1400	立即	昏迷、呼吸麻痹而死亡	重度

按国家规定的卫生标准，H_2S在空气中最高允许浓度是$10mg/m^3$。浓度越高，对人体毒害越大。人的嗅觉阈值为$0.012\sim0.03mg/m^3$，远低于引起危害的最低浓度。起初臭味的增强与浓度的升高成正比，但当浓度超过$10mg/m^3$之后，浓度继续升高臭味反而减弱。在高浓度时，会很快引起嗅觉疲劳而不能察觉H_2S的存在，故不能依靠其臭味强烈与否来判断有无危险浓度。

硫化氢的急性毒作用靶器官和中毒机制可因其浓度和接触时间而异。浓度越高，则中枢神经抵制作用越明显，浓度相对较低时黏膜刺激作用明显。

H_2S的局部刺激作用，是由于接触湿润黏膜与钠离子形成硫化钠引起的。当游离的H_2S在血液中来不及氧化时，则引起全身中毒反应。目前认为H_2S的全身毒性作用是通过与细胞色素氧化酶及这类酶中的二硫键起作用，影响细胞氧化过程，造成细胞组织缺氧。由于中枢神经系统对缺氧最为敏感，因此首先受到影响。当H_2S浓度高时，则引起颈动脉窦的反射作用，使呼吸停止。

在抢险救援工作中，在毫无准备的情况下，贸然进入硫化氢浓度极高的环境中，如地窖、下水道等不通风的地方时，还未等上述症状出现，直接麻痹呼吸中枢而立即引起窒息，即可像遭受电击一样突然中毒死亡，是为“电击样”中毒。

（二）毒性作用机制

硫化氢是一种神经毒剂，也为窒息性和刺激性气体。中毒途径主要从呼吸道进入，进入体内的硫化氢无蓄积作用，大部分迅速被氧化成无毒的硫化物、硫代硫酸盐或硫酸盐，经肾脏及肠道排出体外。只有未被氧化的硫化氢才对机体产生毒害作用。其作用的主要靶器官是中枢神经系统和呼吸系统，可与组织中碱性物质结合，形成硫化钠，对眼和呼吸道黏膜产生强烈的刺激作用。也可伴有心脏等多器官损害，最容易受损害的组织是脑和黏膜接触部位。吸收入血液中的游离硫化氢能与氧化型细胞色素酶的三价铁结合，使酶失去活性，造成细胞内窒息缺氧。在体内大部分经代谢作用形成硫代硫酸盐而解毒，在代谢过程中谷脱甘肽可能起激发作用；少部分可经甲基化代谢而形成毒性较低的甲硫醇和甲硫醚，高浓度硫化氢（$1000mg/m^3$）可直接麻痹呼吸中枢而即刻导致呼吸停止。体内产物可在24h内随尿排出，部分随粪便排出，少部分以原形经肺呼出，体内无蓄积。

H_2S经呼吸道吸收很快，在血液中一部分被氧化为无毒的硫酸盐和硫代硫酸盐等经尿排出，一部分游离的H_2S经肺排出，体内无蓄积作用。但过量的硫化氢进入体内，超出机体代谢能力时，可因此引起急性中毒：血中高浓度硫化氢可直接刺激颈动脉窦和主动脉区的化学感受器，致反射性呼吸抑制，引起昏迷及呼吸中枢和血管运动中枢麻痹。因硫化氢是细胞色素氧化酶的强抑制剂，能与线粒体内膜呼吸链中的氧化型细胞色素氧化酶的三价铁离子结合，而抑制电子传递和氧利用，引起细胞内缺氧，造成细胞内窒息。因脑组织对缺氧最敏感，故最易受损。以上两种作用发生快，均可引起呼吸骤停，造成“电击样”死亡。在发病初期如能及时停止接触，因硫化氢在体内很快氧化失活之故，则许多病例可迅速和完全恢复。

继发性缺氧是由于硫化氢引起呼吸暂停和肺水肿等因素所致血氧含量降低，可使病情加重，使神经系统症状持久及发生多器官衰竭；硫化氢遇眼和呼吸道黏膜表面的水分后分解，并与组织中的碱性物质反应产生氢硫基、硫和氢离子、氢硫酸和硫化钠，对黏膜有强刺激和腐蚀作用，引起不同程度的化学反应。加之细胞内窒息，对较深的组织损伤最重，易引起肺水肿、心肌损害，尤其是迟发型损害的机制尚不清。急性中毒出现心肌梗死样表现，可能由于硫化氢的直接作用使冠状血管痉挛、心肌缺血、水肿、炎性浸润及心肌内氧化障碍所致。

急性硫化氢中毒致死病例的尸体解剖结果显示其常与病程长短有关，常见脑水肿、肺水肿，其次为心肌病变。一般可见尸体明显发生绀，解剖时发出硫化氢气味，血液呈流动状，内脏略呈绿色。脑水肿最常见，脑组织有点状出血、坏死和软化灶等；可见脊髓神经组织变性。电击样死亡的尸体解剖呈大物异性窒息现象。

急性硫化氢中毒可分为三级。轻度中毒表现为畏光、流泪、眼刺痛、异物感、流涕、鼻及咽喉灼热感等症状，检查可见眼结膜充血、肺部干性罗音等，还可有轻度头昏、头痛、乏力症状。中度中毒表现为立即出现头昏、头痛、乏力、恶心、呕吐、共济失调等症状。有短暂意识障碍，同时可引起呼吸道黏膜刺激症状和眼刺激症状，检查可见肺部干性或湿性罗音，眼结膜充血、水肿等。重度中毒表现为明显的中枢神经系统的症状，首先出现头晕、心悸、呼吸困难、行动迟钝，继而出现烦躁、意识模糊、呕吐、腹泻、腹痛和抽搐，迅速进入昏迷状态，最后可因呼吸麻痹而死亡。

七、二氧化硫（SO_2）

SO_2是含硫可燃物燃烧生成的燃烧产物。煤炭和石油等化石燃料以及一些高分子材料的燃烧可以产生大量SO_2并释放到空气中，从而使SO_2成为大气环境中最为常见的气体污染物。同时，由于SO_2是一种具有毒性作用的气体，所以它对大气环境及人体健康和生态环境有很大危害。

SO_2在室温下为无色有刺激性气味的气体，中等毒性，不自燃也不助燃。当温度低于－10℃时，SO_2即液化为无色液体，相对密度为1.434（液体）（水＝1，下同）。SO_2气体的密度与温度、气压密切相关。在25℃、1标准大气压下，SO_2气体的密度为2.618g/L，约为空气密度的2.21倍。常温常压下SO_2是空气质量的2.26倍。SO_2不仅易溶于水，更易溶于有机溶剂。溶于水时形成亚硫酸，具有腐蚀性。20℃时，1体积水能溶解大约40体积的SO_2。

世界卫生组织（WHO）推荐SO_2年平均容许浓度为0.06mg/m^3。我国《环境空气质量标准》（GB 3095—2012）规定，SO_2年平均浓度限值一级标准为20μg/m^3，二级标准为60μg/m^3；24h平均浓度限值一级标准为50μg/m^3，二级标准为150μg/m^3；1h平均浓度限值的一级、二级标准分别为0.15mg/m^3、0.50mg/m^3。

（一）SO_2对动物的急慢性毒作用

1. SO_2短期暴露

SO_2急性接触对动物呼吸道及眼睛有强烈刺激作用，可引起气管和支气管的反射性收缩，也可引起分泌物增加和局部炎症反应。SO_2高浓度急性接触往往引起动物喉头水肿、喉痉挛和支气管痉挛而死亡。小鼠吸入SO_2 20min和5h，其致死浓度（LC）分别为2240mg/m³和1600mg/m³；小鼠吸入SO_2 10min、20min、1h、6h、24h，其半数致死浓度（LC_{50}）分别为3780mg/m³、2139mg/m³、1708mg/m³、952mg/m³、364mg/m³；豚鼠吸入SO_2 5min，其LC_{50}为14000mg/m³；大鼠吸入SO_2 5h，其LC_{50}为1851mg/m³。高浓度SO_2吸入对其他动物（如猫、犬、猴等）也可引起急性中毒。急性中毒动物表现出典型的呼吸道刺激症状，躁动、喘息，最后多因呼吸困难而死亡。

2. SO_2长期暴露

接触环境化学物SO_2 24h以上直至数日者均为长期接触，24h以内为短期接触。小鼠吸入26mg/m³ SO_2 72h，可致鼻黏膜严重损害；小鼠暴露于浓度为28mg/m³的SO_2 24h，鼻腔黏膜发生炎性变化，72h时鼻上皮细胞坏死和脱落。大鼠接触浓度为2.8mg/m³的SO_2 170h后，呼吸道对黏着微粒的清除能力显著降低；接触4.76mg/m³的SO_2 65d（每天24h），可出现气管炎、呼吸道上皮细胞脱落和局部性肺炎。豚鼠在3.08mg/m³的SO_2浓度下接触120h，出现增生性间质肺炎、支气管炎和气管炎。动物同时接触SO_2（0.15mg/m³）和NO_2（0.1mg/m³）3个月，发现两者有相加作用。长期接触SO_2对其他动物（如牛、羊、猪、狗等）均可引起疾病甚至死亡。

（二）SO_2对人的急慢性毒作用

1. SO_2急性毒性作用

吸入一定浓度的SO_2，对呼吸道，特别是对上呼吸道有刺激作用，引起支气管平滑肌反射性收缩，影响呼吸功能。此外，SO_2对眼结膜也有刺激作用并可引起炎症。一般表现症状：首先出现眼睛和上呼吸道的刺激症状，表现为流泪、畏光、咳嗽，常为阵发性干咳，鼻、咽、喉部烧灼样疼痛，声音嘶哑。较重者表现胸痛、胸闷、心悸、气促、发绀、呼吸音粗糙，双肺可闻干、湿罗音，X线胸片可有实变阴影；肺功能提示小气道功能异常，阻塞性、混合性通气障碍。严重者发生肺炎、肺水肿，甚至呼吸中枢麻痹。如吸入浓度高达5240mg/m³时，立即引起喉痉挛、喉水肿，可迅速死亡。个别发生中毒性心肌炎或癔病样发作等。液态SO_2接触眼睛和皮肤，可造成皮肤灼伤和角膜细胞坏死，形成白斑、疤痕等。

不同的人对SO_2的敏感性不同，个体差异较大。一般老年人和儿童及患有肺功能不全及呼吸循环系统疾病的患者对SO_2较敏感。一般情况下，SO_2对人的嗅觉阈为3mg/m³，浓度为0.28～0.84mg/m³时人一般不能闻到它的气味，大多数人仅可由味觉感知；1.4mg/m³暴露10min能引起轻度哮喘病人呼吸功能的改变；急性吸入小于2.8mg/m³ SO_2便可产生轻微的呼吸道症状，引起细支气管的微弱改变，包括细支气管的收缩及正常人和哮喘病人的呼吸道气流的改变；9.8mg/m³以上时可闻到刺鼻的硫臭味；14mg/m³时才可引起呼吸道阻力增加，暴露3h，肺功能轻度减弱，但是黏液分泌和纤毛运动能力尚未改变；28～42mg/m³时呼吸道纤毛运动和黏液分泌功能均受到抑制；56mg/m³时鼻腔和上呼吸道受到明显刺激，引起咳嗽，眼睛也有不适感；280mg/m³时支气管和肺组织明显受损，可引起急性支气管炎、肺水肿和呼吸道麻痹，其症状为咳嗽、胸闷、胸痛、呼吸困难；1120～1400mg/m³时可危及生命；极高浓度时，可因反射性声门痉挛、声门水肿而引起窒息死亡。

2. SO_2慢性毒性作用

长期接触低浓度SO_2可引起嗅觉迟钝、味觉减退，甚至消失。鼻、咽部和上呼吸道受到反复的刺激而形成慢性病变，如慢性鼻炎、牙齿酸蚀、咽喉炎、支气管炎、肺气肿及弥漫性肺间质纤维化，有些伴有气道反应性增高，类似哮喘样发作。长期接触SO_2还可抑制免疫功能，部分可引起内分泌失调、月经紊乱。

一般将仅有上呼吸道刺激，且1～2d恢复正常，而体检及胸部X线征象无异常者列入刺激反应；若同时肺部闻及干性罗音或哮鸣音，胸部X线显示肺纹理改变，则为轻度中毒；若肺部闻及明显湿性罗音，胸部X线征象符合间质性肺水肿征象，则列入中度中毒；在前述症状基础上，胸部X线出现肺泡性肺水肿征象或突发呼吸窘迫，血气氧合指数≤26.6kPa（200mmHg柱），或合并气胸、纵隔气肿等严重并发症，或伴有窒息，或昏迷，或发生猝死等，则皆属于重度中毒。

长期吸入低浓度的SO_2气体，对呼吸道的毒理作用主要有三个方面：

（1）引起气管和支气管收缩、呼吸道阻力增加。

（2）肺通气功能明显改变，表现为时间肺活量及最大通气量的降低，如吸入2.1mg/m^3 SO_2，30s肺活量（FVC）、1s用力呼吸量（FEV_1）、最大呼气中期流速（MMFR）及50%最大呼气流速（$MEFR_{50}$）均有一定程度减小。有人报道，大气SO_2污染与当地学生的FVC、FEV_1的下降有关。

（3）影响呼吸道纤毛运动和黏液的分泌。短期吸入低浓度SO_2气体，可促进支气管的清除作用。原因是由于SO_2刺激副交感神经反射性地引起黏液分泌增加，使清除作用加速；如长期吸入低浓度SO_2则使黏液清除减慢。这是因为高浓度或长期低浓度SO_2的暴露，直接抑制纤毛的运动，纤毛运动减弱则黏液变稠，上皮细胞损伤坏死，使呼吸防御功能降低，容易发生呼吸道感染，久之可诱发各种炎症如慢性鼻炎、慢性支气管炎等。

由于呼吸道收缩、阻力增加和炎症的发生引起的通气障碍，加之SO_2刺激肺泡，引起肺泡壁弹力蛋白和胶原蛋白的破坏，可导致肺气肿和支气管哮喘等疾病。慢性支气管炎、支气管哮喘和肺气肿三者合称为慢性阻塞性呼吸道疾病（COPD），它们可以继发地引起心脏疾患。上海分析了1974—1982年的大气污染与呼吸道疾病死亡率的关系，得出大气中SO_2浓度增加10μg/m^3，呼吸系统疾病死亡人数将递增5%。

八、丙烯醛

丙烯醛属高毒类，有强烈刺激性，吸入其蒸气损害呼吸道，出现咽喉炎、胸部压迫感、支气管炎，大量吸入可致肺炎、肺水肿、休克、肾炎及心力衰竭，并可致死；皮肤接触可致灼伤；LD_{50}为46mg/kg（大鼠经口）；人经口最小致死剂量为5g/kg。Esterbauer等研究发现，连续接触5.5mg/m^3（持续20s）丙烯醛，可导致眼痛、鼻炎；环境中丙烯醛浓度大于22mg/m^{3}即无法忍受。短时间内，醛类的毒害作用会严重妨碍人的逃生能力，长时间高浓度接触会造成相应器官的功能性或器质性损害甚至死亡。当人在浓度为30ppm的丙烯醛环境中滞留5～10min即可致命。

此外，丙烯醛可引起成年小鼠心肌细胞的凋亡，体外试验证实丙烯醛对未成熟睾丸Sertoli细胞具有明显的氧化应激损伤；丙烯醛在代谢过程中产生自由基造成DNA氧化损伤，从而表现出直接的遗传毒性效应。同时，丙烯醛是一种线粒体毒素，能引起线粒体的功能障碍。对细胞进行丙烯醛的急性染毒会增加细胞内氧化物的含量、蛋白质的羰基化水平和钙离子的浓度。

丙烯醛是一种特别强烈的感觉和肺部刺激物。现已证明，它存在于许多燃烧生成的气体中，丙烯醛既可由各种纤维材料阴燃产生，又可由聚乙烯热解生成。丙烯醛极具刺激性，其浓度低至百万分之几时仍可刺激眼睛，甚至有可能造成生理失能。当其在烟气中的含量达到10ppm时，脑部中毒几分钟后即可死亡；火灾中烟中含量可达50ppm，允许值为0.1ppm。令人惊奇的是，对灵长目动物的研究表明，在高达2780ppm浓度下暴露5min并没有造成身体失能。然而，由较低浓度引起的肺病并发症却在暴露半小时后造成了死亡。

关于丙烯醛的致癌性存在争议。动物试验证实丙烯醛可导致膀胱癌，丙烯醛是与吸烟相关肺癌的主要病原学剂，它通过两种途径引发肺癌：即脱氧核糖核酸损伤和抑制脱氧核糖核酸的修复，但丙烯醛急性毒性强，动物长期致癌试验结论不一，部分研究人员通过对大鼠、兔、犬长期试验，表明其致癌性相对于对照组无统计学意义，从而否定了丙烯醛的致癌性。

对健康成人血淋巴细胞进行体外染毒试验，发现丙烯醛无需代谢活化，可直接与DNA发生加合，形成DNA-DNA和DNA-蛋白质两种交联结构，从而表现出不同的致突变性。进入体内的丙烯醛大部分滞留在直接侵入部位，可刺激支气管黏膜和肌层，使黏蛋白大量生成，吸入肺中的丙烯醛可引发肺水肿和支气管上皮细胞损害。1995年，国际癌症研究机构（IARC）将丙烯醛归为Ⅲ类致癌物，加拿大卫生部发布的卷烟烟气有害成分名单和Hoffmann名单都将其列入。同时丙烯醛被世界卫生组织烟草控制框架公约归为9种优先级释放物之一。

九、光气

光气是含氯高分子材料的燃烧产物之一。又名碳酰氯，纯品为无色、有特殊气味气体，低温时为黄绿色液体，分子式为$COCl_2$，分子量为98.92，相对密度为3.5，溶于水、芳烃、苯、氯仿等。光气自身不燃，但化学反应活性较高，遇水反应发热并放出强腐蚀性气体。微量光气泄漏可用水蒸气冲散，较大量时可用液氨喷雾解毒及苛性钠溶液吸收。

光气属高毒、窒息性气体，毒力为氯气的10倍，作用持久、有积累性。光气主要造成呼吸道损害，致其发生化学性支气管炎、肺炎、肺水肿，窒息作用很强。光气的毒性作用与吸入浓度有关，光气在空气中最高允许浓度约为0.5mg/m^3，在较低浓度（20mg/m^3，1min）时，无明显局部刺激作用，需经一段症状缓解期后（也称潜伏期）才出现肺泡毛细血管膜损害，导致肺水肿；吸入量越多，潜伏期越短，病情越重，预后越差。当浓度大于40mg/m^{3}时，吸入1min后，对支气管黏膜和肌层会产生局部刺激作用，甚至引起支气管痉挛，因此可在肺水肿发生前导致窒息。接触光气浓度100～300mg/m^{3}达15～30min后，常导致严重中毒甚至死亡。

光气中毒除引起急性肺损伤外，还可引起其他器官的损伤，在临床观察中已发现有心脏损害。很多资料证实，急性光气中毒可直接刺激血管引起应激反应，使肺循环阻力升高，加重右心负荷致严重缺氧等因素而损害心肌。通过心电图分析得出其损害主要在心脏隔面和右心室，但心肌损害大都是可逆的。

光气毒性作用的临床特点是迟发性肺水肿甚至发生急性呼吸窘迫综合征（ARDS）。迄今为止，对光气中毒致肺水肿的机制见解不一，尚无特效的治疗方法，病死率较高。光气轻度中毒者流泪、畏光、咽部不适、咳嗽、胸闷等；中度中毒者除上述症状加重外，还有紫绀、呼吸困难；重度中毒者畏寒、发热、呕吐、剧烈咳嗽并咯大量泡沫痰、明显紫绀、呼吸窘迫或成人呼吸窘迫综合征，甚至并发气胸、纵隔气肿。

十、其他

除上述简要介绍的火灾烟气中的气体组分外，火灾烟气中还有许多具有毒性的其他气体。如丝纺织品、毛纺织燃烧生成的氨气（NH_3）；氟化物、胶卷及含溴的阻燃材料在燃烧时生成的卤素氢化物（HF、HBr）；部分有机物如甲苯 2，4 二异氰酸酯高温热解可释放出异氰酸酯等，这些烟气组分对呼吸道均有强烈的刺激性。当氨气、HF、HBr、异氰酸酯在空气中的浓度分别达到 695mg/m^3、327mg/m^3、1656mg/m^3、712mg/m^{3}以上时，单一气体作用 10min 即可致命。表 3-9 列出了若干有毒气体的毒性增大序列。表中的估计值 LC_{50} 表示在给定时间内这种浓度气体能导致暴露者 50%死亡。多种有毒气体的共同存在可能加强毒性。

表 3-9　火灾烟气中若干有毒气体的毒性增大序列

气体种类		假定 LC_{50}/ppm	
符号	中文名	暴露染毒 5min	暴露染毒 30min
CO_2	二氧化碳	>150000	>150000
C_2H_4O	乙醛		20000
$C_2H_4O_2$	醋酸		11000
NH_3	氨	20000	9000
HCl	氯化氢	16000	3700
CO	一氧化碳		3000
HBr	溴化氢		3000
NO	一氧化氮	10000	2500
COS	硫化碳		2000
H_2S	硫化氢		2000
C_3H_4N	丙烯腈		2000
HF	氟化氢	10000	2000
COF_2	氟化碳		750
NO_2	二氧化氮	5000	500
C_3H_5O	丙烯醛	750	300
CH_2O	甲醛		250
SO_2	二氧化硫		500
HCN	氰化氢	280	135
$C_9H_6O_2N_2$	酸酯		约 100
$COCl_2$	碳酰氯	50	90
C_4F_8	八氟化四碳	28	6

第二节　低氧状况与颗粒物危害

目前，火灾烟气的监测除 CO、CO_2、NO_x、HCl、H_2S、HCN、HF、SO_2、醛类气体等组分外，火灾中的低氧状况、细颗粒物、烟雾等也是重点监测的对象。

一、低氧状况

缺氧是供应组织的氧不足或组织利用氧障碍，从而引起其功能、代谢以至形态结构发生异常变化的病理过程。在静息状态下，成人机体需氧量约为 250mL/min，而体内储存的氧约为 1.5L，一旦呼吸停止、心跳停止数分钟，机体就有可能死于缺氧。

燃烧消耗了火场的氧气，使空气中氧浓度急剧下降，人在这种低氧的环境中，短时间内就会造成呼吸障碍、失去理智、痉挛甚至窒息死亡。人缺氧短时致死的氧含量是 6%。正常情况下空气中氧的体积百分比为 21%，当空气中氧的含量低于 17%时，人的动作协调能力下降；低于 10%～14%时，人虽然清醒，但判断能力下降；低于 6%～10%时，人将失去知觉，但如果只暴露几分钟，则仍有可能苏醒过来。

当空气中 O_2浓度低于正常浓度时，也会对人体造成窒息作用。火灾中可燃物剧烈燃烧时，会消耗大量 O_2，如果通风条件不好，就会使空气中的 O_2浓度降低。在实际的着火房间中，O_2的最低浓度可达到 3%左右，这对于火灾现场人体的影响是非常明显的。在火灾烟气中，氧含量通常是不足的。这是火灾中人员死亡的另一个重要原因。

此外，安翠等实验研究发现，低压、低氧条件下会出现火焰温度升高、火焰振荡频率增大的特殊现象，其原因主要在于低压下火焰表面热辐射减少、火焰浮力羽对流作用增强。从而增大了火灾的危险性。

表 3-10 是空气中 O_2浓度的变化对人体的影响情况。

表 3-10　空气中 O_2浓度的变化对人体的影响

O_2浓度范围	对人体的影响
等于 21%	正常状态
17%～21%	运动协调能力发生障碍
15%～17%	动作协调能力下降、身体疲劳
14%～15%	肌肉活动能力下降
10%～14%	四肢无力、智力混乱、辨不清方向
6%～10%	会发生昏倒
小于 6%	在短时间内会因缺氧而窒息死亡

二、颗粒物

火灾烟气中通常含有大量直径为几微米到几十微米的悬浮性含碳颗粒，肉眼不可见，粒径超出可见光波长的两倍，对可见光有遮蔽作用，火场能见光度降低，使逃生和救援人员行进方向混淆、速度降低，并可以加剧心理上的恐慌，给他们带来更多的危险。吸入这些颗粒性物质，会沉积在呼吸道和肺泡表面，阻碍呼吸道的畅通，影响气体交换效率。进入血液的颗粒也会增加心脏负荷。这种普通的机械刺激所造成的伤害本身较小。但在这些极其不规则的颗粒表面往往会附着有高浓度的热解和燃烧所产生的毒性物质，随烟尘沉积在呼吸道表面和肺泡时，在局部高浓度造成的伤害更大，可引起喉、气管、支气管以及肺泡的损害，患者常出现声嘶、上呼吸道梗阻、肺水肿，重者可迅速出现呼吸窘迫和低氧血症。

（一）颗粒物的物理化学成分

细颗粒物通常指空气动力学直径小于2.5μm的颗粒物（$PM_{2.5}$），燃烧过程是$PM_{2.5}$的主要一次来源。包括以燃煤和生物质为主的固定源和以燃油为主的移动源。特别是火灾现场因燃烧形成的大量颗粒物弥漫在空气中，长期地职业性接触烟气中的颗粒物，对消防员身体健康造成了极大的危害。

与其他基准污染物（O_3、CO、SO_2等）不同，颗粒物并不是一种特殊的化学个体，而是一种粒子混合物，这些颗粒物来源不同，粒径、成分以及性质也各不相同。大气颗粒物来源于各种污染源，其形态学、化学、物理及热力学性质也有所差异。例如，大气粒子包括燃烧产生的粒子，如柴油烟灰或飞灰；城市雾霾中的颗粒物；再次悬浮灰尘中的土状颗粒等。一些粒子呈液态，另一些则呈固态，还有一些粒子也可能以固体为核心，周围是一层液体。大气粒子包括无机离子、金属化合物、元素碳、有机化合物以及地壳化合物。一些大气粒子具有吸湿性，含有粒子结合水。有机粒子非常复杂，包括数百种（也可能是数千种）有机化合物。一次粒子直接从污染源排放到空气中，而二次粒子则由空气中气体的化学反应形成，参与反应的物种包括大气中的氧气（O_2）和水蒸气（H_2O）、活性粒子如臭氧（O_3）、自由基，如氢氧自由基（HO·）和硝基自由基NO_3^-·），还有二氧化硫（SO_2）、氮氧化物（NO_x）和自然源或人为源中排放的有机气体等污染物质。

颗粒的形成过程包括：低蒸气压气体的粒子成核现象，低蒸气压气体由污染源排放或通过大气化学反应；低蒸气压气体在已有粒子上的浓缩；粒子的凝聚。因此，任何特定粒子都可能包含多种来源的颗粒物。因为某个来源的粒子可能是由多种化学成分组成的混合物，不同来源的粒子也可能凝聚成一个新的粒子，大气粒子可以被看作是一种混合物。粒子的组成和行为基本上与周围气体中的粒子有关。颗粒物成分及其毒性作用见表3-11。

表3-11　颗粒物的成分及其毒性作用

成分	毒性作用
有机物	致突变、致癌、诱发变态反应
离子（SO_4^{2-}、NO_3^-、NH_4^+、H^+）	损伤呼吸道黏膜、改变金属等的溶解性
光化学物（臭氧、过氧化物、醛类）	引起下呼吸道损伤
重金属	诱发炎症、引起DNA损伤、改变细胞膜通透性、产生活性氧自由基、引起中毒
生物来源（病毒、细菌及其内毒素、动植物屑片、真菌孢子	引起过敏反应、改变呼吸道的免疫功能、引起呼吸道传染病
颗粒核	呼吸道刺激、上皮细胞增生、肺组织纤维化

（二）颗粒物对人群健康的影响

当人们呼吸时，颗粒物能渗透进入肺部，进而给公共卫生和经济带来一系列不利影响。据美国环境保护局估计，如果满足现有的细颗粒物标准，至少能减少1万例因呼吸颗粒物引起的呼吸和心血管疾病而入院的治疗，减少 1.5 万例早产婴儿死亡，降低 7.5 万例慢性支气管炎的发作，缓解几十万例人哮喘症状恶化，减少 310 万天次的休假。颗粒物污染源包括电厂燃煤、机动车、森林大火、木材燃烧炉和自然源。在中国和世界其他地区，由于传统燃烧炉使用固体燃料（如煤或液体生物质），使得从事烹饪和供热的人群经常严重地暴露于室内颗粒物中。在火灾现场，烟气中颗粒物对无防护人员健康的影响尤其严重。

1. 不同颗粒在呼吸道的沉积

颗粒物对人体健康的影响与颗粒粒径密切相关，细颗粒物对人体健康的危害远高于粗颗粒物。有研究表明，空气动力学尺度大于 10μm 的颗粒物，基本可被阻止于人的鼻腔；小于 10μm 的颗粒物，可进入人体咽喉，沉积于呼吸道的各个部位。$PM_{2.5}$ 又称为可入肺颗粒物，能够进入人体肺泡甚至血液循环系统，可直接导致心血管等疾病。图 3-1 给出了可吸入颗粒物在人体呼吸系统各部位沉积的比例，可见，粒径为 2.5～10μm 的颗粒主要沉积于鼻、咽和支气管，而小于 2.5μm 的颗粒则更多地沉积在肺泡部位。因此，对人体危害最大的主要为 $PM_{2.5}$，而该粒径段的颗粒也最难清除。

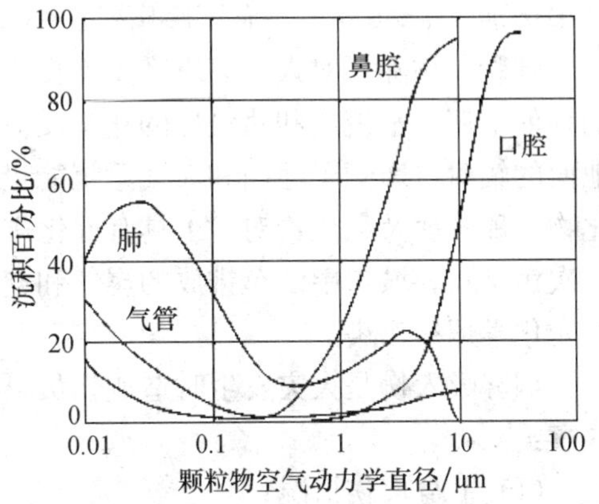

图 3-1　不同粒径的可吸入颗粒物在呼吸道各个部位的沉积率

2. 颗粒物的健康效应

细颗粒物能长期悬浮于大气环境，具有很大的比表面积，易于富集多环芳香烃、多环苯类、病毒和细菌等有毒物质以及痕量有毒元素，一旦在人体呼吸系统沉积将产生严重的危害。美国环保局（EPA）和一些科研机构的研究表明，$PM_{2.5}$是影响人类身体健康最主要的污染物之一，其浓度变化与慢性病、呼吸道疾病以及心脑血管疾病发病率有很大的相关性。美国纽约大学药物院的研究表明，细颗粒物与肺癌、心脏病所导致的死亡率紧密相关，并获得了确切的证据。

（1）呼吸系统的影响。欧美国家的流行病学研究结果表明，医院哮喘发病率、就诊人数和死亡人数都会随大气中 PM_{10} 增加而增加。每增加 100μg/m³，成人男、女感冒咳嗽的发生率分别升高 4.81％和 4.48％。同时，成年男性患支气管炎的比率增加 5.13％。空气中 PM_{10} 每增加 10μg/m³，肺功能下降 1％。我国开展颗粒物对居民健康危害的定量评价中，对四城市（广州、武汉、兰州和重庆）的研究发现，TSP、PM_{10}、$PM_{10\sim2.5}$ 和 $PM_{2.5}$ 每增加 50μg/m³，儿童患哮喘的危险性将分别增加 5％、18％、34％和 29％；患支气管炎的危险性将分别增加 16％、53％、156％和 68％。

（2）对心血管疾病的影响。Schwartz 等采用时间序列的研究方法，分别研究了美国六城市的大气，$PM_{2.5}$ 每增加 10μg/m³，缺血性心脏病死亡率增加 2.1％。Pope 等采用固定群组追踪的方法，收集和分析了美国犹他州 1995—1996 年冬季 90 名老年人的资料，未观察到 PM_{10} 污染与血氧饱和度变化相关，但发现 PM_{10} 污染与心率的增高相关。PM_{10} 浓度每增加 100μg/m³，每分钟心率会增加 0.8 次，初步显示空气颗粒物污染可能与心血管自主调节功能的紊乱相关。

香港的两项研究分析结果显示，PM_{10} 浓度每增加 10μg/m³，人群心血管疾病住院率增加0.66%。在北京市大气污染对城区居民每日心脑血管疾病死亡的短期影响研究中，显示大气SO_2、NO_2和PM_{10}浓度每升高$10\mu g/m^3$，心脑血管疾病死亡危险性分别增加0.4%（0.1%～0.8%）、1.3%（0.2%～2.4%）和0.4%（0.2%～0.6%）。

（3）增加死亡率。虽然对于健康人而言，PM_{10}不是直接的致死因素，但是却可以导致患有心血管病、呼吸系统疾病和其他疾病的敏感体质患者的死亡。在美国犹他谷州立学院进行的PM_{10}流行病学研究表明，PM_{10}日均质量浓度增加$5\mu g/m^3$，死亡率平均增加4%～5%；PM_{10}超过$100\mu g/m^3$时，死亡率比PM_{10}小于$50\mu g/m^3$时平均高出11%。据Ostra等在泰国曼谷的研究，当PM_{10}日平均增加$10\mu g/m^3$时，总死亡率增加1%～2%，其中呼吸道疾病死亡率增加3%～6%，心血管疾病死亡率增加1%～2%。

细颗粒物除了对人体健康产生不良影响以外，还会对能见度、酸沉降、云和降水、大气的辐射平衡、平流层和对流层的化学反应等造成严重影响。如大气中的颗粒物减弱了阳光对地面的辐射，影响了地面和大气系统能量收支，改变气候。同时，细颗粒表面吸附的金属氧化物、硫酸盐及氯化物对SO_2具有催化作用，在一定条件下可促进SO_2氧化而形成硫酸盐等二次污染物。城市中汽车排放的尾气和空气中悬浮的细颗粒物在特定的光辐射条件下，可导致光化学烟雾污染。

烟雾吸入伤是火灾发生时造成伤员早期死亡的主要原因。评估是否存在烟雾吸入伤时应观察：

（1）上身烧伤情况；

（2）有无眉毛和鼻毛的烧灼；

（3）口咽部有无烟灰覆盖；

（4）有无精神障碍史；

（5）有无在燃烧环境中的经历（密闭空间受伤）；

（6）有无煤炭样痰（烟灰样物质）。

烟雾吸入伤症状包括低氧血症、高碳酸血症、一氧化碳中毒。吸入性损伤是烧伤伤员早期死亡的原因之一，它对受害者生存的影响可能比烧伤面积的大小更重要。

第四章　火灾烟气成分分析技术

烟气通常由气相燃烧产物，未燃烧的气态可燃物以及未完全燃烧的液、固相分解物和冷凝物微小颗粒等组成。实际上火灾烟气的组成非常复杂，包括 CO、CO_2、HCN、NO_x、SO_2、H_2S 等，高分子材料燃烧时还会产生 HCl、HF、丙烯醛、异氰酸酯等有害物质。不同的材料燃烧时产生的有害气体成分和浓度是不相同的，因而其烟气的毒性也不相同。在环境温度高、反应对温度要求严格、烟气中有大量烟尘存在的情况下，对火灾烟气的成分分析是非常困难的。

第一节　火灾烟气采样与分析技术

目前常用的采样方法一般为吸收器吸收采样和直接采样两种方式。用吸收器对烟气进行吸收采样的方法一般适用于稳态烟气流的成分分析，对于非稳态烟气流则无法了解其烟气浓度随火灾发展的变化趋势。这种方式能针对火灾烟气中的特定毒性气体进行吸收，减少其他组分的干扰。使用这种采样方式进行烟气成分分析，最终能得到特定成分在火灾烟气中的总浓度和平均浓度。直接采样法是将火灾烟气通过泵直接导入采样管路，在采样管路中火灾烟气经过滤除去烟尘后直接送入分析仪器进行分析。该方法将烟气过滤后只去除了烟尘，不改变火灾烟气的组成。能用于火灾烟气成分实时在线测定，对研究火灾发展的趋势很有帮助。

一、烟气采样器技术条件

国家环境保护部为满足烟气采样器的研制、生产及认定等，制定了相应的技术标准《烟气采样器技术条件》（HJ/T 47—1999）。该标准主要用于烟道、烟囱及排气筒等固定污染源排气中有害成分（SO_2、NO_x等）含量测定的烟气采样器研究制作等。

采样器由采样管、导气管、吸收装置、干燥器、流量测量与控制装置和抽气泵等部分组成。采样器按计量采气流量的流量计分为三类：限流孔采样器（限流孔流量计）、累积流量计采样器（干式或湿式累积流量计）、转子流量计采样器（转子流量计）。

（一）采样管

采样管可制造成以下两种型式（图 4-1）：(a) 型采样管适用于不含水雾的气态污染物的采样。(b) 型采样管在气体入口处装有斜切口的套管，同时装滤料的滤尘管也进行加热，套管的作用是防止排气中水滴进入采样管内，滤尘管加热是防止近饱和状态的排气将滤料浸湿，影响采样。

（1）采样管的材料应选用耐高温、耐腐蚀和不吸附被测气体的材料。

（2）采样管前端应能填入滤料以阻留尘粒，防止颗粒物对烟气吸收的干扰。

（3）采样管应设有加热、保温装置，整体温度控制在（130±10)℃和（150±10)℃两档，并有温度显示装置。加热电压电源一般应取 36V 安全电压，若用高电压作加热电源，则应设有保安措施，防止人身触电。

(4) 采样管中的气体导管内径应不小于 6mm，采样管长度一般不宜短于 800mm。

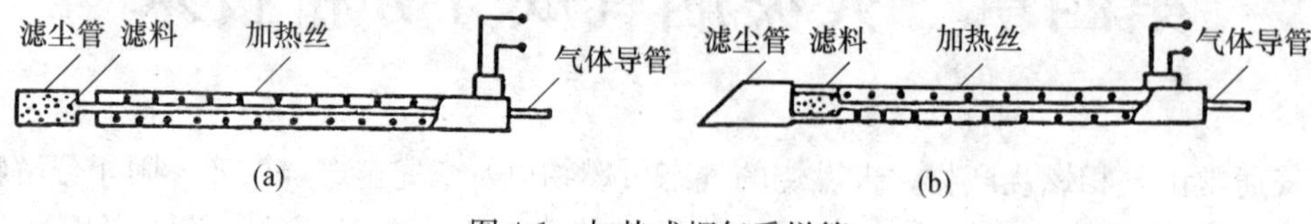

图 4-1 加热式烟气采样管

(二) 导气管

(1) 吸收装置离采样管出口较远的仪器，应采用加热式导气管连接采样管出口与吸收装置。加热式导气管的内管应选用耐热、耐腐蚀和不吸附被测气体的材料，管的内径应不小于 6mm，管外包裹绝缘保温材料，外管用绝缘性、柔软性好的材料。导气管整体应设有加热、保温装置，整体温度控制在 140℃以上，长度一般不宜短于 2000mm。

(2) 吸收装置紧靠采样管出口的仪器，直接用不吸附被测气体的软管连接采样管出口与吸收装置。管内径应不小于 6mm，长度应不超过 100mm。

(三) 吸收装置

(1) 吸收气路由两只串联的多孔玻板吸收瓶组成。吸收瓶采用标准磨口，要严密不漏气，鼓泡要均匀，在单个吸收瓶装有 50mL 蒸馏水，抽气流量为 0.5L/min 时，单个吸收瓶的阻力应为 (5.0±0.7) kPa。吸收瓶与气路的连接要拆装方便，密封性能好。

(2) 要设有与吸收气路并联的旁路吸收装置，用来在采样之前洗涤气路。

(3) 放置吸收瓶的采样盒应便于拆装，防漏，防腐蚀和便于更换降低吸收液温度的冷却剂。

(四) 干燥器

保护流量计和抽气泵的干燥器应便于拆装及更换吸湿剂，其有效容积应不小于 200cm^3；气体出口应装有滤料，防止吸湿剂尘粒飞散；装料口处应有密封圈。

(五) 流量测量与控制装置

1. 限流孔采样器

(1) 采样器应安装转子流量计；在限流孔入口应装有真空压力表，用于对限流孔进行流量校正；在限流孔出口也应装有真空压力表，用于判断采样系统是否处于保持恒定流量的临界状态。

(2) 转子流量计。指示采样器的工作情况，流量范围 0～1.5L/min。

(3) 真空压力表。限流孔入口真空压力表，其真空度量程上限应不大于 50kPa，精确度应不低于 2.5%，最小分度值应不大于 1kPa；限流孔出口真空压力表，其量程范围 0～－0.1MPa，精确度应不低于 2.5%，最小分度值应不大于 5kPa。

(4) 限流孔。在环境温度 20℃，大气压 101.325kPa 条件下，系统负载阻力 10kPa 时，流量范围 0.45～0.55L/min。标定精确度应不低于 2.5%，电源电压波动±10%，流量波动应不大于±5%。限流孔前应安装过滤器，过滤器内径为 25～40mm，滤料孔径为 1.2～2.0μm，以阻留尘粒。当用滤膜作为滤料时，其后应有支撑网托，以防滤膜被抽破。限流孔温度保持在（45±2）℃恒温状态。

2. 累积流量计采样器

（1）采样器应安装有流量调节阀的转子流量计；在转子流量计入口应装有真空压力表；累积流量计的入口应装有温度计，用于对累积流量计进行流量校正。

（2）转子流量计。控制采气流量，流量范围 0～1.5L/min，精确度应不低于 2.5%。

（3）真空压力表。用于采样器气密性检查，量程范围 0～－0.1MPa，精确度应不低于 2.5%。

（4）温度计。测量通过流量计气体的温度，测量上限应不大于 100℃，精确度应不低于 2.5%，最小分度值应不大于 2℃。

（5）累积流量计。流量计精确度应不低于 2.5%，最小分度值应不大于 0.05L。电源电压波动±10%，流量波动应不大丁⊥5%。

（6）要求流量调节阀操作灵活，对流量控制均匀，流量波动保持在±10%以内。

3. 转子流量计采样器

（1）采样器应安装有流量调节阀的转子流量计；在转子流量计入口应装有真空压力表和温度计，用于对转子流量计进行流量校正。

（2）转子流量计。控制和计量采气流量，流量范围 0～1.5L/min，精确度应不低于 2.5%。电源电压波动±10%，流量波动应不大于±5%。

（3）温度计。测量通过流量计气体的温度，测量上限应不大于 100℃，精确度应不低于 2.5%，最小分度值应不大于 2℃。

（4）真空压力表。测量通过流量计气体的压力，真空度量程上限应不大于 50kPa，精确度应不低于 2.5%，最小分度值应不大于 1kPa。

（5）要求流量调节阀操作灵活，对流量控制均匀，流量波动保持在±10%以内。

（六）抽气泵

1. 累积流量计采样器和转子流量计采样器。当采样系统负载阻力为 20kPa 时，抽气泵抽气流量应不低于 1.0L/min；当流量计量装置放在抽气泵出口端时，抽气泵应不漏气。

2. 限流孔采样器。在零海拔高度，大气压 101.325kPa 条件下，采样系统负载阻力 20kPa 时，抽气泵抽气能力足以使限流孔出口真空度不低于 70kPa。

（七）整机气密性技术要求

采样器的整个气路应有良好的气密性。流量计量装置位于抽气泵前时，当系统的负压为 13kPa 时，1min 内系统负压下降应不超过 0.15kPa。流量计量装置位于抽气泵后时，抽气泵前气路的气密性要求同前。当对泵后气路施加 2kPa 正压时，1min 内压力不变。

此外，在同一流量下分别连续独立测量 6 次，其重复性应不超过 2%。

二、FTIR 技术对烟气采样及分析的要求

ISO/TC 92 的全称为国际标准化组织火灾安全技术委员会，始建于 1958 年，自成立以来，共发布国际标准 105 项。ISO/TC92 现有正式成员国 29 个、观察成员国 39 个。下设 4 个分技术委员会：SC1，火灾的生成与发展（侧重材料对火反应标准的制修订）；SC2，火灾的遏制（侧重耐火构配件标准的制修订）；SC3，火灾对人和环境的影响（侧重火灾生成物毒性效应评价标准的制修订）；SC4，消防安全工程（侧重消防安

全工程领域标准的制修订)。各分技术委员会下设工作组，分别负责专项标准的起草和管理。

ISO 19701(火灾烟气的取样和分析方法)及ISO 19702(燃烧产物毒性试验 使用FTIR气体分析仪对火灾烟气中毒性气体和蒸汽的采样与分析指南)对火灾烟气的取样方法及目前烟气分析前沿技术FTIR应用做了较为明确的规定。现简要介绍如下。

(一)产烟环境要求

产烟装置必须安装在一个空气流通的房间，室内温度控制在15～35℃之间，相对湿度控制在20%～80%之间。实验室必须装有排烟罩，它能够在每次实验结束之后把烟雾从实验室排走。实验过程中，必须通过实验室的排气阀持续换气通风。由于能见度检测的必要性，试验人员应该清洁实验室内壁。如果条件允许应安装清洁过滤器。

(二)采样装置及采样探头

采样装置推荐按如下设计进行配置，如图4-2所示。采样探头的选择取决于产烟模型。为保证烟气采样的代表性，探头设置的位置应尽可能靠近火灾模型。可以使用单孔或多空采样探头。当火灾烟气有层流现象时，应采用多孔探头。探头推荐使用不锈钢材质，孔内径3mm。采样时，采样孔应垂直于烟气流动方向。单孔和多孔采样探头如图4-3所示。这个采样探头的设计适合于小尺寸火灾模型试验或较大尺寸的火灾模型如ISO 9705燃烧室或SBI试验。但若取得更具代表性的火灾混合气，可利用表4-1所示采样探头进行采样。

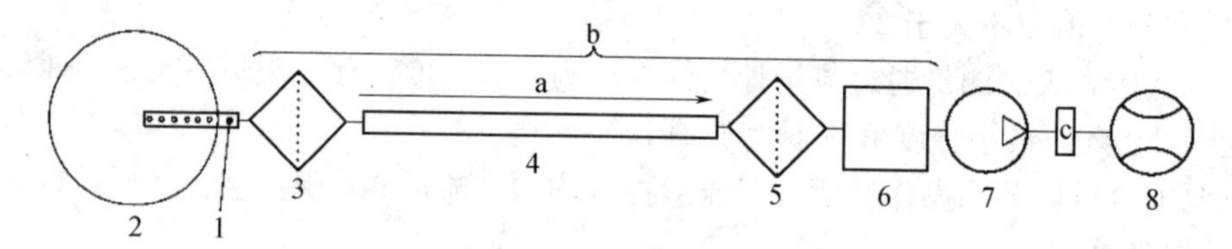

图4-2 烟气采样装置示意图

1—采样探头；2—燃烧室；3—过滤器；4—加热的取样导管；
5—过滤器；6—FTIR气体元件；7—抽气泵；8—流量计；
a—流速最低3.5L/min；b—管线温度150℃以上；c—冷凝水收集器

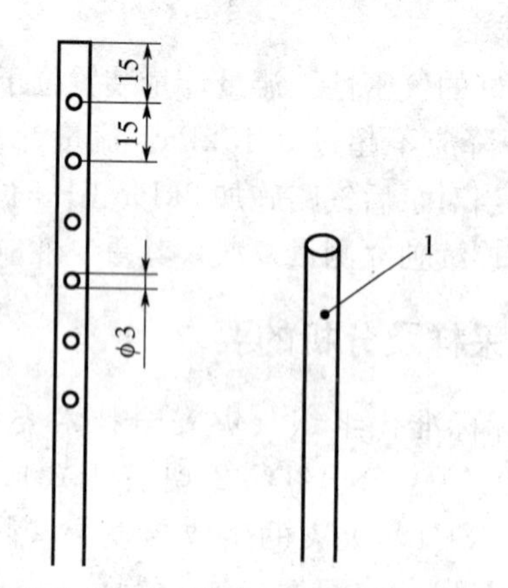

图4-3 多孔和单孔采样探头示意图(单位：mm)

表 4-1　具有孔径梯度的采样探头设计

采样探头特征	
采样孔序号	孔内径/mm
1（靠近采样探头末端）	5
2	3.2
3	2.5
4	2.1
5	1.8
6	1.6
7（靠近采样泵端）	1.5

注：探头采用 6mm 内径材质制备，末端封闭。采样孔位于采样管一端，孔间隔 15mm，7 孔总长度约 10cm。

对于较大型的试验样品，相应的燃烧室会比较大。此时采样装置可以借鉴 EN ISO 5659-2 推荐的设计，如图 4-4 所示。

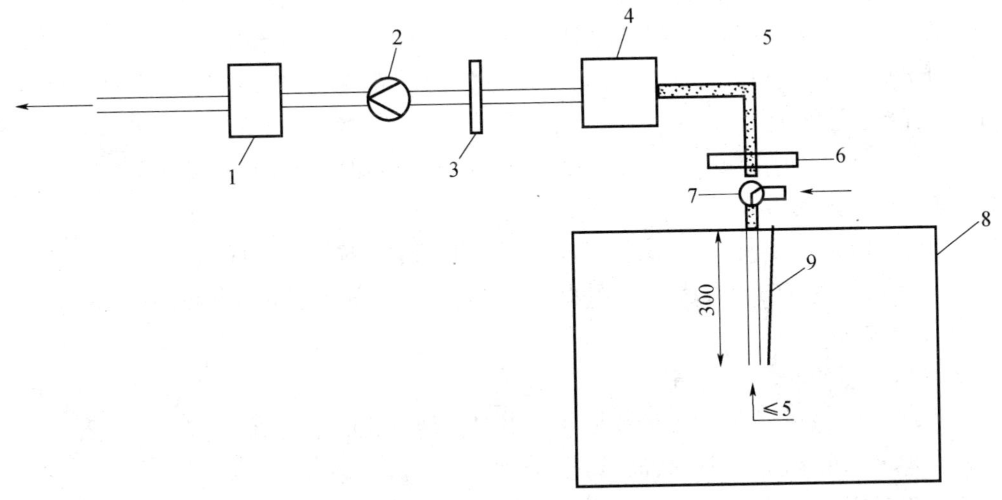

图 4-4　检验室根据 DIN EN ISO 5659-2＋FTIR-收集系统示意图

1—可选计数器；2—泵；3—流量测量计；4—FTIR 气体元件（165℃±15℃）；5—加热的取样导管；6—供暖的过滤器；7—三通龙头；8—检验室；9—带有热电偶的取样导管

（三）过滤元件

为防止烟炱对气体池的侵蚀，必须安装过滤元件。过滤器可放置在采样探头与输送管线之间，也可以放置在输送管线之后，或同时放置进行多级过滤。放置于采样探头与输送管线之间时，不足是过滤元件在火灾初期受到火灾烟气的影响，可能在过滤元件的中心部位与过滤器腔室间出现较大的温度变化，从而导致一些水蒸气或溶于水的酸性气体在过滤材质上的凝集。此时应提前对过滤元件进行较长时间预热。过滤元件外形使用平面或柱状均可。推荐使用孔隙度 5μm 和直径 47mm 的过滤片。过滤片材质选择一般为玻璃纤维（其单丝的直径为几个微米到二十几个微米，相当于一根头发丝的 1/20～1/5。玻璃棉不宜用作过滤材质使用）、陶瓷、PTFE 材质。必须能长时间耐受 150℃高温。当测试酸性气体时，材质不能对酸性气体有吸附作用。（通常酸性气体会被烟炱吸附或随烟炱被过滤材料所吸附。）

平面型过滤元件在使用前应使用去离子水超声清洗 10min 以上，去离子水的体积应尽可能小。对于柱状过滤件可使用索格利特溶液清洗 20min。清洗后的过滤件应在 250℃炉温下干燥。

（四）样品烟气输送管线

PTFE 是应用最好的、能耐受较长时间的 150℃以上高温的烟气输送管线材质。输送管线应予以保温（165±15)℃，采样系统温度必须均匀恒定或从管线到检测池有轻微的温度增长梯度。一般采用 3～4μm 内径，长度越短越好，最长不超过 4m。使用前应进行预处理老化。实验证明，老化后的 PTFE 管线对烟气的吸附作用明显小于新的 PTFE 材料。管线中的烟气流速可使用采样泵进行控制，泵速最小不得低于 3.5L/min。

（五）光谱元件要求

为提高仪器的反应时间和分析的灵敏度，FTIR 气体分析仪气体池体积不大于 2L，一般位于 0.2～2L 之间更为适合。若烟气具有腐蚀性，应使用精炼钢设备或镀镍的铝合金设备以及坚固的镍镜，镀金的内镜亦可以使用。同时，应定期校验镜子是否因腐蚀受损。

根据以下标准选择 FTIR-光谱仪：

（1）需要在高强度和高温下稳定的 IR 源。

（2）干涉仪带有连续扫描以及 $4cm^{-1}$ 或更好的分辨率，光谱取样应该在 $500cm^{-1}$ 和 $4200cm^{-1}$之间的光谱范围内产生。

（3）检测器推荐使用为 DTGS 或 MCT（使用氮气冷却）的快速探测仪。

（4）扫描周期必须≤3s。

（5）光谱间隔≤15s。为了提高精确度推荐每个光谱扫描至少 4 次或 5 次。

（6）气体元件检波的下敏感度（MDL）≤15ppm；二氧化碳的探测极限<300ppm。

（六）数据处理

1. 最低检出极限 x_{MDL} 的计算

（1）连续测定 10 个不同的光谱数据，求出 P-P 信噪比的平均值 $\overline{x}_{P\text{-}P}$；

（2）在最低浓度 c 时，测定其最好的光谱吸收值 α_{max}；

（3）检出极限 x_{MDL} 为 $\overline{x}_{P\text{-}P}$ 和 α_{max} 的比值与浓度 c 的乘积。

$$x_{MDL}=\frac{\overline{x}_{P\text{-}P}}{\alpha_{max}}c$$

2. FTIR 分析结果的重现性

SAFIR 项目试验曾委托 8 个不同的实验室对相同的三种材料进行燃烧试验（刨花板，密度 $700kg/m^3$；3mm 阻燃 PVC，密度 $1180kg/m^3$；35mmPUR 泡沫板，密度 $40kg/m^3$），均使用 ISO 5660-1 试验方法，辐射热量 $50kW/m^2$。测量结果参照 ISO 5725 原则进行了统计。结果见表 4-2。

表 4-2　三种不同材料燃烧产物的 FTIR 测试结果重现性

气体种类	s_r/m		s_R/m	
	范围/%	平均值/%	范围/%	平均值/%
$CO_{2,max}$	4.9～16.2	9.2	14.9～23.8	19.7
CO_2 区间	3.8～15.6	8.3	15.6～39.1	24.2

续表

气体种类	s_r/m		s_R/m	
	范围/%	平均值/%	范围/%	平均值/%
CO_{max}	9.9～16.5	13.8	19.8～29.8	25.3
CO 区间	5.7～17.0	12.2	34.0～46.7	38.8
HCl_{max}	—	13.0	—	28.5
HCl 区间	—	8.6	—	26.0
HCN_{max}	—	11.7	—	39.3
HCN 区间	—	12.2	—	28.7

3. 标准曲线绘制

根据朗伯比尔定律，各烟气组分在一定浓度范围内，其吸光度与浓度呈线性关系。若线性关系好，理论上讲测定2～3点即可，但一般测试实验需做出5点，即一定范围内的5个不同浓度的吸光度才可以得出一条偏差较小的标准曲线。使用FTIR分析烟气组分时，各烟气组分的浓度线性范围及标准曲线绘制时需要的最少的数据点数见表4-3。

表4-3　烟气组分浓度线性范围及曲线绘制时的数据点数要求

烟气组分	曲线绘制的数据点数	最小浓度/（μL/L）	最大浓度/（μL/L）
CO_2	5	100	15000
CO	5	50	3000
SO_2	2～3	50	1000
Acrolein	2～3	50	300
NO	3	50	500
NO_2	3	50	500
HCl	5	100	5000
HCN	4	50	500
HBr	4	50	1000
HF	4	50	1000

4. 光谱扫描范围

火灾烟气红外吸收的光谱范围见表4-4。

表4-4　火灾烟气红外吸收的光谱范围

火灾烟气	浓度（μL/L）	光谱扫描范围		最大吸收
		起始波数/cm^{-1}	结束波数/cm^{-1}	
H_2O	12000	4000	3400	
		200	1170	
		500	—	
CO_2	15100	3764	3480	0.63
		2400	2200	>6.0
		800	520	2.46

续表

火灾烟气	浓度（μL/L）	光谱扫描范围		最大吸收
		起始波数/cm^{-1}	结束波数/cm^{-1}	
CO	3005	2264	1975	0.17
Acrolein	322	3457	3374	0.01
		3160	2600	0.08
		1783	1584	0.55
		1452	1336	0.04
		1200	1100	0.08
		1054	872	0.12
		670	500	0.02
NO	510	2000	1775	0.05
NO_2	470	2939	2815	0.08
		1667	1518	1.16
SO_2	960	2525	2442	0.04
		1410	1290	1.5
		1253	1029	0.13
		640	437	0.14
HCN	566	3400	3200	0.11
		1550	1300	0.04
		833	533	>6
HCl	5420	3150	2500	0.28
HBr	1000	2744	2290	0.04
HF	148	4200	4000	0.01

使用图 4-5 可以更直观地显示烟气组分的光谱扫描范围，并能很方便地看出各烟气组分扫描范围的重叠区间。

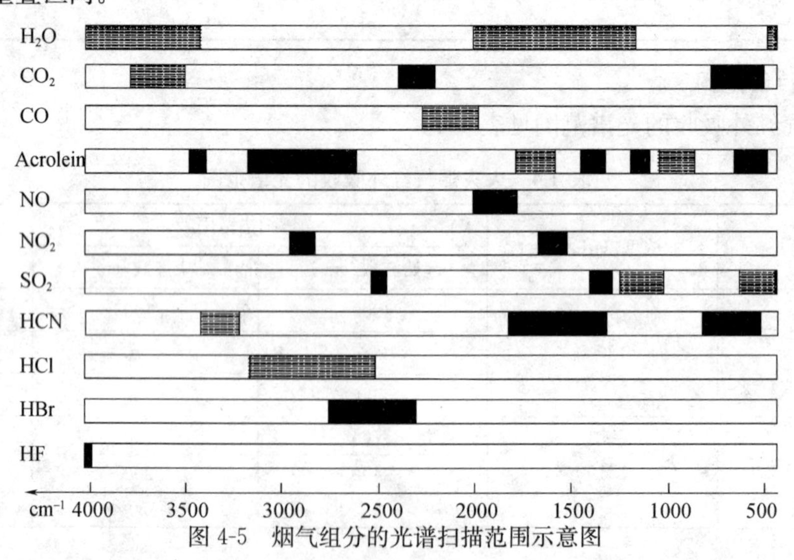

图 4-5　烟气组分的光谱扫描范围示意图

第二节　火灾烟气常用检测技术

对烟气的成分分析方法分在线和离线分析两类。在线分析方法常见的有各类烟气成分分析仪器，如 FTIR 烟气分析仪、锥形量热仪、MRU 烟气分析仪等。离线分析方法一般先明确分析对象，进行样品采集、预处理，再使用化学方法或结合仪器分析手段进行分析，常见的有气相色谱法、高效液相色谱法、分光光度法、化学荧光法、离子选择电极法、离子色谱法、吸收光谱法、质谱分析法等。

由于火灾烟气组成的复杂性以及浓度随时间迅速变化的可能性，烟气成分分析具有其特殊性、复杂性，促使消防科研人员研究新方法或参考其他领域已经成熟的方法来分析烟气的成分。基于一氧化碳（CO）、二氧化碳（CO_2）、氧气（O_2）、氰化氢（HCN）、氯化氢（HCl）、溴化氢（HBr）、氟化氢（HF）、氮氧化合物（NO_x）和丙烯醛 9 种气体常在各种火灾环境中出现，ISO 19701 中火灾烟气的取样和分析方法已主要推荐这些气体的分析方法，而且对每种气体介绍了几种不同的分析方法，它反映了国际上有关烟气成分分析的技术水平。

ISO 19701 中介绍的火灾烟气成分分析方法一共有 8 种，分别为不分光红外光谱法（NDIR）、顺磁法（Paramagnetism）、分光光度法（Colorimetry）、高效离子色谱法（HPIC）、离子选择性电极法（ISE）、高效液相色谱法（HPLC）、原子吸收法（AAS）、等离子发射光谱法（ICP）。除此之外，火灾烟气成分分析还有经典成熟的化学分析方法等。

下面介绍常用的气体检测仪器。

一、傅里叶变换红外光谱分析仪

（一）工作原理

傅里叶变换红外光谱仪（FTIR）和色散型的红外分光光度计是完全不同的，它没有单色器和狭缝，是利用一个迈克尔逊干涉仪获得入射光的干涉图，通过数学运算（傅里叶变换）把干涉图变成红外光谱图。工作原理如图 4-6 所示。

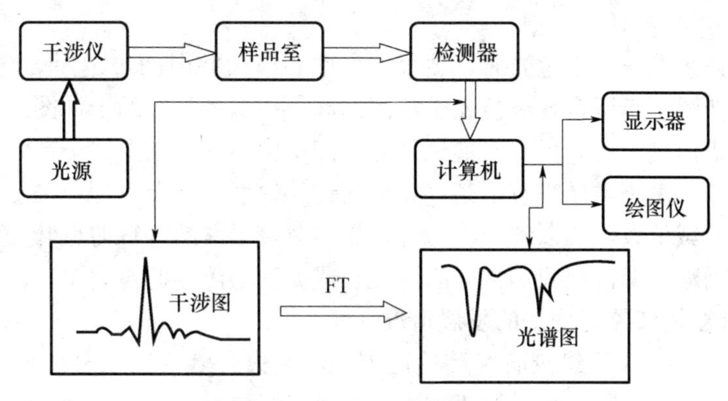

图 4-6　FTIR 工作原理图

傅里叶变换红外光谱仪（FTIR）主要由光源（硅碳棒、高压汞灯等）、干涉仪、检测器、计算机和记录系统组成。大多数傅里叶变换红外光谱仪使用迈克尔逊（Michelson）干涉仪，光学示意图如图 4-7 所示。首先记录的是光源的干涉图，然后通过计算机将干涉图进行快速傅里叶交换，最后得到以波长或波数为横坐标的光谱图。

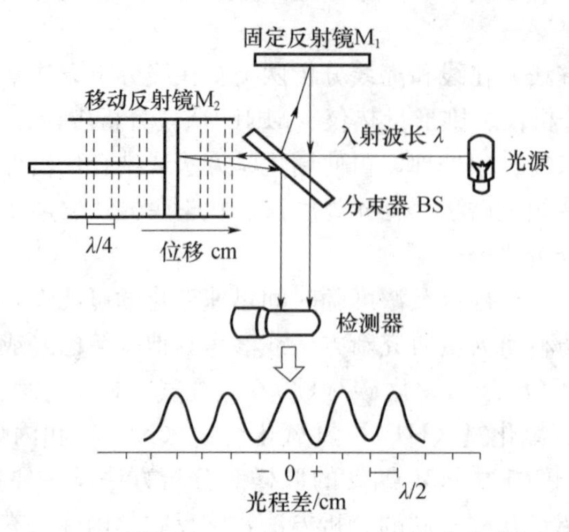

图 4-7 迈克尔逊（Michelson）干涉仪光学示意图

干涉仪是由固定反射镜 M_1（定镜）和移动反射镜 M_2（动镜），以及分束器（BS）组成的。定镜和动镜相互垂直放置，分束器是一半透膜，放置在定镜和动镜之间成 45°角，它能把来自光源的光束分成相等的两部分。当入射光照到分束器（BS）上时，有 50%的光透过 BS 即透射光，另 50%的光被 BS 反射即反射光。透射光被动镜 M_2 反射沿原路回到半透膜 BS 上，被 BS 反射到检测器；反射光被固定镜 M_1 反射沿原路透过 BS 而到达检测器。这样在检测器上所得到是两束光的相干光。当动镜 M_2 移动距离是入射光的 $\lambda/4$ 时，则透射光的光程变化是 $\lambda/2$，在检测器上两束光的光程差为 $\lambda/2$，位相差 180°，发生相消干涉，亮度最小。凡动镜移动距离 $\lambda/4$ 的奇数倍时，都会发生这种相消干涉，亮度最暗；当动镜的移动距离是 $\lambda/4$ 的偶数倍时，则发生相长干涉，亮度最亮。若 M_2 位置处于上述两种位移值之间，则发生部分相消干涉，亮度介于两者之间。如果动镜 M_2 以匀速 v 向分束器移动即动镜扫描，动镜每移动 $\lambda/4$ 距离，讯号强度就会从明到暗周期性改变，即在检测器上得到一个强度为余弦变化的讯号。

当入射光为连续波长的多色光时，就会产生中心极大并向两边迅速衰减的对称干涉图，入射多色光的干涉图等于所含各单色光干涉图的和，在这种复杂的干涉图中，包含着入射光源提供的所有光谱信息。在傅里叶变换红外光谱测量中，就是在上述干涉光束中放置能够吸收红外辐射的试样，由于样品吸收了某些频率的红外辐射，就会得到一种复杂的干涉图。该干涉图是一个时间域函数，难以解释，通过计算机对该干涉图进行傅里叶变换，将时间域函数变换为频率域函数，即得到我们常见的以波长或波数为函数的光谱图。

（二）傅里叶变换红外光谱法的发展情况

1993 年，芬兰的 VTT 建筑研究院使用 FTIR 对火灾烟气连续分析方法进行了初步研究。从 1997 年开始，欧洲 10 个科研机构联合提出了用傅里叶红外光谱法分析火灾烟气的研究计划，该计划取名为 SAFIR（Smoke Gas Analysis by Fourier Transform Infrared Spectroscopy）计划。这个计划的目的是建立一种可靠的 FTIR 气体成分分析系统，该系统可用于火灾试验中测试燃烧烟气中的有毒成分。

这些研究得到的结论是：FTIR 光谱仪是一种可以对火灾烟气进行多组分连续在线监测的仪器。使用 FTIR 时必须先根据每种气体不同的红外光谱标准谱图建立可靠的校正和预测方法。仪器使用的最大问题就是需要找到具有代表性的样品标准谱。这个方法还要求样品经过采样系统到达仪器的时间越短越好，并要求样品气体混合均匀。FTIR 是火灾烟气成分分析中的一种有效方法。为了使 FTIR 的应用更容易推广，需要制定一个标准来规范 FTIR 分析方法。

国际标准协会（ISO）开始制定火灾烟气成分分析的 FTIR 方法标准，这个标准的题目是：火灾试验——累积烟气测试中使用傅里叶红外变换光谱测试烟气成分的方法（ISO/DIS 21489）。这个方法推荐了 FTIR 烟气成分分析的采样系统、过滤器、检测器温度压力、泵、气体定量分析系统、校正方法等的参数及试验报告的写法，为 FTIR 在火灾气体成分分析中的推广提供了依据。

傅里叶红外变换光谱法被如此广泛地应用于火灾烟气成分分析中，是由于这种方法与其他火灾烟气成分分析经典方法相比，有不可取代的优点：

① 傅里叶红外变换光谱法能在不破坏样品组成的情况下同时分析多种组分。经典的方法如离子色谱法、离子选择性电极法、分光光度法都需要将火灾烟气样品用吸收液吸收后再进行分析，样品中的分子也被转换为了离子状态。

② 傅里叶红外变换光谱法能对火灾烟气的成分进行实时监测。其他的经典方法大多只能采取间歇取样分析，无法对整个燃烧过程的火灾毒性烟气成分进行实时分析。

③ 傅里叶红外变换光谱法能同时检测的气体种类较多，扩充所能检测的气体成分的方法也较为简单。经典的方法一般只能检测一种或一类火灾烟气。

（三）傅里叶变换红外光谱法在火灾烟气分析中的应用

1. 对材料热解情况的研究

在对材料的研究中，傅里叶变换红外光谱法一般与热重（TG）联用研究材料的热解特性，可以得到材料每个阶段的热解产物。Jong 等利用 TG-FTIR 在氦气氛围下进行了木材热解试验。结果表明，产出气体中醛类和酸类物质的质量产率高达 20%，而 CO 产率仅为 7%。吕子安等采用 TG-FTIR 方法并结合他人 DIN 53436 的试验结果，在氮气气氛下对木材进行热解试验，对不同特性的材料在纯热解、无焰燃烧和有焰燃烧条件下一氧化碳的生成规律进行了分析。何瑾等利用 TG-FTIR 研究了腈纶毛线在不同的热解气氛（纯氮、缺氧和空气气氛）和热解升温速率下氰化氢和一氧化氮的释放规律。Bernhard 等对加入不同配比硫化锌和三氧化二锑的可塑聚乙烯的阻燃性能进行了研究；使用 TG-FTIR 研究了该材料的热解阶段和燃烧特性，得到不同配比的聚乙烯的阻燃性能。Lv. Pin 等使用 TG-FTIR 研究阻燃处理的聚丙烯材料（三聚氰胺和季戊四醇衍生物）的燃烧热解性质，FTIR 的测试结果表明阻燃后的聚丙烯材料比不阻燃的材料更难被氧化。田建军等使用 Pyris I 热重分析仪和 Spectrum GX 傅里叶变换红外光谱仪（美国 Perkin-Elmer 公司）对乙烯-乙酸乙烯酯共聚物（EVA）进行 TGA-FTIR 分析，该方法能得到材料的各个热解阶段和每个热解阶段热解产物的定性情况。田原宇等也使用热解/红外（Py/FTIR）方法对 PVC 的热解情况进行了考察。李迎旭等利用 TG-FTIR 方法研究了火场中硬木地板材料和棉花秆变氧浓度燃烧过程，分析了氧浓度对木材燃烧气体产物的影响，探讨了氧浓度影响热解和燃烧的机理，并对比研究了多种硬木在不同氧含量的气氛中燃烧气体产物的红外光谱图，定性和半定量地对燃烧气体产物进行了比较。TuHongbin 等使用 TGA/FTIR 研究了 PVC 和 PVC/Cu_2O 系统的热解和炭化规律，发现在加入 Cu_2O 后，交联作用在 PVC 的热解和成炭过程中起了关键作用，试验表明使用 TGA/FTIR 能更多地了解聚合物在受热状态下的热解和成炭信息。这类信息对研究聚合物阻燃机理和热解烟气释放机理都非常重要。

2. 对材料火灾烟气毒性评价的研究

国际上对材料火灾烟气毒性评价一般是通过在实验室燃烧材料产生毒性气体，再进行动物实验或使用定量评价数学模型来评价材料燃烧烟气的毒性。其中，最典型的数学模型有“有效剂量分数法”（FED）和美国国家标准和技术委员会（NIST）的“*N*-GAS 模型法”。用这些数学模型来对材料烟气毒性进行评价时必须先测得材料火灾烟气中各成分的浓度。FTIR 作为一种多成分分析方法在这方面有突出优势。Lung 等使用 FTIR 气体分析仪对化学品仓库中材料的热解烟气进行成分分析，利用分析得到的数据对存储化学品的仓库进行火灾烟气毒性危险评估。Olander 等使用 FTIR、氧分析仪等仪器对使用阻燃材料的货运飞机进行了全尺寸火灾试验，从而评价火灾烟气的释放量及毒性。

3. 对不同燃烧场景中烟气释放规律的研究

傅里叶变换红外光谱法与其他经典火灾烟气成分分析方法相比，最大的优势在于它能进行多组分同时在线分析。在火灾试验中，它能实时监测火灾中烟气的变化趋势，能为研究火灾的发展、烟气的蔓延提供可靠的数据。Andrews 等利用 FTIR 研究了空气短缺的封闭空间火灾的烟气毒性，发现了 23 种毒性气体，其中乙醛、丙烯醛、乙酸、二氧化硫、二氧化氮等气体的毒性比一氧化碳还大。Meyer 等在使用聚合物燃烧场景来研究火灾烟气流动规律时，也使用 FTIR 来监测燃烧烟气。Hiton 使用 FTIR 光谱来监测涡轮中燃烧烟气成分。Heland 等使用 FTIR 来检测燃料排出的热的废气，检测出了二氧化碳、水、一氧化碳、氧化二氮、甲烷、一氧化氮、二氧化氮、二氧化硫和氯化氢等 9 种成分。Miller 等使用 FTIR 对涡轮燃烧气体中的甲烷、乙烯、乙炔、苯进行定量检测。研究表明，FTIR 是一种很好的实时监测燃气中烃类成分的方法。

二、锥形量热仪

（一）基本原理

锥形量热仪（CONE）是根据国家标准 GB/T 16172—2007/ISO5660-1：2002 生产的一种对建筑材料在特定的热辐射条件下，试样燃烧热释放速率测定的仪器，是以氧消耗原理为基础的新一代聚合物材料燃烧性能测定仪。所谓耗氧原理，指材料燃烧时消耗每一单位的氧气所释放的热量基本上是一样的。在 20 世纪 70 年代，美国国家标准局（NBS）的科学家帕克首先尝试了通过测量材料燃烧生成的烟气中氧气的损耗来确定热释放量的可能性。在测试不同聚合物材料完全燃烧的数据时，帕克发现，不同的聚合物材料，即使差异很大，但在消耗相同体积的氧气时所产生的热释放量基本恒定。因此，帕克认为，对于用于建筑或家具中的大部分材料，燃烧时消耗单位体积的氧气，所产生的热释放量大致相同。几年后，帕克的同事克莱顿在他的研究基础上做进一步研究。克莱顿没有以消耗氧气的体积作为测试基础，而是以更加方便准确的消耗氧气的单位质量作为出发点。对于产物为 H_2O、HF、HCl、Br_2、SO_2 和 N_2 的有机液体和气体燃料，克莱顿认为，由于燃烧过程中的能量主要是断裂 C—C 键或 C—H 造成的，这些键具有相似的键能。因此，尽管这类燃料的燃烧热不尽相同，但它们消耗每克氧气的燃烧热的平均值为12.72kJ/g，误差在±3%以内。对于天然的可燃材料，如建筑中常用的木材、纸张、棉花等，这类材料消耗单位质量的氧气产生的热释放平均值为13.21kJ/g，误差在±5.3%以内。另外，克莱顿还对不完全燃烧做了研究，得出了相同的结论，即消耗单位质量的氧气产生恒定的热释放量。对大多数固体可燃物而言，每消耗1kg的氧气所放出的热量约为13.1×10^3kJ/g，即13.1MJ/kg，误差在±5%以内。这就是所谓的可燃物燃烧中的耗氧原理。因此，通过精确测量可燃物燃烧产生的烟气流量及组分浓度，便可求出其热释放速率，这种方法即为耗氧量热法。

由CONE获得的可燃材料在火灾中的燃烧参数有多种，包括释热速率（HRR）、总释放热（THR）、有效燃烧热（EHC）、点燃时间（TTI）、烟及毒性参数和质量变化参数（MLR）等。与传统的实验方法相比，锥形量热仪所得的实验结果与大型实体火灾实验结果具有良好的相关性，测试环境比一般的小尺寸实验更接近于真实的火灾环境，而且在同一次实验中，可以获得材料燃烧性能的多种不同的参数，受外界因素影响小，并且实验结果定量化，便于结果的比较和分析，被应用于很多领域的研究。

锥形量热仪一般包括锥形加热器、排气系统、气体取样装置、点火电路、氧分析仪、烟灰测量系统、数据采集和分析系统。

（二）应用领域

CONE虽然属于小型尺寸的火灾试验设备，但它的一些试验结果可以用来预测材料在大尺寸试验和真实火灾情况下的着火性能。目前，CONE已被多个国家、地区及国际标准组织应用于建筑材料、高分子材料、复合材料、木材制品以及电缆等领域。

1. 聚合物材料及阻燃材料燃烧性能研究

锥形量热仪法由于具有参数测定值受外界影响小，与大型试验结果相关性好等优点，对材料燃耗效果的评价更真实，被广泛用于建筑及室内装饰材料、矿井火灾、包装材料、农作物、小商品、电线电缆等火灾危险性研究。同时，随着阻燃科学与技术的发展，对阻燃材料燃烧行为的评估、测试手段提出了越来越高的要求。由于阻燃材料在火灾中的燃烧行为非常复杂，传统的测试方法（氧指数法、垂直燃烧法、水平燃烧法）虽然具有操作简单、快速、重复性好等特点，但普遍存在测试参数单一、测试结果不能定量化等缺点，难以与材料在真实火情中的燃烧行为相关联。有时对同一种材料的评估，采用不同的实验方法得到相互矛盾的结果。锥形量热仪因上述优点，也广泛应用于阻燃材料的阻燃机理、燃烧危险等级、毒性烟气释放及材料的燃烧性和阻燃性等。

2. 火灾模型化研究

计算机技术的发展使消防科研人员开发和使用了一种更有效、更经济的方法，就是对火灾进行实验模拟和数学模拟。实验模拟是指模拟各种火灾的燃烧实验，或按比例较实物缩小若干倍的小型实验取得数据，研究火灾中材料未阻燃和经阻燃后的燃烧或阻燃规律。CONE的实验结果由于与大型燃烧实验结果之间存在良好的相关性，使实验模拟研究工作大为改观，这为相关研究及标准的制定提供了大量的基础数据。目前，借助CONE模拟大型真实条件测得的火情参数，已建立了一些较为科学合理的模型，CONE为火灾模拟、评价、预测提供了许多有价值的火灾参数和数据。

Ulf. Wichstrom和Ulf. Goraussam建立了墙体和天花板材料的大型试验和实验室试验数据相关联的数学模型，预测材料在真实情况下释热速率和到达轰燃的时间。MarK

A. Dietenberger 建立了预测家具释热速率模型。Prarinray Gandhi 等人对电缆在锥形量热仪中的燃烧数据与其在成束燃烧试验中燃烧情况的相关性进行了研究。

由于 CONE 具有众多传统燃烧测试仪器所不具备的优点，在一些国家已经得到了推广使用。国际标准组织及英美等国家的标准组织已经根据 CONE 制定了各种材料的燃烧测试标准，并取得了较好的效果。从发展趋势看，CONE 有可能取代一些传统的小型火试验仪器。但是，仍需认识到，虽然 CONE 试验方法在定量测试热释放能量方面比传统仪器有了较大提高，但 CONE 试验法本身也具有一定的缺点。首先，采用耗氧原理进行 HRR 计算时，耗氧燃烧热 E 的值随燃烧材料本身性质而改变；特别是对于含杂原子材料而言，E 值的选择要做相应改变。其次，在燃烧过程中，凡是没有氧气参与的反应，其反应热效应不能由 CONE 测出，所以对阻燃材料进行释热测量时，必须考虑材料非氧化反应的热效应。

三、热重分析法

热重分析（Thermogravimetric Analysis，TG 或 TGA），是指在程序控制温度下测量待测样品的质量与温度变化关系的一种热分析技术。在热谱图上横坐标为温度 T（或时间 t），纵坐标为样品保留质量的分数，所得的质量-温度（或时间）曲线呈阶梯状。有的聚合物受热时不只一次失重，每次失重的百分数可由该失重平台所对应的纵坐标数值直接得到。失重曲线开始下降的转折处即开始失重的温度为起始分解温度（T_i），曲线下降终止转为平台处的温度为分解终止温度（T_f）。热失重微分曲线（DTG）的峰值温度就是最大失重速率对应的温度（T_{max}）。典型的热失重曲线如图 4-8 所示。

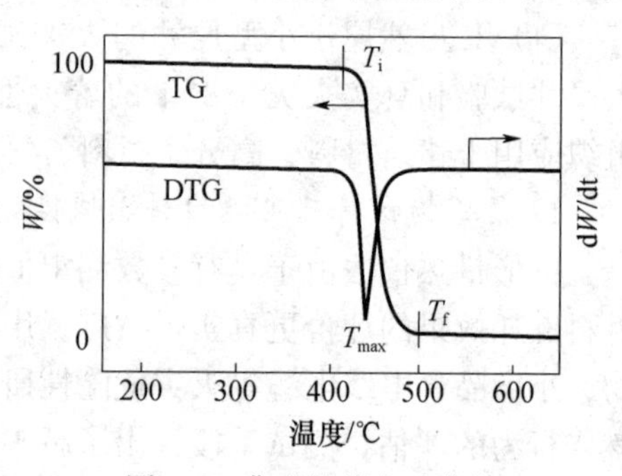

图 4-8 典型的热失重曲线

热重分析法可以研究晶体性质的变化，如熔化、蒸发、升华和吸附等物质的物理现象；研究物质的热稳定性、分解过程、脱水、解离、氧化、还原、成分的定量分析、添加剂与填充剂的影响、水分与挥发物、反应动力学等化学现象。热重分析的研究领域很广，其中对无机物、有机物及聚合物的热分解研究非常详尽。同时，根据热重分析的原理也可以对火场烟气进行分析研究。

（一）基本原理

热重分析所使用的仪器是热天平，其基本原理是：样品质量变化所引起的天平位移量转化成电磁量，这个微小的电量经过放大器放大后，进入记录仪记录；而电量的大小正比于样品的质量变化量。当被测物质在加热过程中有升华、汽化、分解出气体或失去结晶水时，被测物质的质量就会发生变化。这时热重曲线就不是直线而是有所下降。通过分析热重曲线，就可以知道被测物质在相应温度下的变化情况，并且根据失重量，可以计算失去了多少物质（如 $CuSO_4 \cdot 5H_2O$ 中的结晶水）。

（二）基本结构

热重实验仪器主要由记录天平、炉子、程序控温装置、记录仪器和支撑器等几个部分组成，包括：试样支持器、炉子、测温热电偶、传感器、平衡锤、阻尼和天平复位器、天平、阻尼信号等 8 个部分。其中最主要的组成部分是记录天平，它基本上与一台优质的分析天平相同，如准确度、重现性、抗振性能、反应性、结构坚固程度以及适应环境温度变化的能力等都有较高的要求。

热重法的重要特点是定量性强，能准确地测量物质的质量变化及变化的速率，可以说，只要物质受热时发生质量的变化，就可以用热重法来研究其变化过程。

（三）实验技术

1. 样品

由于聚合物样品的导热差，为了保证样品受热均匀、对温度变化的反应灵敏，样品量要少，同时兼顾样品的均一性，一般选择样品量为 2～5mg。样品最好是粉末（粒度越细越好）或薄膜。

热重分析温度很高，因此要求盛放样品的坩埚耐高温，且对样品、中间产物、最终产物和气氛都是惰性的，一般用铂或氧化铝坩埚。

2. 升温速率

升温过快或过慢会使 TG 曲线向高温或低温侧偏移，甚至掩盖应有的平台。对于导热不好的高分子材料样品，一般用 5～10℃/min；对传热快的无机物和金属，则可用 10～20℃/min 的升温速率。

3. 气氛

根据分析要求而定，常用的气氛有氮气（无氧情况下的热分解）、空气或氧气（氧化气氛下的热分解）。

（四）应用领域

热重法所测的性质包括腐蚀、高温分解、吸附/解吸、溶剂的损耗、氧化/还原反应、水合/脱水、分解、黑烟末等，目前广泛应用于塑料、橡胶、涂料、药品、催化剂、无机材料、金属材料与复合材料等各领域的研究开发、工艺优化与质量监控。具体包括：无机物、有机物及聚合物的热分解；金属在高温下受各种气体的腐蚀过程；固态反应；矿物的煅烧和冶炼；液体的蒸馏和汽化；煤、石油和木材的热解过程；含湿量、挥发物及灰分含量的测定；升华过程；脱水和吸湿；爆炸材料的研究；反应动力学的研究；发现新化合物；吸附和解吸；催化活度的测定；表面积的测定；氧化稳定性和还原稳定性的研究；反应机制的研究等。

热失重法是测定聚合物热稳定性常用的方法之一。在比较不同样品的热稳定性时，常常采用的是初始分解温度和对应特定失重百分比的温度。此外，DTG 曲线中的峰值温度对应的最大分解速率温度 T_{max} 也可以作为表征热稳定性的指标。图 4-9 是几种常见聚合物的热失重曲线。由图可得知这几种聚合物的分解温度、分解快慢及分解的程序。如聚氯乙烯在 300℃左右失重 60%后，趋于稳定，当温度升至 400℃左右后又逐渐分解；聚甲基丙烯酸甲酯、聚乙烯、聚四氟乙烯分别在 400℃、500℃、600℃左右彻底分解，失重几乎 100%；而聚酰亚胺在 650℃以上分解，失重才 40%左右。据此可见，这几种材料的耐温性能差异很大，聚酰亚胺的热稳定性能最好。

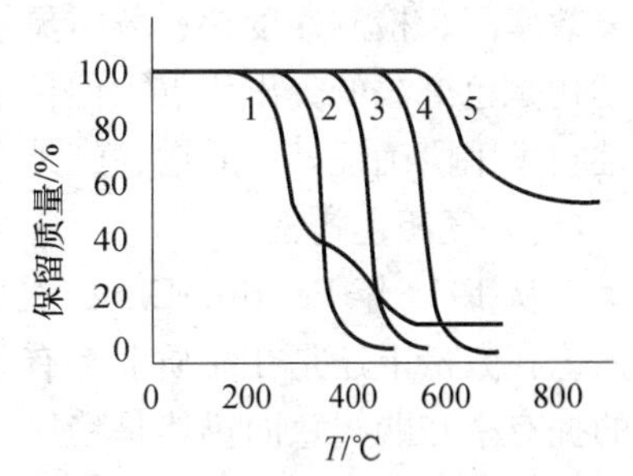

图 4-9　几种聚合物的 TG 曲线

1—聚氯乙烯；2—聚甲基丙烯酸甲酯；3—聚乙烯；4—聚四氟乙烯；5—聚酰亚胺

热重-红外光谱联用技术可以直接准确地测定样品在受热过程中所发生的各种物理-化学

变化，以及在各个失重过程中所生成的分解或降解产物的化学成分，并已成为研究无机、有机和高分子材料的热稳定性和热分解（降解）过程的重要实验方法。将样品置于 TG 分析仪中进行测试，样品因加热而分解的产物不需经过任何物理或化学处理而直接进入红外光谱仪，经测试可得到产物的红外光谱。根据试样的红外光谱，可以对试样的热分解过程进行定量的评价。与传统的热重分析方法相比，热重-红外光谱联机分析的最大优点是可分析在各个失重过程中的分解或降解产物的化学成分。

田建军等利用热重-傅里叶变换红外光谱联用技术研究了在 N_2 气氛下乙烯-乙酸乙烯酯共聚物（EVA）的热稳定性及其分解失重情况；李迎旭等利用 TG-FTIR 分析方法深入研究了火场中硬木地板材料和棉花秆变氧浓度燃烧过程；陈戈萍等探索了一套基于热重分析仪-红外光谱分析仪联用（热红联用）技术的森林火灾烟气测试方法，该方法在对森林可燃物燃烧的热失重过程进行热重分析的同时，同步地对热解气体成分进行傅里叶红外光谱（FTIR）分析，从而实现了对燃烧过程诸因素的跟踪分析。通过热重分析仪不仅能够了解森林可燃物的热解过程，而且还可以分析烟气主要成分（如木质素、纤维素、半纤维素等）的热稳定性、燃点、残余量（燃烧效率）、气相和固相燃烧的过程，精确测定热失重每一阶段的失重百分比、失重变化速率等。由于可燃物燃烧烟气成分的标准谱库很有限，目前烟气中的某些有机成分只能做定性分析，还难以做较准确的定量分析。

四、色谱分析法

色谱法（Chromatography）又称色谱分析、层析法，是一种分离和分析方法，在分析化学、有机化学、生物化学、有机地球化学等领域有着非常广泛的应用。色谱法的基本原理是：利用不同物质在不同相态的选择性分配，以流动相对固定相中的混合物进行洗脱，混合物中不同的物质会以不同的速度沿固定相移动，最终达到分离的效果。根据物质分离的机制，又可以分为吸附色谱、分配色谱、离子交换色谱、凝胶色谱、亲和色谱等类别。

色谱法具有在几分钟至几十分钟的时间内完成几十种甚至上百种性质类似的化合物的分离，检测下限可以达到 10^{-12}g 的数量级。特别是配合不同检测器实现待测组分高灵敏、选择性检测，而且样品消耗量非常少，通常只需数纳升（nL）至数微升（μL）等特点。因此，分离效率高、检测速度快、分析灵敏度高、选择性好、样品用量少、多组分同时分析、易于自动化是色谱法的突出优点，但色谱法以保留时间定性，其定性结果可能不准确，需要其他定性技术手段确证，如质谱、红外、紫外、核磁等。

（一）气相色谱法

自从 1954 年 Perking-Elmer 公司率先推出全世界第一台商品气相色谱以来，气相色谱仪无论在数量上还是在品质上都有了很大的进展。到目前为止，在分析仪器用户中气相色谱仪的拥有率和购买意向仍然是稳居第一的。这是由气相色谱法的适用性、普及性以及气相色谱仪器及消耗品价格的低廉、操作简易等因素决定的。气相色谱仪的发展目前主要集中在智能化、高度自动化、微型化、专用机化、快速分析、提高故障自检能力、增强数据处理功能和在线联用功能等方面。

气相色谱分析法是一种高效的分离分析技术。其基本原理是被分离的各组分是在两相之间反复进行分配的，其中一相静止不动，称为固定相，另一相是携带被分离组分流过固定相的惰性气体，称为流动相。被分离组分与固定相发生作用而与流动相不发生作用。由于被分离的各组分的结构和性质不同，决定了它们与固定相之间的作用力也不同，导致各组分在固定相与流动相之间的分配系数有差异，经过多次反复的分配及随流动相向前移动的过程后即可产生各组分沿色谱柱运动的速度不同，分配系数小的组分由于与固定相之间的作用力小而先流出色谱柱，从而达到使混合物分离的目的。高效、快速、分离能力强的气相色谱主要用于混合物分离、纯化。分析型气相色谱依据色谱峰保留时间定性分析；依据峰面积（峰高）大小定量分析。但以保留时间定性，气相色谱定性可能不准确，需要借助其他分析手段确证。

气相色谱在柱温条件下，可分析有一定蒸气压且热稳定性好的样品，可直接进样分析气体和易于挥发的有机物，对于不易挥发或易分解的物质，可转化成易挥发和热稳定性好的衍生物进行分析，部分物质可采取热裂解的办法，通过分析裂解后的产物得到组分结构信息。气相色谱分析是有机分析中应用最为广泛的一种检测手段。石油化学工业中的原料和产品分析，农作物中农药残留分析，乃至食品安全、航天、医药等领域都使用到气相色谱技术。目前地质调查行业开展的环境质量、地下水水质评估、油气勘查、气体水合物钻探等地质调查和地质科研都将气相色谱作为一种基础的必备的检测设备，用于有机污染物、天然气气体、石油烃、有机地球化学生物标志物的分析。在消防领域，气相色谱法也是一种常用的分析检测手段，在火灾物证技术鉴定以及火场烟气分析中都发挥着重要的作用。

气相色谱法具有分离效率高、分析速度快、样品用量少、检测灵敏度高、选择性好、应用范围广等诸多优点。同时，气相色谱法也存在一定的局限性，主要有以下几点：

（1）和其他色谱法一样，气相色谱法本身不能够直接给出定性结果，需要用已知标准物质或将数据与标准数据对比，或与其他方法如质谱、红外光谱等联用才能获得较可靠的结果。

（2）定量测定时需要用标准物质对检测器信号进行修正。

（3）对某些挥发性较差、沸点较高及热不稳定性物质、异构体及某些固体物质的分析能力较差。

（二）其他色谱分析方法

高效液相色谱法与气相色谱法相比，气相色谱法虽具有分离能力好、灵敏度高、分析速度快、操作方便等优点，但气相色谱检测需要加热但高温又受技术条件限制，其沸点太高或热稳定性差的物质都难以用气相色谱法分析。而高效液相色谱法只要求样品能制成溶液，不需要汽化，可以不受试样挥发性的限制。对于高沸点、热稳定性差、相对分子量大于400的有机物，原则上都可用高效液相色谱法分离、分析。多环芳烃属于高沸点化合物，气相色谱测定灵敏度低，其分析条件接近气相色谱极限，采用液相色谱测定分析结果更稳定，特别是结合荧光检测器分析灵敏度高，成为分析多环芳烃最主要的分析方法之一。据统计，在已知的化合物中，能用气相色谱分析的约占20%，能用液相色谱分析的占70%～80%。HPLC应用非常广泛，几乎遍及定量定性分析的各个领域。

高效液相色谱法一般用于分析火灾烟气中的有机物，如丙烯醛、甲醛等醛类物质的分析。该方法与离子色谱法类似，一般用于微量或痕量检测。

在色谱分析法中还有离子色谱法，也可用于火灾烟气的分析。离子色谱法主要用于火灾烟气中无机酸的分析，通常的做法是将火灾烟气用一定浓度的氢氧化钠溶液吸收，用离子色谱对吸收液进行分析。可定量分析的阴离子有 Cl^-、Br^-、F^-、NO_3^-、NO_2^-、PO_4^{3-}、

SO_4^{2-}、CN^-。其中CN^-需要单独的检测器，故离子色谱法并不是检测CN^-的常用方法。离子色谱法操作相对分光光度法简单，仪器灵敏度高，检出限可达到ppb级（10^{-9}），重复性好，一般用于微量或痕量检测，是研究材料燃烧烟气毒性或火灾烟气毒性之必需。

在各种经典的火灾烟气成分分析方法中，离子色谱法能够对火灾烟气的多个组分同时进行定量检测，主要是火灾烟气中的9种无机酸。但该方法采用吸收器对烟气进行吸收的采样法，只能测得火灾烟气中各无机酸的总浓度和平均浓度，对于烟气中各成分随火灾的发展趋势则无法判断。

第三节　燃烧源细颗粒物分析技术

一、燃烧源细颗粒物采样方法

采样和分析是进行细颗粒物污染控制研究的第一步，如果缺乏准确可靠的采样分析手段，那么其后对其进行的控制研究将缺少可靠的基础。美国EPA率先制定了测量烟道气和环境空气中PM_{10}的标准方法。我国环境保护部出台了《环境空气颗粒物（PM_{10}和$PM_{2.5}$）采样器技术要求及检测方法》（HJ 93—2013）。该标准引用了《环境空气质量标准》（GB 3095—2012）部分内容，规定了环境空气中颗粒物采样器的技术要求、性能指标和检测方法，适用于颗粒物采样器的设计、生产、检测。

（一）颗粒物采样器的技术要求

采样器由采样入口、PM_{10}或$PM_{2.5}$切割器、滤膜夹、连接杆、流量测量及控制装置、抽气泵等组成。

PM_{10}和$PM_{2.5}$采样器通过流量测量和控制装置控制抽气泵以恒定流量（工作点流量）抽取环境空气样品，环境空气样品以恒定的流量依次经过采样器入口、PM_{10}或$PM_{2.5}$切割器，PM_{10}或$PM_{2.5}$颗粒物被捕集在滤膜上，气体经流量计、抽气泵由排气口排出。采样器实时测量流量计前压力、流量计前温度、环境大气压、环境温度等参数对采样流量进行控制。

PM_{10}和$PM_{2.5}$采样器的工作点流量不做必须要求，一般情况如下：

大流量采样器工作点流量为：1.05m^3/min；

中流量采样器工作点流量为：100L/min；

小流量采样器工作点流量为：16.67L/min。

采样器应使用耐腐蚀材料制造，所有含尘气流通道表面应无静电吸附作用。采样器抽气泵应使用无碳刷抽气泵。为保证采样各向同性，采样器入口在水平面内应为圆形或矩形，非圆形或者矩形采样器入口在水平面内一个至少有四个均匀进气方向。

采样器滤膜夹应使用对测量结果无影响的惰性材料制造，应对滤膜不粘连，并方便取放。采样滤膜可选用玻璃纤维滤膜、石英滤膜等无机滤膜或聚氯乙烯、聚丙烯、聚四氟乙烯、混合纤维素等有机滤膜。滤膜应厚薄均匀，无针孔、无毛刺。PM_{10}滤膜对0.3μm标准粒子的截留效率在99%以上，$PM_{2.5}$滤膜对0.3μm标准粒子的截留效率在99.7%以上。

（二）固定燃烧源细颗粒物的采样方法

美国EPA制定了基于源环境和基于大气环境的标准采样方法，前者直接在烟道内抽取原始烟气捕集颗粒物，而后者需要先将热烟气引入稀释器，降温后再采样，但可以模拟实际排烟后烟羽的形成过程。在实际采样中，应根据研究内容和实验对象的特点来选择最佳方法。按照美国 EPA 的建议，采集固定源颗粒物多使用基于源环境的采样方法，而采集移动源颗粒物多使用带有稀释系统的基于大气环境的采样方法。

1. 直接采样方法（基于源环境的采样方法）

燃烧源排放的一次颗粒物主要包括以固体形式直接排放的一次固态型颗粒物和在烟气温度条件下以气态排出、随烟羽稀释冷却过程逐步凝结成固态的一次凝结型颗粒物。

目前，基于源环境的一次固态型颗粒物采样方法主要有 EPA-Method 5 和 EPA-Method 17。其中，EPA-Method 5 直接从烟道内等速抽取烟气，经由采样枪将高温烟气引入到外置的颗粒物捕集器内，通过滤膜采集其中的飞灰颗粒物，其采样系统如图 4-10 所示。加热采样管使外置滤筒或滤膜的采样温度控制在 (120±14)℃范围内，从而有效地避免了温度波动对一次固态型颗粒物产生的影响，也避免了烟气中水分及酸性物质的凝结。

考虑到在一定的温度范围内，颗粒物浓度对温度变化不敏感，可以省去加热装置，直接在烟道内采用简化改进后的 EPA-Method 17 方法采样。EPA-Method 17 将采样膜放置在烟道中进行实时等速采样，不仅减少了颗粒物在采样枪中的内壁吸附效应，保证了样品的完整性，也减少了伴热部件及传感器，使操作过程和采样设备大为简化。EPA-Method 17 的采样系统如图 4-11 所示。需要注意的是，当烟气颗粒物中含有液滴或水蒸气时不能采用此方法。由于烟道内置采样方法不能采集到的一些可凝结气溶胶仍是大气中一次 PM_{10} 的一部分，所以 EPA 建议对固定源排放 PM_{10} 的测量应包括烟道内 PM_{10} 的测量和可凝结气溶胶的测量两部分。在 EPA-Method 201A 中，以动压等速的方法将烟气吸入采样管，内置旋风分离器分离粒径大于 10μm 的颗粒物，同时内置玻璃纤维滤筒或滤膜收集 PM_{10}。该方法可用于测量固定源 PM_{10} 的排放，其基本采样系统与 EPA-Method 5 十分相似，如图 4-10 所示，主要区别是此方法的管口含有烟气循环装置，同时在此装置上安装热电偶以测试循环烟气的温度。

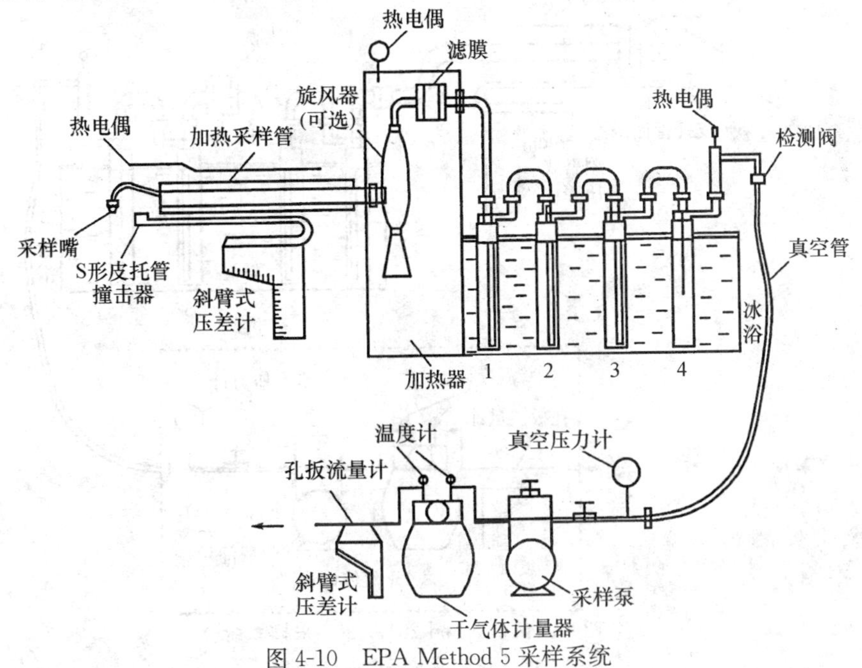

图 4-10 EPA Method 5 采样系统

1，2—100mL 去离子水；3—空瓶；4—200～300g 硅胶

美国 EPA-Method 202 用于测定固定源凝结颗粒物，该方法和 EPA-Method 17 或 EPA Method 201A 联用可同时捕集固态型颗粒物和凝结型颗粒物（图 4-11、图 4-12）。该方法最大的不同是在过滤器的下游设置了冰浴冷凝器，使得烟气中的硫酸雾、半挥发性有机物等排

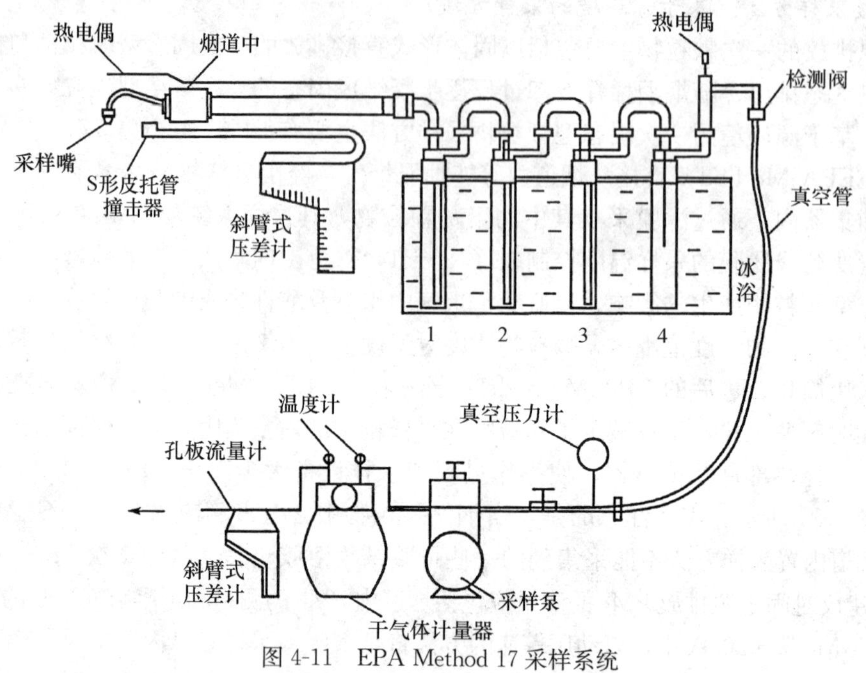

图 4-11　EPA Method 17 采样系统

1，2—100mL 去离子水；3—空瓶；4—200～300g 硅胶

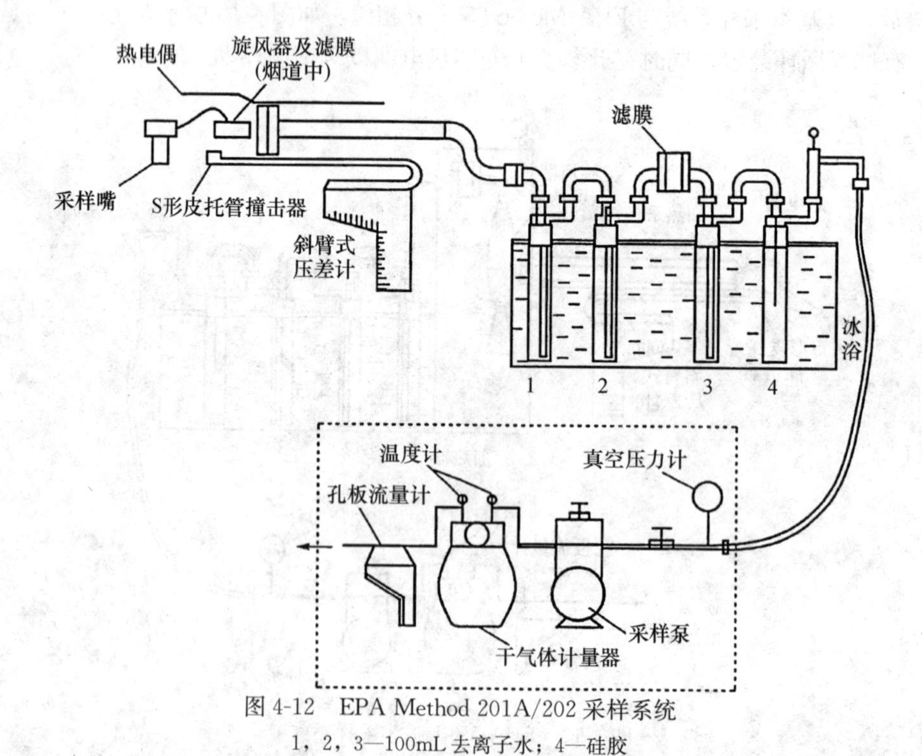

图 4-12　EPA Method 201A/202 采样系统

1，2，3—100mL 去离子水；4—硅胶

放到大气中会发生凝结的物质被捕集于水中，转化为一次凝结型颗粒物，并最终被水收集。但烟气中不会凝结的气体（如 SO_2）也会被水同时吸收脱除，从而会过高地估计一次凝结型颗粒物的排放水平。

2. 稀释采样方法（基于大气环境的采样方法）

稀释采样法模拟烟气在大气中的扩散过程将烟道气进行稀释，稀释后的烟气就可以采取环境大气的采样方法进行采样分析，并且采集的数据可以和周围环境大气直接进行比较，同时避免了直接采样过程中高温、高湿、高污染物浓度的干扰。

目前可较好用于测量燃烧源一次颗粒物排放的是 20 世纪八九十年代美国研究者 Hildemann 等发展起来的稀释采样法（图 4-13）。该方法用净化空气将高温烟气稀释冷却至大气环境温度，稀释冷却后的样品气进入烟气停留室，停留一段时间再采集颗粒物，模拟了烟气排放到大气中的稀释、冷却、凝结等过程，采集的颗粒物可近似认为是燃烧源排放的一次固态颗粒物和一次凝结颗粒物。此外，由于采样温度的降低，用于大气采样的采样介质，例如尼龙、Teflon 膜也可以使用，可应用大气颗粒物的采样方法对颗粒物的化学组成进行全方位分析，也适应于大气条件的在线颗粒物测量仪器。但这套稀释采样系统比较复杂和庞大，且操作烦琐，在一定程度上限制了其大范围的推广。目前国外研究人员正在开发小型的稀释采样系统。

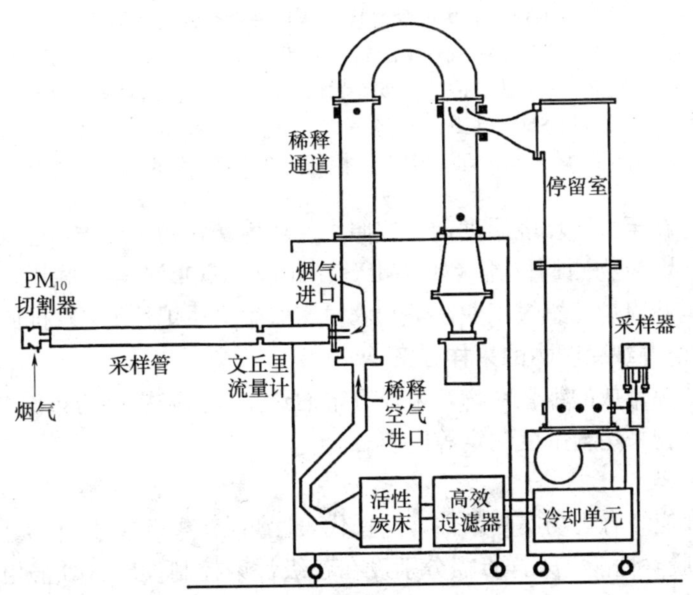

图 4-13　Hildemann 稀释采样系统流程

清华大学在借鉴美国 Hildemann 稀释采样系统的基础上，结合欧洲主流稀释技术，开发出一套固定燃烧源颗粒物稀释采样系统。该系统主要包括烟气进气部分、一级稀释系统、二级稀释系统、停留室和采样部分 5 部分，如图 4-14 所示。在一级稀释器的进口端设有压缩空气系统，其出口端分别设置带有气体流量计的采样气出口和带有气体流量调节阀的多余气体出口；在二级稀释器的进口端设有稀释空气供气系统和气体流量计，并在停留室下部均匀设有多个压力平衡孔。一级稀释器采用芬兰 Dekati 公司的喷射型稀释器，在压缩空气压力为 0.2MPa 时，能提供约 10 倍的稀释比。二级稀释器采用多孔喷射型结构，稀释气体通过多个喷孔喷射进入稀释器内腔和从一级稀释器采样气出口出来的气体在腔内进一步稀释、混合，二级稀释系统可提供1～10倍的稀释比。这样一级、二级稀释系统可实现10～100倍的稀释比。停留室的作用是为稀释后的烟气提供一段停留时间后才被采集，以模拟烟气排放到大气中的成核、冷凝、凝聚等过程。

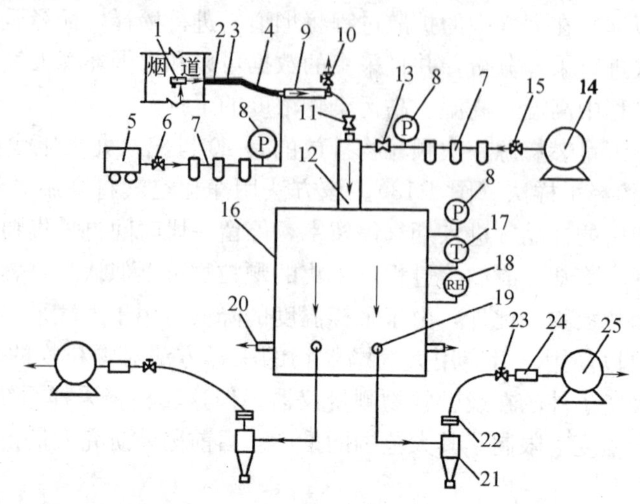

图4-14　清华大学燃烧源稀释采样系统示意图

1—大颗粒切割机；2—采样管；3—加热保温管；4—软管；5—空压机；6，10，15，23—调节阀；7—空气净化器；8—压力表；9—一级稀释器；11—气体流量计；12—二级稀释器；13—气体流量计；14—稀释空气泵；16—停留室；17—测温计；18—湿度度；19—采集孔；20—压力平衡孔；21—切割器；22—采样膜；24—转子流量计；25—采样泵

由于烟气已稀释至大气环境温度，可按照大气环境颗粒物采样方法采集颗粒物样品进行分析，还可与在线颗粒物测量仪器（如SMPS、ELPI、TOEM等）联用。清华大学利用该系统进行了燃煤电站锅炉、燃煤工业锅炉和农村家庭生物质炉灶$PM_{2.5}$排放的现场测试。

（三）固定燃烧源细颗粒物的采样方案

采集固定燃烧源排放的细颗粒物，采样方案的建立包括采样点的布设、采样膜及采样装置的选择、细颗粒物采集与浓度测定等内容。

1. 采样点的布设

采样点的布设应结合现场实际条件，选择代表性测点。同时，为研究不同污染控制设施对$PM_{10}/PM_{2.5}$的脱除性能，采样点需分别设在各级污染控制设施（如静电除尘器、湿法烟气脱硫装置）的进口及出口。

2. 采样方法

实际采样中，采样嘴入口需对准烟气来流方向，并与其流线平行，且采样嘴入口的管壁必须很薄，以消除细颗粒物在入口处的沉积损失。原则上，采集颗粒物样品均应采用等速采样，即采样嘴入口的进气流速必须等于烟道中烟气的流速，但对于$PM_{2.5}$细颗粒，因其惯性小，对气流的跟随性好，采气流速与采样点烟气流速不一致造成的测定误差可能不显著。

3. 采样膜的选择

采样膜是颗粒物过滤捕集的重要材料，同时，不同的分析方法对滤膜有一定的要求，不同滤膜能承受的最高温度也有区别。因此，采样时应根据后续的样品分析方法和采样环境的温度选择最合适的滤膜。目前，采样膜的材料主要包括铝箔、玻璃纤维、石英纤维、特氟隆（Teflon）和聚碳酸酯等几类。由于铝箔的物理性质比较稳定，常用于颗粒物排放的在线测量；Teflon滤膜、尼龙滤膜及石英纤维滤膜常用作细颗粒物化学组分分析时的采样滤膜。

4. 颗粒物采样装置

烟气中总烟尘（PM）的采样目前常用滤筒收集法，但对于烟气中PM_{10}、$PM_{2.5}$的采集，需先采用稀释采样系统将烟气冷却至大气环境温度后再由PM_{10}或$PM_{2.5}$采样器采集。

为了研究不同粒径范围颗粒物的质量浓度、形貌特征及其化学组成，需将颗粒物按粒径分级采样。目前主要有以芬兰Dekati公司生产的电称低压冲击器（Electrical Low Pressure Impactor，ELPI）为主休的采样器及安德森（Andersen）颗粒物分级采集器。

ELPI可分13级采集空气动力学直径（d_p）为0.023～9.314μm区间的颗粒物。图4-15所示为ELPI分级采样系统。启动真空泵，烟气依次进入取样枪、旋风切割器，脱除粒径大于10μm的颗粒，然后与经净化的高温稀释气混合（可按实际情况采用一级或两级稀释，一级稀释比约为8.18：1）后进入ELPI测试系统，颗粒物样品由ELPI冲击盘上的采样膜采集，采样膜可为铝膜、聚碳酸酯膜、石英膜等。烟气进入稀释系统前所有管路均需进行加热保温处理，并用经空气加热器加热的高温净化气作为稀释气。采样时末级冲击盘处压力维持在10kPa左右，真空泵流量为10L/min。

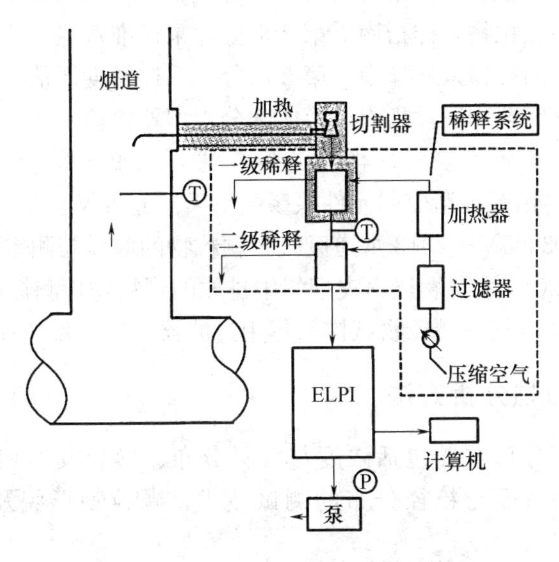

图4-15　ELPI分级采样系统

Andersen颗粒物分级采集器主要包括不同口径的采样嘴、粗颗粒物预分离器和一个8级颗粒物分级粒径撞击器，如图4-16所示。该撞击器由8级多孔孔板和颗粒捕集板所组成，各级孔板按孔径由大到小依次排列，相应各级孔板下对应的捕集板上装有滤膜。在一定抽气流量下，气体经由一级孔板加速喷射后，大粒径颗粒由于惯性大而撞击到颗粒捕集板的滤膜上，小粒径颗粒由于惯性小可以继续被气体夹带进入下一级孔板。由此，气体被不断加速并通过孔板喷射，颗粒物也按照空气动力学粒径由大到小分别惯性碰撞到各级捕集板的滤膜上，从而达到按粒径分级采样的效果。

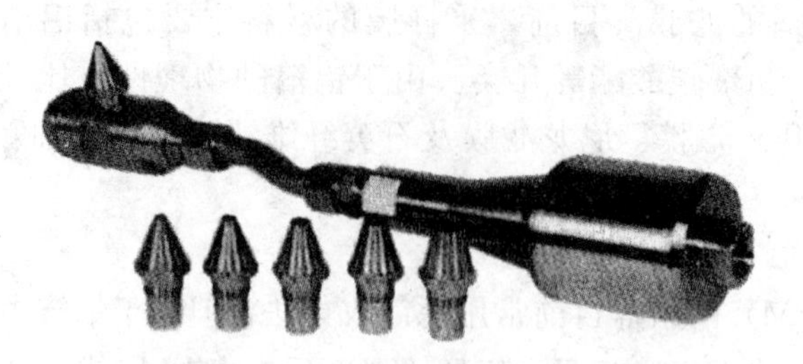

图 4-16 Andersen 颗粒物分级采集器

（四）颗粒物采样相关标准

国内外关于颗粒物采样的相关标准较多，为便于读者对颗粒物采样技术的深入了解，罗列了部分颗粒物分析的相关标准，仅供参考。

1. HJ 93—2013 环境空气颗粒物（PM_{10}和 $PM_{2.5}$）采样器技术要求及检测方法

2. HJ 653—2013 环境空气颗粒物（PM_{10}和 $PM_{2.5}$）连续自动监测系统技术要求及检测方法

3. HJ/T 374—2007 总悬浮颗粒物采样器技术要求及检测方法

4. HJ/T 368—2007 环境保护产品技术要求 标定总悬浮颗粒物采样器用的孔口流量计

5. AS 4433. 1—1997 颗粒物采样指南 第 1 部分：采样程序

6. AS 4433. 2—1997 颗粒物采样指南 第 2 部分：采样准备

7. AS 4433. 3—2002 颗粒物采样指南 第 3 部分：采样精度评估

8. AS 4433. 4—2001 颗粒物采样指南 第 4 部分：偏差检验

9. AS 3580. 9. 8—2008 环境空气采样和分析方法 第 9. 8 部分：悬浮颗粒物的测定 PM_{10}连续直接质量法 使用有逐渐变弱元件振荡微量天平分析仪

10. ASTM D3685/D3685M—2013 烟道废气中颗粒物的取样与测定标准测试方法

11. ASTM E2558—2013 木材燃烧火灾烟气中排放的颗粒物检测标准测试方法

12. JIS K0901—1991 空气中颗粒物试样采集用过滤器的外形尺寸和性能测试方法

二、燃烧源细颗粒物分析方法

燃烧源细颗粒物常规分析主要包括浓度与粒径分布、形貌及物相、元素组成等内容。表 4-5给出了一些颗粒物浓度与粒径分布的测试技术，颗粒物形貌及化学组成分析技术见表 4-6。

表 4-5 颗粒物浓度与粒径分布的测试技术

仪器/技术	测量原理	适用范围	注 释
重量法	微重质量测量	TSP，PM_{10}、$PM_{2.5}$	常用方法，相对简单、便宜，采集量需大于 0.1mg
压电晶体差频法	基于振动频率变化的实时质量	TSP，PM_{10}、$PM_{2.5}$、$PM_{1.0}$	对于大颗粒和高质量浓度有限制
多级撞击取样方法	基于空气动力学颗粒分级的质量分布测量	0.1～10μm	质量分布的最常用测试技术

续表

仪器/技术	测量原理	适用范围	注　释
电称低压冲击器（ELPI）	基于空气动力学颗粒分级的实时质量、数量分布测试	0.03～10μm	基于颗粒荷电及冲击盘采集
扫描电迁移率颗粒物粒径谱仪（SMPS）	电场中带电颗粒的实时检测	0.01～1μm	广泛使用的数量分布测量技术
自射线吸收法	通过沉积在滤膜上的微粒导致的F射线衰减实时测量	TSP，PM_{10}、$PM_{2.5}$、$PM_{1.0}$	广泛用于实时颗粒测量，特殊场合需要校准，该方法由美国环保局提出
光散射法	基于颗粒物对光的散射作用	TSP，PM_{10}、$PM_{2.5}$、$PM_{1.0}$	广泛用于能见度监测，对2μm以上的颗粒相对灵敏
凝结颗粒计数器（CPG）	颗粒凝结长大后用光学检测	0.003～3μm	独立使用或与SMPS一起使用

表4-6　常用的细颗粒物形貌及化学组成分析技术

仪器名称	仪器用途
场发射扫描电镜（FESEM）	观测细颗粒物的形貌与元素组成
电子探针	进行单个颗粒的成分分析
电感耦合等离子体发射光谱（lCP-AES）	元素分析
原子荧光法（AFS）	测定As的质量分数
X射线吸收微结构光谱仪（XAFS）	主要测量金属和硫的微结构
微机控制扫描电子显微镜（CCSEM）	颗粒粒径分布、颗粒形态、化学组成等
透射电子显微镜（TEM）	核态粒子的结构和粒径分布
电感耦合等离子体发射光谱-质谱仪（lCP-MS）	细颗粒中金属元素及有机物的含量
X射线荧光法（XRF）、仪器中子活化法（INAA）	主要元素及微量元素的浓度
气相色谱质谱联用仪（GC-MS）	有机化合物的结构
^{13}C核磁共振波谱仪（$^{13}CNMR$）	碳的分子结构和碳架结构

（一）浓度与粒径分布

目前粒径测试量程正好为$PM_{2.5}$的粒度分布的测试仪极少，主要采用其他测试量程的仪器进行$PM_{2.5}$粒径分布测试，其中最为常用的是芬兰Dekati公司制造的ELPI，其粒度测量范围为0.028～9.314μm，若再加上一个附件冲击盘，测试下限可达0.007μm。ELPI是现有测量颗粒物浓度与粒径分布较为准确和精密的仪器之一，能在线测量燃烧源PM_{10}的质量浓度分布，并可进行样品的分级采样。ELPI测试系统主要由旋风分离器、稀释器、真空泵以及ELPI本体组成。通过测量各级冲击器收集到的电荷量、气流流量和各级荷电效率，计算出各级的颗粒物数目、表面积、体积和质量，从而得到整个测量范围内颗粒的粒径分布和颗粒质量、数量浓度。

（二）形貌与元素组成

目前，颗粒物的形貌及其表面元素成分主要采用扫描电镜-X射线能谱仪或电子亮度更高的场发射扫描电镜X射线能谱仪（FESEM-EDS）。

SEM 系统包括真空泵、电子枪、透镜系统、标本台、扫描发生器、信号收集-放大系统、显示器等部件。其中电子枪有热电子发射型和场发射型（FE）两类。由于场发射型电子枪的电子束亮度更高，使得成像的分辨率更高，可以保证将图像放大到更高的倍率，从而更有利于细颗粒物的观察。

EDS 系统包括 X 射线探测器、数据处理及成像系统等。当电子束扫描样品时，可以激发样品表面一定深度和侧向微小区域内原子的内层电子，产生 X 射线信号。不同原子所激发产生的 X 射线波长不同，由此可以通过检测样品散射的特征 X 射线的波长和强度，半定量地测定样品表面的元素种类和含量大小。

（三）物相组成

X 射线衍射技术是鉴定、分析和测量固态物质物相的基本方法，其优点是不破坏样品，能快速、直接、可靠地鉴定出矿物成分。由于每种矿物都有其固有的化学组成，也就有自己固有的化学组成以及晶体结构，因此，每种矿物都对应一套 X 射线谱图，根据 X 射线衍射给出的 d 值，查询 JCPDS 标准卡片，就可以准确地鉴定出矿物种类，根据不同矿物的衍射强度大小，可以半定量地计算出它们的含量。

（四）水溶性离子组分

燃烧源细颗粒物中水溶性离子主要有 NH_4^+、K^+、Na^+、Mg^{2+} 和 Ca^{2+} 等阳离子以及 F^-、Cl^-、NO_3^-、PO_4^{3-}、SO_4^{2-} 和 Br^- 等阴离子。离子色谱法（IC）能够同时、快速测定多种离子，尤其在测定阴离子方面有其他方法不可比拟的优越性。美国 EPA 在美国国家环境空气监测站（NAMS）的 $PM_{2.5}$ 化学物种项目中选用 IC 作为目标阳离子（NH_4^+、K^+、Na^+）和阴离子（NO_3^-、SO_4^{2-}）的标准分析方法。目前我国环境监测分析中常用的阴阳离子测定方法有分光光度法、滴定法和离子色谱法（IC）等。IC 法作为我国的推荐使用方法，虽然尚未达到标准化的程度，但在研究大气颗粒物可溶性离子方面的应用已越来越普及。

在进入离子色谱仪分析之前，需对颗粒物样品进行预处理，通常步骤为：将采集有样品的滤膜剪成条状碎片，置于 10mL 干净的试管中；加 5mL 高纯去离子水使之完全淹没滤膜，超声提取 30min，提取液用微孔滤膜过滤。重复上述步骤一次，将两次收集的滤液合并后进行离子成分分析。

（五）元素组成

颗粒物中的元素成分，特别是重金属元素含量的检测技术一般分为中子活化法（INAA）和光谱法。其中中子活化法不需要对样品进行消解处理，直接通过中子轰击样品激发出的射线能量与强度测定元素成分。原则上，由于 $PM_{2.5}$ 的采样量一般较少，因此能适应滤膜样品量少且不需要或几乎不需要样品预处理的 INAA 分析方法应成为首选，然而该方法对 Hg、Cd、Cu、Mo、Pb 和 Ni 等元素不适用，且灵敏度有待提高，目前应用还不是很普遍。而光谱法应用较为广泛，包括原子吸收光谱（AAS）、原子荧光光谱（AFS）、X 射线荧光光谱（XRF）、质子诱导 X 射线发射（PIXE）以及电感耦合等离子体原子发射光谱（ICP-AES）和电感耦合等离子体质谱（ICP-MS）等。其中 ICP-AES 和 ICP-MS 由于具有多元素同时检测、灵敏度好、精密度高等特点，目前国内外普遍用于分析检测电厂排放颗粒物上的各种微量和痕量元素，具有广泛的可对比性，但在样品分析前，需要对颗粒物样品进行消解预处理。消解方法有微波消解法、干灰化法、湿式消解法和高压氧弹化法等，其中微波消解相对于其他消解技术具有溶样快速、消解完全、污染与损失少、操作简便安全等特点。ICP-

AES一般用于测量含量相对较高的元素，ICP-MS则用于测量含量低、质量数相对较高的元素，如重金属特别是痕量元素的测试。

（六）元素碳和有机碳含量

细颗粒物的含碳组分包括有机碳（OC）、元素碳（EC）和碳酸盐碳（CC），其中CC的含量通常很小，在进行化学物种分析时一般将其忽略而不加鉴别。OC与EC并不是严格定义的实体（如硫酸盐），而是分别代表极其复杂的种类，如OC代表大量的有机物，包括脂肪族化合物、芳香族化合物和有机酸等，EC则是复杂的混合物，它含有纯碳、石墨碳，也含有高分子量、黑色的、不挥发的有机物质如焦油、焦炭等。国际上对OC与EC的分析迄今尚无统一的标准，因此其定量区分取决于实验室分析中的操作而存在较大的不确定性，如在热光分析方法中，一些高分子量的有机化合物可在高温惰性气氛中裂解而转化为积炭并被错误地当成EC。

含碳组分的传统测定方法包括热燃烧法、溶剂萃取法和热氧化法等，目前应用较多的有元素分析法和热分解-光学方法。后者包括热光反射法（TOR）和热光透射法（TOT）。在这些方法中，OC的标准样品（标样）用有机试剂配制，EC的标样采用石墨制备，但是迄今为止尚无公认的用于标定大气中EC的标样和参考材料。几种主要的分析方法对总碳（TC）的测量相差不大（$<\pm5\%$），但对EC的测量相差较大。

第五章 火灾烟气毒性评估方法

第一节 烟气毒性评估方法

实际火灾场景复杂多样。在火灾初期阶段，可燃物燃烧释放热量少，但烟气生成量相对较大且扩散迅速，烟气毒性对人的影响占主导地位；轰燃发生后，可燃物大量燃烧，释放的热量急剧增多，火场温度远高于人体可以承受的最高极限。在可燃物为易燃物质的火灾中，火势发展迅猛，被困人员很可能来不及疏散就直接被大火烧死。后期发展阶段，火场高温辐射及烟雾能见度等也是火场烟气危害性必须考虑的重要因素。

烟气的毒性评估主要有三个相互关联的发展方向。一个发展方向是研究材料燃烧烟气测试方法；另一个方向是通过研究单种或多种燃烧有毒产物获得数据，搭建预测烟雾毒性的模型；此外，随着计算机硬件技术以及火灾科学理论的发展，应用计算机数值模拟技术对火灾现象进行分析已经成为可能。通过日益成熟的计算机模拟手段，研究并掌握各种燃料在不同环境条件下的燃烧产物毒性物质生成机理，是揭示火灾发生、蔓延及导致人员伤亡规律的一条可行而简便的途径。目前已经受到国内外学者的重视。

一、材料试验方法

烟气毒性的材料试验方法重要的发展在于20世纪70年代中期，起始于美国联邦贸易委员会关于一项涉及泡沫塑料行业的法令。当时在美国使用最广泛的两种材料测试方法，通常被称为NBS方法（美国标准与技术局）和UPITT方法（匹兹堡大学）。NBS测试方法是由犹他州立大学的一些工作人员研究设计的，而UPITT方法则是由Y. C. Alarie教授和他的学生在美国匹兹堡大学开发的。在大约相同的时间，日本和西德也发展了类似的材料试验方法。

大多数对材料产烟毒性评估的方法都是生物测定（动物接触）方法，辅以化学分析。在生物测定中，烟雾的毒性评估是以在指定时限内接触烟雾暴露的试验动物的反应程度来衡量的。所使用的通常是大鼠或小鼠类啮齿动物。而最常用的衡量动物是否有反应的指标则是试验动物是否死亡（致死性）。尽管如此，也有一些试验方法以动物丧失行动能力（失能性）为度量指标。对于任何生物反应，该关系是由试验动物和不同浓度的烟的响应来确定的。在测试中，材料燃烧质量或稀释空气的流速是变化的，以便产生不同浓度的烟雾。但无论是以致死性还是失能性为试验终点，发生毒性效应的动物数量将随着烟浓度增加而增加。

在材料燃烧产生的毒性研究中，浓度通常以每单位空间体积使用试验材料的数量（试样载荷密度）或每单位体积的试样质量损失（烟浓度）所用的量来表示。它采用动态或溢流法产烟，烟气浓度简化为简单填充试样材料的质量来表述（每单位体积的试样质量可以通过空气流量来计算）。将在指定时间内具有毒效应响应的试验动物的百分数与烟浓度的对数进行画图，可以得到一条近似直线。该直线表示材料在某一特定试验条件及具体试验方法下的烟浓度-响应关系。通过对数据统计计算，则可以获得这样一个浓度，在这个浓度下，50%的试验动物在特定的时间下暴露在该浓度的烟环境下将产生毒性反应或者受到影响。这个浓度，通常被称为EC_{50}值，是烟的毒效力的量度。EC_{50}值是一个通用术语，并且可以作为判断动物起反应的参考响应值使用。当采用致死性作为测试指标时，LC_{50}则作为一个更具体的术语来表示材料或烟雾导致受试动物50%死亡的浓度。LC_{50}是烟雾毒性试验最常采用的衡量毒性的参数之一，当然其他测量参数在材料燃烧烟气毒性测试中也经常用到。

(一) DIN 53436 方法

该方法由德国标准化协会制定。标准指定了燃烧装置和具体的操作过程。该方法的特征在于使用移动环形管式炉，在恒定温度下产生烟气，使用空气稀释来控制燃烧烟气浓度。在大鼠在烟气中暴露前，通过稀释来改变燃烧烟气的浓度来动态产生不同浓度的燃烧烟气，连续地对动物暴露染毒，浓度-效应关系很容易获得。该试验主要是在无焰燃烧中使用，用大鼠的致死性作为生物测定反应标准。

其主要的特点是使用一个移动的环形管式炉在恒温200～600℃环境下操作，用空气稀释火流这个方法获得不同浓度。但不同于一些真实火灾，气流与火焰传播的方向相反。DIN燃烧炉提供了一个相当广泛的控制燃烧条件，特别适用于模拟无焰火灾的状态。

试验中也可以控制燃烧条件。燃烧将使用线性增加温度的方式进行，每分钟升温20℃，最终达到1100℃，而空气以11L/min的流量穿过燃炉。烟雾浓度取决于填充在燃烧炉内材料的质量。因此，燃料与空气比率可以根据样品质量和燃烧率而改变。

主要的不足是在控制阴燃和燃烧条件的过程中出现了一些困难；没有提供连续监测样品质量的燃烧装置；一些材料在点火时迅速分解或迅速燃烧时发生了爆炸问题等。

(二) NBS 烟箱法

NBS方法（美国国家标准局）是采用杯式炉为燃烧装置的一个静态（封闭）系统，在石英杯下部和底部通电构成加热区，石英杯体积约1L，样品重量约8g（不大于）。测试温度位于材料的自燃温度上下。将大鼠置于管状固定装置中，仅将头部暴露于燃烧烟气。每次测试使用6只大鼠。通过暴露30min（或暴露后观察14d）来确定浓度-反应（致死性）的关系；浓度是通过杯中放置的试样质量的变化来控制的。该方法能同时获得有焰和无焰燃烧的数据。

试验具有明显的不足，一是无法确定燃烧供氧充足率；二是样本尺寸具有不确定性；三是燃烧空气比率的随意性（实验杯与暴露舱大约200L的空气相通）。各种材料是在明显不同的温度条件而不是在同种环境下进行测试的，其应用受到明显抑制。

(三) U. S. -Rad 方法

U. S. -Rad（辐射炉测试）使用与美国国家标准局NBS烟箱法相同的暴露装置进行试验，采用静态（封闭）动物暴露系统。动物暴露剂量是通过改变烟气浓度和持续时间来控制的，并以浓度×时间的方式进行量化。在预测试后，大鼠被用来评估已知的有毒物质的相对浓度。

(四) UPITT 方法

UPITT方法（美国匹兹堡大学）每次测试将4只小鼠暴露在一个动态（溢流法）的燃烧烟气产生系统中。该系统是通过将燃料放置在一个箱子或者回热炉中，以每分钟20℃增量的程序升温加热来实现的。当试样失去1%的质量时开始，暴露染毒持续30min（加上暴露结束后10min）。试验观测数据包括反应浓度、致死时间和呼吸频率的降低。在UPITT测试方法中，浓度术语LC_{50}仅考虑炉内试验样品的质量。因此，这个试验的LC_{50}值不能直接与NBS方法相比较。

（五）JGBR方法

JGBR方法（日本政府建筑条例毒性试验，1976）采用了辐射热炉（参照英国BS476第6部分　火焰传播的测试），将小鼠暴露在一个通过梯度加热材料产烟的动态系统中。测量旋转笼子里8只小鼠的失能时间，并以柳安木作为产烟材料进行试验的数据为参考。在试验研究中，使用了辐射热锥体式加热器。染毒试验时将小鼠放置在旋转笼中来确定失能时间。

辐射热通常可以在暴露面以与实际火场中几乎相同的方式进行，根据施加的热通量和点火源的存在，标本既可以进行有焰燃烧也可以进行无焰燃烧。在燃烧条件下，燃烧室的相对尺寸可以很有效地与动物接触室的空气储层产生高效融合。系统的主要缺点是由于实验室所需的测试时间问题，每次测试后都需要校准热通量，乃至频繁拆卸和重新组装设备组件。燃烧窗在测试期间被烟熏黑也是一个棘手的问题。

DIN、UPITT和JGBR测试都有实施标准，但是所有的测试方法都存在不足。概括起来，主要体现在如下几点：

（1）实验室燃烧方法，与实际条件下的真实火灾的相关性还没有得到充分的证明。

（2）试验动物的反应是否适用于预测人类在火灾暴露条件下遭受的严重损害还没有得到充分的证明。

（3）使用动物进行活体试验在世界上的许多领域是受到反对（甚至是禁止）的。

（4）通常情况下，大多数材料在烟气毒害方面不会显示出显著的差异。

（5）在真实的火灾中，毒害危险更多地取决于火势的增长而不是单独的个别材料燃烧的烟毒性。

尽管存在着这样的不足和局限性，实验室烟气毒性测试正在成为产品的研究和开发方面标准的要求。但迄今为止，实验室烟气毒性测试离执行还有比较遥远的距离。实施对产品的烟毒性测试正在更多地成为一个原则，而不仅仅是作为材料能否获得批准使用的标准。换言之，目前对于烟气毒性的测试仅限于“产品应进行测试，但测试结果只进行报告”的现状。在材料燃烧烟气毒性的测试中，由于燃烧模式以及产烟模型的苛刻条件的限制，毒性测试数据的横向比较存在一定的困难。据报道，一个对使用UPITT和NBS方法获得材料燃烧毒理学数据的分析报告称，用UPITTI测试获得的LC_{50}值，有30%是不符合统计规律的；同时使用NBS方法获得的LC_{50}值，在有焰和无焰燃烧的试验条件下，分别有26%和50%是不符合统计规律的。结果表明，对燃烧毒性数据的使用和解释应谨慎行使，该测试可能只对部分有剧毒的材料是有效的。

在烟气测试中，如何建立恰当的产烟模型，如何真实地反映火灾中的烟气生成情况是特别需要考虑和重视的。目前，国际上建立了很多不同的产烟模型及试验方法，如prEN45545-2关于火车的防火保护烟气的光密度和毒性试验方法中，它以ISO 5659《塑料产烟　光密度测试方法》的锥形加热管及其烟箱作为产烟模型，让制品在25kW/m²或50kW/m²的辐射照度下受热分解并产生烟气，将收集到的烟气再通过红外分光计进行测试，分析其中有毒气体含量，并计算它的*CIT*值（常规毒性指数）。其计算公式为：

$$CIT = 0.0805 \sum_{i=1}^{8} \frac{C_{i烟箱}}{C_{i参考}}$$

式中，$C_{i烟箱}$为试验 8min 后烟箱中第 i 种烟气成分的浓度（mg/m^3）；$C_{i参考}$为根据烟气组分及其参考浓度表中第 i 种气体的参考浓度值（mg/m^3）。

烟气组分及其参考浓度见表 5-1。

表 5-1　烟气组分及其参考浓度值

烟气组分	参考浓度/（mg/m^3）	烟气组分	参考浓度/（mg/m^3）
CO_2	72000	HBr	99
CO	1380	HCN	55
HF	25	NO_x	38
HCl	75	SO_2	262

NBS 装置（ASTM E 1678 或 NFPA 269）中利用辐射灯及点火装置对样品进行试验，用气体分析仪可以对产生的烟气进行成分分析。

ISO/CD 19700 方法模拟了材料在不同通风条件下的产烟毒性的试验方法。本试验的烟气制取和 GB/T 20285 试验相似，通过改变当量比 φ（即燃料与氧气的比例）可以模拟不同的火灾气氛。试样放置于石英管中，通过加热炉让试样受热分解，连续释放出气体，并收集在一个烟箱中，从而可以对烟气进行成分分析。

另外，为了更好地模拟制品的实际受火条件，以 ISO 9705（墙角火）为代表的大型试验方法更能反映材料在实际火灾中的烟毒性特性。试验中，通过气体采样管将建筑制品燃烧产生的烟气收集后，通入气体分析仪，可以测试 CO_2、CO 随试验进行的变化情况。同样，如果将样气接入其他气体分析设备，也可以进行气体成分分析。同时，还可以与动物试验连用，将样气通入动物染毒试验箱，这样便可以对材料或制品毒性进行定性或定量的评价，其结果更具说服力。与 ISO 9705 试验中的产烟测试相似的有 ISO 13823（SBI）、ISO 5660（锥形量热计）及 prEN 50399（电缆）等试验。

我国关于材料产烟毒性的试验方法主要是《材料产烟毒性危险分级》（GB/T 20285—2006），它融合了《材料的火灾场景烟气制取方法》（GA/T 505—2004）、《火灾烟气毒性危险评价方法——动物试验方法》（GA/T 506—2004）和《材料产烟毒性分级》（GA 132—1996）的相关内容。试验时，用与人体生理机制相似的小白鼠作为试验染毒对象，通过稳定的加热装置对材料进行等速移动扫描加热来模拟特定火灾场景气氛，采用实验小鼠动态急性吸入烟气染毒试验方法，通过小老鼠染毒后的表现行为及死亡情况，来反映人在这种火灾场景中的染毒情况。通过改变材料的产烟速率、温度、载气等，可以模拟不同的火灾场景气氛。试验中，材料是在充分分解但又没有出现明火燃烧的情况下进行测试的，所体现的是一种产烟量较大、条件非常恶劣的场景，它不能反映材料在实际火灾条件下的毒性大小及其对人体的伤害。

二、烟气毒性评估模型

火灾烟气毒性定量评价是毒理学研究的一个新兴领域。烟气毒性与建筑材料、燃烧条件、烟气毒物在建筑物内的传播规律及暴露时间有关，这些都是传统毒理学评价方法难以解决的问题。烟气毒性定量评价的目的是通过建立数学模型，以最少的动物试验，从宏观上更加定量化、系统化地评价和预测火灾烟气毒性。

烟气毒性定量评价可以通过研究试验燃烧材料产生的几种主要毒性气体，根据暴露其中的试验动物的存活状况来建立数学模型，预测燃烧材料毒性和火灾中人员所面临的危险。然而，动物毒性暴露试验由于造价昂贵、试验周期过长以及生物道义问题而备受争议。通过利用合适的火灾气体组成成分数据建立数学模型来预测材料燃烧烟气毒性，已经成为烟毒性评估领域的第二个主要推力。尽管评估所提供的结论，因种属差异不能完全用于人体的烟毒性危害预测，但从分析数据来评估烟雾毒性，可避免像很多传统的生物测定方法中一样使用活体动物。而且，对于在实验动物和人之间的毒效应的定性和定量的差异，随着科学研究的深入是可以逐步明确或相对准确地预测的。类似的建模方法也可以用于估计在任何真实或模拟火灾场景中烟气毒性危害的发展过程。

烟毒性建模方法的发展始于 20 世纪 70 年代初，最初是由加拿大 Y. Tsuchiya 和 K. Sumi 以及美国西南研究院的 G. W. Armstrong 提出来的。在美国，S C. Packham 和 G. E. Hartzell 于 1981 出版的《燃烧毒理学火灾危险评估基础》一书为这种建模方法建立了基础。

“剂量”的量化成为吸入燃烧烟气毒性影响建模方法发展的基础，无论是针对实验室动物或人类。生理反应通常与“剂量”相关，即随着剂量的增加或者是通过增加生理活性剂来增加身体负担，都将增加反应的大小。由于从烟雾吸入有毒物质的实际剂量不能直接测量，假设剂量是烟雾（或毒物）的浓度和接触时间的函数，这种“剂量”才是对一名受试者受到的暴露损伤的确切表述。术语“暴露剂量”可能更准确，并成为燃烧毒理学的首选术语。

通常，火灾气体毒物的浓度可能是未知的。由于烟气浓度不能量化，将烟雾浓度近似看成与火灾中的质量损失成正比。每单位体积的质量损失与时间的关系曲线的积分面积也因此成为衡量烟雾暴露剂量的指标，例如 mg · min/L 等。任何时间点的烟雾暴露剂量都可以从一个实验室燃烧装置获得的数据来进行计算得到，仪器上的实验火灾数据来自数学建模火灾甚至是从真实火灾中估计而来。在实际火灾场景，烟气传播模型和稀释数据甚至可以通过离火灾很远地方的烟气暴露剂量来估计得到。常见的火灾气体毒物浓度，如一氧化碳和氢氰化物的浓度，通常表示为百万分之一体积分数（ppm），暴露剂量可以表示为浓度和时间的乘积，即 ppm · min。在气态毒物的浓度变化的情况下，暴露剂量实际上是浓度-时间曲线下的积分面积。

对烟气毒性最初的研究是在“杯炉烟雾毒性方法”试验台上进行的，得到有毒气体浓度与动物失能或死亡的关系。为节省试验资金及尽可能减少试验动物，用于评价烟气毒性的数学模型逐渐发展起来。常见的烟气毒性定量评价方法有 *N*-Gas 模型、FED（Fractional Effective Does）模型、TGAS（Toxic GAS Assessment Software）、HTV 模型等。下面对燃烧毒理学领域主流的火灾烟气毒性评估模型进行简要介绍。

（一）毒性评估模型

1. *N*-GAS 模型

为了降低测试费用和减少动物使用数量，美国国家标准及技术局（NIST）首先提出了 *N*-Gas 模型，该模型可预测建筑火灾中烟气毒性的大小。*N*-Gas 是一种简化的烟气毒性定量评价模型。其假设条件为：火灾中大多数材料的燃烧毒性主要是由为数不多的 n 种气体产生的。这个假设已被很多实验所证明。

N-Gas 模型最初考虑 CO、HCN、HCl、HF、CO_2和 SO_2 6 种气体，通过计算各个组分体积分数占其半数致死体积分数的百分比得到烟气毒性的大小。随着该模型的发展，ISO 13344 给出了以下的计算公式：

$$N\text{-气体}=\frac{m[CO]}{m[CO_2]-b}+\frac{[HCN]}{LC_{50}(HCN)}+\frac{21-[O_2]}{21-LC_{50}(O_2)}+\frac{[HCl]}{LC_{50}(HCl)}+\frac{[HBr]}{LC_{50}(HBr)}$$

式中，中括号［CO］等表示烟气中气体组分的实际体积分数。LC_{50}为气体的半数致死体积分数，它代表在 30min 暴露时间及暴露后 14d 的观察期间内，导致 50％的试验动物死亡的毒性气体体积分数。经验值 m 和 b 分别由实验确定：对于 30min 暴露期，在 CO_2体积浓度≤5％时分别为－18 和 122000，在 CO_2体积浓度＞5％时分别为 23 和－38600。对于 O_2，主要是考虑其消耗引起的毒性作用；这样上式中 O_2的形式就是 21－［O_2］，线性项中 O_2、HCN、HCl、HBr 的 LC_{50}值分别为：5.4％、0.15×10^{-3}mg/L、0.38×10^{-2}mg/L 和 0.3×10^{-2}mg/L。

在对单纯及混合气体的研究中发现，*N*-Gas 方程求值结果具有如下意义：

（1）如果 *N*-Gas 气体方程求值接近 1，则试验中会有部分动物死亡；

（2）如果 *N*-Gas 气体方程求值低于 0.8，则不会有动物死亡；

（3）如果 *N*-Gas 气体方程求值高于 1.3，则所有动物都会中毒死亡。

如果只是预测染毒期（暴露期）内小鼠的死亡率，则方程中不能包含 HCl 和 HBr，因为它们通常只在染毒后作用；如果预测染毒期及染毒后的死亡率，则可应用整个方程。若试验动物只有部分死亡则表明预测的 LC_{50}与实际计算的 LC_{50}接近；没有死亡则表明烟气有毒性互消作用；全部死亡则表明有未知的毒性成分产生或有其他原因。

但是在实际火灾案例中，上述式子也暴露出一些不足。1990 年日本某地一座 5 层商店发生火灾，结果造成 15 人死亡。事后调查发现，这 15 人并非被烧死，而全部都由烟窒息而死。为了进一步调查致死原因，专家对尸体进行了解剖研究，测定了死者血液中的 CNHb 浓度和 HbCO 浓度。通常 HbCO 的致命浓度为 80％左右，CNHb 的致命浓度约为 3μg/mL。但实际死者血液中 HbCO 的浓度均小于 80％。因此可见，单一的毒物作用不足以将人毒死，必须考虑 CO、HCN 和其他气体的相互作用。前述模型计算只考虑了各种气体单独作用时对动物的影响，仍然有失偏颇。由上述的案例看出：由于火灾时烟气的成分是多种多样的，它们的作用也一定是互相影响的。有时几种气体的共同作用可以加强毒性，比如，NO_2和 CO 的共同作用，就会显著地增加 CO 的毒性。有时候某些气体的共同作用又可能降低毒性，比如 NO_2和 HCN 两种气体混合在一起，则 HCN 的毒性会大大降低（当有 200ppm 的 NO_2存在时，则 HCN 的 LC_{50}增加到 480ppm，是 HCN 单独存在时的 2.4 倍）。如果超过两种以上的气体混合在一起，其毒性的影响将更为复杂，需要通过大量的实验加以验证。

基于以上模型，Barbara C. Levin 等又发展了包括 NO_2在内的 7-气体方程，该模型可用于预测试验动物暴露于不同浓度测试气体时的综合毒性。

$$7\text{-气体}=\frac{m[CO]}{m[CO_2]-b}+\frac{21-[O_2]}{21-LC_{50}(O_2)}+\left(\frac{[HCN]}{LC_{50}(HCN)}\times\frac{0.4[NO_2]}{LC_{50}(NO_2)}\right)+$$
$$0.4\left(\frac{0.4[NO_2]}{LC_{50}(NO_2)}\right)+\frac{[HCl]}{LC_{50}(HCl)}+\frac{[HBr]}{LC_{50}(HBr)}$$

利用以上数学模型及方法，还可以分析烟气中各成分气体的相互作用。如果某种材料的燃烧产物导致一部分比例的试验动物死亡（不是 0 或者 100%），且 *N*-Gas 方程计算值近似等于 1，表明试验量接近于材料的 LC_{50}；无动物死亡，则表明燃烧气体中存在拮抗作用；所有动物死亡，表明可能存在不为人知的某种其他毒性气体，或气体间存在毒性协同作用，或其他逆向因素。

根据这种分析方法，目前人们已经发现 CO_2 和 CO、NO_2 存在协同作用，而 NO_2 和 HCN 存在拮抗作用。进一步研究可以发现，二元气体混合物中，NO_2 可增加除 HCN 外所有染毒期内气体的毒性；三元气体混合物中（NO_2+CO_2+HCN），CO_2 不会增加混合物的毒性，反而会进一步增加 NO_2 的保护效应，这是因为 NO_2 和 CO_2 同时存在比 NO_2 单独存在时能产生更多的 MetHb，而该物质是极好的 HCN 消毒剂。

N-Gas 模型能评价烟气中多种有毒气体的综合危害，而且引入了不同气体的生物试验数据，具有较高的可信度，因此应用较为广泛。该模型基于试验规定的暴露时间，一般为 30min。但是，当暴露时间不是规定暴露时间时，基于 FED 的 *N*-Gas 模型对毒性的评价结果会不准确。

许镇等对 *N*-Gas 模型进行了改进。实际火灾中，毒性气体浓度和暴露时间都是不固定的，所以上述 6-Gas 和 7-Gas 模型计算在实际火灾烟气毒性评价中无法直接使用。因此，通常用 30min 的 LC_{50} 和折算到 30min 时气体浓度的平均值来计算基于 FED 的 *N*-Gas 模型。其表达式如下：

$$FED_{6-\mathrm{Gas}}=\frac{m\int_{t_0}C_{\mathrm{CO}}d_t}{\int_{t_0}C_{\mathrm{CO_2}}d_t-30b}+\sum_{i=\mathrm{HCN,HCl,HBr,LO_2}}^{4}\frac{\int_{t_0}C_id_t}{LC_{50}(i)\cdot 30}$$

式中，LO_2 代表 21－［O_2］，表示缺氧毒害。其他与前述物理意义相同。

对于将某种气体 i，LC_{50} 可以看作是暴露时间 t 的函数。Hartzell 基于 LC_{50} 的测定实验指出，LC_{50} 与暴露时间 t 的倒数成线性关系，即

$$LC_{50}(t)=K_i/t+b_i$$

可以看出，当作用时间 t 无限大时，意味着不对人体产生毒性危害，对应的浓度为 C_i 应为不致效浓度，此时，$b_i=C_i$，即 b_i 的实际意义为某气体对人体不造成毒害效果的浓度值。从上式还可以得到：

$$K_i=(C_i-b_i)t$$

说明某种气体有效浓度 C_i-b_i 与致效时间 t 的乘积是一个定值 K_i。而 K_i 反映某种气体达到某种毒害效果时需要的积累量，可以体现气体的毒性大小，K_i 越小，毒性越大。

综上所述，改进的 *N*-Gas 模型的表达式为

$$FED_{6-\mathrm{Gas}}=\frac{m\int_{t_0}C_{\mathrm{CO}}d_t}{\int_{t_0}C_{\mathrm{CO_2}}d_t-30b}+\sum_{i=\mathrm{HCN,HCl,HBr,LO_2}}^{4}\frac{\int_{t_0}C_id_t}{K_i+b_i\cdot t}$$

根据这个公式，只要根据 5min 和 30min 的 LC_{50} 值求出 K_i 和 b_i，不同时刻的 LC_{50} 值都可以求出，改进的 *N*-Gas 模型将不受固定暴露时间限制。根据相关文献，*N*-Gas 模型中常见 6 种毒性气体的 5min 和 30min 的 LC_{50} 值及 K_i 和 b_i 值见表 5-2。

表 5-2 改进的 N-Gas 模型中常见毒性气体参数

气体种类	LC_{50}（5min）	LC_{50}（30min）	K_i	b_i
	10^{-6}	10^{-6}	10^{-6} · min	10^{-6}
CO	12000	3000	54000	1200
CO_2	150000	90000	360000	78000
LO_2	160000	140000	120000	136000
HCN	280	135	870	106
HCl	16000	3700	73800	1240
HBr	16000	3700	73800	1240

由于非线性影响，导致 50％的动物死亡对应的 FED_{6-Gas}值由 1.0 变为 1.1。$FED_{6-Gas}=$0.8 时，将导致动物开始出现死亡；$FED_{6-Gas}=1.4$ 时，将导致几乎 100％的动物死亡。一般情况下，推荐将 0.3 作为 FED_{6-Gas}的阈值。在此情况下，11.4％的人员具有明显反应。$FED_{6-Gas}>0.3$ 时，认为进入烟气毒性危险状态。

2. FED 与 FEC 模型

与 *N*-Gas 模型相比，FED/FEC 模型考虑的是各气体组分体积分数的时间积分均值，因此，可以计算组分体积分数随时间变化较大时的烟气毒性。FED 法实际上就是对 *N*-Gas 法的延伸，考虑了浓度随时间的变化，如果浓度随时间的变化较小，则 FED 方法就近似为 *N*-Gas方法了。

（1）有效剂量分数 FED 法（窒息性气体毒性）。该法首先测量燃烧所释放出的某些气体的数量，然后把各个测量结果转换成它们各自在杀死某种生命所需的总剂量中所占的比例。转换的依据是根据一些主要有毒气体致死浓度组合在一起的大量数据。FED 把燃烧毒性和暴露剂量关联起来。接近或大于 1 的 *FED* 认为可致死。

如果，毒性可以简单线性相加，则 *FED* 可以定义为：

$$FED=\sum_i \frac{\int_0^t C_i d_t}{LC_{50}(i)t}$$

$$FED=\sum_i \frac{C_i}{LC_{50}(i)}$$

式中，C_i 是第 i 种气体的浓度；$LC_{50}(i)t$ 为第 i 种气体半数致死浓度与时间的乘积。

虽然 CO_2本身没有毒性，但过高的 CO_2体积分数不仅可以导致人员窒息，还会增加人体单位时间内的呼吸换气次数，从而吸入更多的包括 CO 在内的有毒有害气体。Purser 在 2002 年发展了原有的 FED 模型，添加了换气过度因子 V_{CO_2}，用该因子表征过高 CO_2体积分数导致的呼吸次数的增加。该模型可表示为：

$$FED=\left[\frac{\varphi\ (CO)}{LC_{50}\ (CO)}+\frac{\varphi\ (HCN)}{LC_{50}\ (HCN)}+\frac{\varphi\ (HCl)}{LC_{50}\ (HCl)}+\cdots\right]V_{CO_2}+\frac{21-\varphi\ (O_2)}{21-5.4}$$

其中
$$V_{CO_2}=1+\frac{\exp[0.14\varphi(CO_2)]-1}{2}$$

上述 *FED* 经验公式是在实验室条件下得到的。由于试验条件的单一性，在整个试验过程中，气体组分体积分数变化不大，代表实际气体组分体积分数的分子仍然是用常值代替的。

Purser 提出的 FED 模型考虑了因 CO_2 导致的呼吸次数增多，采用该模型计算得到的烟气毒性与 N-Gas 模型相比更接近实际情况。由于模型中的 LC_{50} 是在特定试验条件下得到的，如果用该模型去评价实际火灾场景中的烟气危害性，仍然存在以下局限性：一是半数致死体积分数是在动物暴露于有毒气体 30min 条件下得到的，实际火灾中人员在火场中的暴露时间随具体情况存在很大不同；二是实际火灾现场温度很高，烟气的危害性不仅来自于烟气的毒性，还应该包括烟气的高温辐射，并且火灾中的一部分人员死亡是由热辐射直接导致的。

（2）有效浓度分数 FEC 法（刺激性气体毒性）。该法主要考虑的是刺激性气体的整体效果，其定义为各刺激性气体的浓度与各自标准浓度的比值之和。

$$FEC=\frac{C_{HCl}}{IC_{HCl}}+\frac{C_{HB_r}}{IC_{HB_r}}+\frac{C_{HF}}{IC_{HF}}+\frac{C_{SO_2}}{IC_{SO_2}}+\frac{C_{NO_2}}{IC_{NO_2}}+\sum\frac{C_i}{IC_i}$$

其判据指数与 FED 模型近似。接近或大于 1 的 FEC 认为可致死。

3. 烟气伤害指数 SII（Smog Injury Index）

烟气伤害指数 SII 是关于烟气对暴露于其中的人伤害危险性大小的量度，其中也考虑烟气中的各种有害因素（毒气、高温热辐射和能见度降低）对人的影响。该模型考虑了能见度对于人员伤害的影响，认为能见度对毒性和温度作用均起放大作用。其表达式为：

$$SII=(1+a)\max\left(bF_a,bF_r,F_{CO_2},\frac{T-T_a}{T_{cr}-T_a}\right)$$

式中，a 表示能见度降低对毒理效应和热辐射效应的放大倍数，其与 D_m 之间的关系为 $a=2D_m$；b 为考虑到 CO_2 的协同作用而引入的修正系数，其与 CO_2 的体积分数［CO_2］间的关系为：当［CO_2］$\leqslant 2\times10^{-2}$ 时，$b=1+25$［CO_2］，当 $2\times10^{-2}<$［CO_2］$\leqslant 5\times10^{-2}$ 时，$b=0.5+50$［CO_2］，当［CO_2］$>5\times10^{-2}$ 时，$b=1$；F_a、F_r 和 F_{co_2} 分别表示窒息性气体、刺激性气体和 CO_2 的毒性作用，其中 F_a 为窒息性气体伤害指数，$F_a=\frac{[CO]}{3250}+\frac{[HCN]}{200}+\frac{21\%-[O_2]}{14.5\%}$；$F_r$ 为刺激性气体伤害指数，$F_r=\sum_{j=1}^{n}\frac{[C_j]}{[C_j]_{cr}}$；$F_{CO_2}$ 为 CO_2 的窒息伤害指数，当［CO_2］$\leqslant 5\times10^{-2}$ 时，$F_{CO_2}=0$；当$[CO_2]>5\times10^{-2}$时，$F_{CO_2}=[CO_2]/9$；T_a 为未发生火灾时的室内温度；T_{cr} 为人暴露 30min 致死所需要的临界温度，取 88℃；$(T-T_a)/(T_{cr}-T_a)$ 表示暴露在烟气中 30min 时温度对人体的累积伤害。

从 SII 的计算表达式发现，SII 是一个非负的实数。在相同暴露条件下，其值越大，烟气对人的危害越大。人若在 SII 为 1 的烟气中暴露 30min，很可能直接因烟气而死亡。

SII 烟气伤害模型考虑了烟气的毒性、温度和能见度的综合作用，但是将毒性气体作用分为刺激性气体、窒息性气体和 CO_2 三种独立项，未考虑这几种气体对人体伤害的综合作用。

4. 综合伤害评价模型 IHD（Integrated Hazard Dose）

综合伤害评价模型具体表达式为：

$$IHD=(1+a)\max\left(FED,\frac{T-T_a}{T_{cr}-T_a}\right)$$

式中，$(T-T_a)$ 表示折算到 30min 时 T 与 T_a 温度差平均值；T_{cr} 为 30min 时致死概率为

50%的临界温度，暂取88℃；T_a 为室内初始温度值，暂取20℃。

模型假设：

（1）造成人伤害的主要为毒性和高温两种作用，两种作用都需要考虑累积效应，评价时取两者中的较大者。

（2）能见度对毒性和温度作用均起放大作用，且放大倍数 a 与烟气光密度 OD 有对应关系。其中 $a=2OD$。

对应能见度为1.6m，即小空间疏散最小能见度，光密度为 $0.5m^{-1}$，放大倍数 a 为1.0，这表示在此极限能见度下，人不能顺利疏散，死于烟气的概率增加1倍。

相同暴露条件下，其值越大，烟气危害越大。当 $IHD=1$ 时，死亡的概率为50%。参照FED，同样选取 $IHD=0.3$ 作为危险状态判定阈值，$IHD=0.3$ 时，对应的时间就是可用安全疏散时间ASET（Available Safety Egress Time）。

5. TGAS（Toxic GAS Assessment Software）模型

由于还没有火灾毒性气体使人失能的相关数据，对于灵长类动物，这方面的数据也非常少，对失能的估计必须依据小动物试验，主要是小鼠和大鼠。由于不同种类的动物个体存在很大的体重和换气量差异，建立能从小动物试验推广到人的数学模型极为重要。鉴于此，Stuhmiller等提出了一个新的定量数学模型，即TGAS模型。

在介绍该模型之前，有些定义和术语需要明确。

（1）内部剂量。毒性气体在死腔（解剖死腔和生理死腔）区和肺泡中被吸收，进入身体的换气量中仅有一部分达到肺泡区。由于死腔对气体的吸收，进入肺泡中气体浓度将减少。吸收系数U，用于描述毒性气体在死腔中的吸收，作为毒性气体总吸收量的一部分。用下式来表示内部剂量的物理意义：

$$\left(\frac{dM_{abs}}{dt}\right)=U\dot{V}_eC_{ext}+\dot{V}_a[(1-U)C_{ext}-C_{alv}]$$

式中，M_{abs} 为被身体吸收的量（mmol）；V_e 是气流体积速率（L/min）；C_{ext} 是外部气体浓度（mmol/L）；V_a 是肺泡内的换气速率（L/min）；C_{alv} 是肺泡内的气体浓度（mmol/L），在肺泡中吸收气体的量可以通过测定进入和离开肺泡中气体的浓度差表示。

为便于在不同种属间进行相互推算，定义用体重标准化了的内部剂量作为种属剂量的量度 D（mmol/kg）。其公式如下：

$$D=\frac{M_{abs}}{M_{body}}$$

假定在不同种属间具有相同的毒理学机理，因此用体重标准化后的失能内部剂量将与种属无关，且假定肺泡内的气体浓度与内部剂量成比例，则有

$$C_{alv}=KD$$

式中，K 是分配系数（kg/L）。结合上述两式可导出：

$$\frac{dD}{dt}=\frac{\varepsilon\dot{V}_e}{M_{body}}(C_{ext}-aD)$$

可见，体重标准化后的内部剂量是时间的函数。

（2）呼吸换气参数。呼吸换气参数取决于动物的活动状况、动物吸入气体的类型和动物种属，可用下式表示：

$$\dot{V}_{e(种属、活动、暴露)}=\dot{V}_{e(种属、静止)}\frac{\dot{V}_{e(种属、活动)}}{\dot{V}_{e(种属、静止)}}\times\frac{\dot{V}_{e(种属、暴露)}}{\dot{V}_{e(种属、不暴露)}}$$

动物静止时的呼吸换气速率随体重不同而不同，可用参数 k（$L\cdot min^{-1}\cdot kg^{-1}$）表示，此参数取决于动物种类。

$$\dot{V}_{e(种属、静止)}=k_{(种属)}\times M_{(体重)}$$

定义 f 为不同种属动物活动状态对换气速率的影响。

$$f_{(种属、活动)}=\frac{\dot{V}_{e(种属、活动)}}{\dot{V}_{e(种属、静止)}}$$

定义 θ 为暴露于不同种类的毒性气体对动物换气量的影响。

$$\theta_{(动物种属、气体种类)}=\frac{\dot{V}_{e(种属、暴露)}}{\dot{V}_{e(种属、不暴露)}}$$

综合上述各式，则有：

$$\dot{V}_{e(种属、活动、暴露)}=kM_{(体重)}f\theta$$

进而可以推导出：

$$\frac{dD}{dt}=\varepsilon kf\theta(C_{ext}-aD)$$

（3）失能概率。由于动物不同个体之间对某种毒性气体耐受能力存在一定差异，采用一个标准化的正态随机变量的累积分布函数 F 表示动物的失能概率：

$$\rho=F\left(\frac{D/D_{50}^{*}-1}{\sigma}\right)$$

式中，D_{50}^{*}是使 50％试验动物失能的内部剂量（mmol/kg），是样本标准差。对于气体混合物，如果混合气体中各种气体具有相互独立的毒性机理，混合气体复合失能概率为：

$$\rho=1-[(1-\rho_1)\cdot(1-\rho_2)\cdot(1-\rho_3)\cdots]$$

在此模型的实际使用过程中，设定一个确定的内部剂量（或失能概率 $\beta=0.3$），通过反演计算可以得出 t_{gas}。对于健康、着装的成年男子，温度 T（℃）与忍受极限时间 t_c（min）的关系为：

$$t_c(T)=\frac{3.28\times10^8}{T^{3.61}}$$

根据最危险的因素最先使人失能的原则，$ASET=\min(t_{gas},t_T)$，从而可以减少人员伤亡情况。在 TGAS 模型的应用中发现，火灾主要毒性气体中，CO 和 RO_2（贫氧）在导致人员失能方面起主要和直接作用，而 CO_2 由于其毒性作用较低，对导致人员失能的直接作用不大。传统观点也认为，CO_2 并不是典型的毒性气体，即使是在较高的 CO_2 浓度下，人体也不会造成十分严重的后期影响，CO_2 的危害常被低估。通过 TGAS 模型研究不同火灾模型中 CO_2 对人员失能效应及对模型的试验验证发现，尽管 CO_2 本身毒性不大，单独存在时对人员失能作用较小，但高浓度 CO_2 可大大增加人体的呼吸换气速率（最高可使呼吸换气速率增高 8 倍以上），导致其他毒性气体吸入量增加，进而间接严重影响人员的失能。因此，在有其他复杂混合气体存在的火灾烟气中，CO_2 的危害作用不可低估。

该方法把人员疏散和失能概率结合在一起，提供了一个更接近真实火灾场景的人员疏散，给出了一种基于人员失能概率的多种有毒气体综合作用时危险时间的计算方法，丰富了时间判据的内容。值得注意的是，在该研究领域还需要做大量的基础工作，如建立疏散人群对烟气毒性反应的数据库，在模型中如何加入不同气体之间相互作用的定量表达方式以及多种有毒气体综合作用导致人员失能的机理研究等。

阴忆烽等利用TGAS模型与CFAST模型相结合，研究了CO_2对人体失能的影响。结果表明，在失能概率为5%时，直接导致失能的气体主要是CO；失能概率为50%时，CO、RO_2导致失能的作用强度相近；失能概率为95%时，直接导致失能作用的主要是RO_2，而CO_2在整个25min火灾发展进程中未见直接的失能作用。这就说明CO_2对火灾烟气导致人员失能作用的影响是通过其他间接涂径实现的。

占丽萍等在火灾逃生疏散方面，结合材料燃烧烟气毒性参数，提出了“关键时间”概念。从材料燃烧产物的浓度-时间变化趋势，不能直观得到对工程应用有帮助的结论。当引入一个“参考基准”时，就可以较好地评价这些曲线的意义。以毒性烟气的半数致死浓度为基准，浓度-时间曲线与基准线的第一个交点所对应的时间，称为“关键时间t_{cr}”。即达到危险边缘所需要的最短的时间。与这个时间所对应的条件被称为“最危险条件”。坐标原点和关键时间点连线的斜率，即浓度的平均变化率则反映了该组分释放的快慢程度。以上三个参数可以作为组分释放规律的特征参数来描述不同组分释放的程度差异。t_{cr}越小，这段时间内有害物质释放速率越快，说明材料燃烧越危险。在实际过程中，可以与其他影响火灾因素来综合评价材料，指导逃生。。

6. HTV（Heat Toxicity Visibility）模型

烟气的危害不仅仅是毒害作用，还有高温热辐射、能见度降低等。HTV模型就是综合考虑热辐射、烟气毒性、能见度3个因素的影响，提出的一个新的火灾烟气危害评价模型。

（1）高温热辐射作用

通常，实际火灾现场的温度高达600℃，甚至1000℃以上。普通纤维类衣物的燃点为350℃左右，在高于燃点温度的火灾环境下，被困人员身上的衣物很容易被点燃，导致人体皮肤烧伤、灼伤。烟气的高温辐射也可以直接作用于人体，吸入的干热或湿热空气能够直接造成呼吸道黏膜、肺实质性的损伤，从而降低人员的逃生能力。当烟气层降低至人眼的特征高度时，烟气温度达到110℃就会对人员造成严重灼伤。童庆杰等指出，在120℃的环境下人体可忍耐15min左右；175℃的高温环境下，正常人只能忍耐1min左右。高温环境下人体极限忍耐时间与温度之间的关系（Crane公式）可表示为：

$$t_c(T)=\frac{3.28\times10^8}{T^{3.61}}$$

式中，t_c（T）的单位为min；T为环境温度（℃）。

随着温度的升高，人体所能忍耐的极限时间快速减少。因此，只考虑烟气毒性而忽略高温辐射对人体的影响，在特定情况下（如距离火焰较近、烟气温度较高的地方），有可能高估人体的极限忍耐时间，从而低估烟气的危害性。

（2）能见度影响

几乎所有火灾都会产生大量的烟气。烟气中混杂的固体颗粒和液滴使得烟气具有很强的遮光性，导致火灾环境下能见度降低。能见度是指人们在一定环境下刚刚能看到某个物体的最远距离。在没有火灾烟气存在的情况下，正常人的极限视程为30m。火灾烟气能见度越低，确定逃生方向、逃生路径和成功疏散所需要的时间越多，人员在有毒烟气和高温环境中的暴露时间也就越长。这种影响在狭长隧道、大型商场、公共娱乐等场所的火灾情况下表现更加明显。在火灾的性能化防火设计中，大空间和小空间人员能够安全疏散的临界能见度分别为10m和5m。

根据jin等关于人在火灾环境下行走速度的试验研究，火灾烟气的能见度与人员行走速度间的关系可用下式表达：

$$v(D)=\begin{cases}-2.53\times\exp\left(-\dfrac{D}{4.22}\right)+1.126 & 4.7\leqslant D\leqslant 30\\ 0.3 & 0\leqslant D\leqslant 4.7\end{cases}$$

式中，D为火灾烟气的能见度（m）；v（D）为人处于能见度D的火灾烟气中的行走速度（m/s）。当能见度为小于4.7m时，人员的行走速度为0.3m，相当于人蒙住眼睛的行走速度。人员在高能见度与低能见度环境下的行走速度相差318倍。

疏散路径一定的条件下，疏散时间与疏散速度成反比关系。受能见度影响下的疏散时间可以表示为：

$$t_D=\frac{L}{v(D)}$$

式中，L为人员疏散路径的长度（m）。

火灾烟气危害评价模型HTV的表达式为：

$$f=\left[\sum_i\frac{\int_0^t C_i dt}{(Lt)_i}\right]V_{CO_2}+\frac{21-\phi(O_2)}{21-(Lt)_{O_2}}+\frac{\int_0^t\phi(H,t)}{L(H,t)}$$

式中，第1项$\left[\sum_i\frac{\int_0^t C_i dt}{(Lt)_i}\right]V_{CO_2}$表示为过高的$CO_2$存在情况下，CO、HCN、HCl等有毒气体对人体的危害程度，其分子表示t时刻烟气中某组分的实际体积，分母表示t时刻某组分的LC_{50}。其中V_{CO_2}的表达式如下：

$$V_{CO_2}=1+\frac{\exp\left[\dfrac{0.14\phi(CO_2)}{t}\right]-1}{2}$$

第2项$\frac{21-\phi\ (O_2)}{21-(Lt)_{O_2}}$表示火灾中氧气消耗对人员的影响程度；第3项$\frac{\int_0^t\phi(H,t)}{L(H,t)}$表示烟气热辐射对人员的影响程度。

当HTV模型的评价标准值为1.1时，表示火灾烟气可能威胁到人员的安全；HTV值为1.0时，表示火灾烟气对人员的危害较小，人员的生命安全不会受到威胁；HTV值为1.5时，表示人员的安全受到极大威胁。

7. 火灾烟气危害评价模型THVCH（Toxicity，Heat and Visibility Comprehensive Harmfulness）

THVCH模型是HTV模型的进一步深化。具体表达式为：

$$THVCH = \sum_i \frac{\int_0^{t_D} \varphi(i,t)dt}{IC_{50}(i,t_D)t_D} = \frac{21-\frac{\int_0^{t_D}\varphi(O_2,t)dt}{t_D}}{21-IC_{50}(O_2,t_D)} +$$

$$V_{CO}\left[\frac{\int_0^{t_D}\varphi(CO,t)dt}{IC_{50}(CO,t_D)t_D}+\frac{\int_0^{t_D}\varphi(HCN,t)dt}{IC_{50}(HCN,t_D)t_D}+\frac{\int_0^{t_D}\varphi(HCl,t)dt}{IC_{50}(HCl,t_D)t_D}\right]+\frac{\int_0^{t_D}\varphi(T,t)dt}{IC_{50}(T,t_D)t_D}$$

式中，φ（i，t）为组分 i 在 t 时刻的体积分数；IC_{50}（i，t_D）为组分 i 在暴露时间 t_D 下的半数失能体积分数。式中第 1 项表示火灾中可燃物燃烧导致氧气消耗对人员的影响，过低的氧气体积分数可直接使人窒息；第 2 项表示过高 CO_2 存在情况下 CO、HCN、HCl 等有毒气体对人体的危害；第 3 项表示烟气高温辐射对人的影响。在此，温度具有与气体组分相同的形式，分子表示 0 到 t_D 时间段内的平均温度，分母表示 t_D 暴露时间内人体的极限忍耐温度。烟气能见度对人员的影响体现在暴露时间 t_D 中。

当 THVCH 的值为 0.8 时，表示火灾烟气对人的危害较小，人员的生命安全不会受到威胁；THVCH 的值为 1.0 时，表示火灾烟气危害有可能威胁到人的生命安全；THVCH 的值为 1.3 时，表示人员的生命安全受到严重威胁。

8. RRC（即呼吸率、移动路径、烟气浓度）模型

方廷勇等研究指出，在真实火灾中，烟气浓度和人员位置是随时变化的。烟气的浓度分布和燃料及其燃烧方式以及建筑物的结构都有关系，而火灾中人员逃生其位置是连续变化的。建筑物中将有不同的浓度分布对应于不同的移动路径。同样，也应该考虑人员的呼吸率，这将决定最终的烟气累积量。

在火灾的初始阶段，位于建筑物内部的人员还有活动空间。如果将正在发生的建筑火灾看作一个体系，那么这个体系中的人员就是受害单元，烟气就是施害系统。两者的相互作用是一个很复杂的过程，它主要包括了毒性效应、窒息性效应、刺激性效应、灼伤性效应。当烟气与人员接触时，有害物质就从施害系统进入受害单元。当这种转移量大于某个阈值时，受害单元的状态就发生相应的变化。

在动态条件下，危害作用可以用下式描述：

$$V=\int_0\int_R b\cdot C_{(x,t)}d_xd_t$$

式中，$C_{(x,t)}$ 表示施害体的浓度分布函数；V（t）表示受害单元累积吸入烟气函数；t 为时间；x 为 t 时刻人员所处的空间位置；b 为人员的平均肺通气量（一般人静止时肺通气量为 10L/min，运动时为 60L/min）；R 为人员在建筑中移动的路径。

则在人员位移路径 R 处的吸入烟气函数可表示为：

$$V_R=\int_0^t b\cdot C_{(x,t)}d_t$$

由于相关数据均为离散的，以离散形式表示则为：

$$V_R=\sum_{j=1}^n b\cdot C(x_i,t_j)(t_j-t_{j-1})$$

其中 C（x_i，t_j）$=\rho\cdot Y$（x_i，t_j）。

式中，ρ 为烟气密度；Y（x_i，t_j）为质量分数向量。

$$V_R = \sum_{j=1}^{n} b \cdot \rho \cdot Y(x_i, t_j)(t_j - t_{j-1})$$

如果在疏散路径上人员吸入的烟气量 V_R 达到发生状态变化的阈值 V_E，就可以判断出人员处于哪种相应的危险状态。表 5-3 是 *N*-Gas 模型中设定的人员对有害气体作用反应的体积分数值（暴露于气体中时间为 30min）。

表 5-3　人员对气体体积分数的反应

气体种类	轻度危险/%	致人麻木/%	致人死亡/%
O_2	—	14	6
CO_2	5	3	20
CO	0.02	0.12	0.57
SO_2	0.0005	—	0.04～0.05
NO_2	0.0005	—	0.024～0.0775

标准状况下空气密度 $\rho=1290\text{g/m}^3$，根据表 5-5 可以得到相应的危险浓度阈值，利用 V_R 与它们的对比来判断该空间达到了什么样的危险性。如果只考虑 CO 的毒性作用，则计算结果见表 5-4。

表 5-4　人员在疏散路径上的反应

吸入 CO 总量	轻度危险/g	致人麻木/g	致人死亡/g
V_R	0.0774	0.4644	2.059

9. 轰燃前火灾毒性评估

针对轰燃前的火灾，其燃烧产物毒性评估可以使用下述方法。

燃烧产物的浓度可由下式计算：

$$C=[m]\times[A]/V$$

式中，C 为产物浓度（kg/m^3）；m 为质量损失速率［$\text{kg/(s}\cdot\text{m}^2)$］；$A$ 为火焰覆盖的燃料面积（m^2）；V 为房间内的通风流速（m^3/s）。

对于某一燃烧产物，Haber 规则通常是服从的。则有：

$$C(t)\times t=\text{常数}$$

如果用半数致死浓度代入上式，则得：

$$LC_{50}(t)\times t=\text{常数}$$

结合 FED 评估方法公式：

$$FED=\sum_i \frac{C_i}{LC_{50}(i)}$$

则有：

$$FED=\frac{[m]\times[A]}{V\times LC_{50}}$$

平均质量损失速率 MLR 可以表示为：

$$MLR=\frac{m_{90}-m_{10}}{t_{90}-t_{10}}$$

式中，m_{10}和m_{90}分别为可燃物质量消耗10%和90%时的质量损失；t_{10}和t_{90}为相对应的时间。

火焰面积A与点火时间成反比，即

$$A \propto \frac{1}{t_{\mathrm{ig}}}$$

将以上相关公式联立，可得：

$$\text{毒性危害} \propto \frac{MLR}{t_{\mathrm{ig}} \times LC_{50}}$$

因此，可以利用相关的实验数据（通常采用锥形量热计测得的数据），来比较不同材料燃烧产物毒物的危害程度。

10. 其他评价模型

国内李邦昌等建立了实验小鼠动式急性吸入烟气染毒试验方法和定性定量评价材料产烟毒性的方法。系统包括材料产烟毒性试验装置和动物染毒试验装置。烟气毒性评定方法有单次试验定量评价、材料产烟致死毒性效力评价和材料产烟毒性分级。

（1）单次试验的定量评价。一般采用30min染毒期内小鼠死亡率和丧失逃离能力时间评价麻醉伤害程度；以染毒后14d内小鼠死亡率和体重恢复天数（或第3日体重是否恢复）评价刺激伤害程度。

（2）材料产烟致死毒效力评价。常以30min和后期14d小鼠总死亡率与其产烟率和/或烟气浓度比照评价，且常采用充分产烟时无火焰烟气的浓度表达，如LC_0、LC_{100}、LC_{50}。其意义如下：LC_0，小鼠全不死亡烟气浓度上限，即小鼠在此烟浓度下暴露30min将不会出现死亡（包括30min和其后14d），若超过此浓度则小鼠可能出现死亡；LC_{100}，小鼠全死亡烟气浓度下限，即小鼠在此烟气浓度下暴露30min将出现全部死亡（包括30min和其后14d），若低于此浓度则小鼠可能出现存活；LC_{50}，统计学计算得到的小鼠半数致死浓度。确定LC_{50}，将需要取LC_0和LC_{100}之间，包含LC_0和LC_{100}在内不少于6个并成等比级数的烟气浓度进行单次试验组小鼠染毒试验，根据各试验组小鼠总死亡率按下面公式计算：

$$\lg LC_{50} = \lg LC_{100} - i\left(\sum p - 0.5\right)$$

式中，i为相邻浓度比值的对数；$\sum p$为各试验组小鼠死亡率的总和。

国内陈景辉等提出了烟气毒性浓度指数的概念，就是材料燃烧产生烟尘及各种毒性气体的浓度的加权指数，是代表烟尘及各种毒性气体综合浓度的参数。根据锥形量热计试验数据将材料燃烧最大产烟量和CO、CO_2浓度分别划分为弱、中、强三个区段（表5-5），结合试验数据分别判定材料燃烧最大产烟量、CO、CO_2的强弱程度。如果不考虑时间因素影响，将产烟量、CO和CO_2所具有的“+”号个数相加，即得到材料的烟气浓度指数，并以此为依据判定材料燃烧后所产生烟、CO、CO_2对人体的综合危害程度。结果见表5-6。

表5-5 烟及毒性气体危害程度的浓度界限

项目	弱（+）	中（++）	强（+++）
烟$_{max}$/m^{-1}	<1	1～5	>5
CO_{max}/ppm	<100	100～400	>400
CO_{2max}/%	<0.2	0.2～1	>1

表 5-6 各种材料的烟气毒性浓度指数计算表

试件数量	材料名称	烟气毒性浓度指数	CO	CO_2	烟
9	纸面石膏板	3～4	+−++	+	+
2	阻燃聚酯树脂板	4	+−++	+	+−++
6	水泥聚苯复合板	3～4	+	+	+−++
9	中密度纤维板	5	+− ++	++	+− ++

（二）不同评估模型结果比较

（1）N-Gas、FED 与 TGAS 模型比较

N-Gas 模型是美国和国际标准化组织估计火灾烟气致死性所采用的一种模型，*N*-Gas 模型已发展成为 *N*-Gas 方法，已在不同的燃烧系统如辐射热、对流热以及大规模的室内模拟测定中显示出了很好的预测结果。FED 模型本质上是 *N*-Gas 模型的扩展，当假设在实验室条件下暴露时间固定，而浓度随时间的变化较小，则 FED 模型便具有与 *N*-Gas 模型相同的数学表达形式。与 *N*-Gas 模型相比，FED 模型提供了开放的扩展形式，即当暴露时间固定、烟气浓度随时间变化较大时，则以积分形式进行处理，而 FED 模型提供的相对有效浓度概念更适于在实际火灾中由于烟气浓度随时间不断变化而提供动力学评估。此外，新 FED 模型区分窒息性气体和刺激性气体，并且考虑 CO_2 浓度变化对动物呼吸换气的影响，进而影响对火灾烟气毒性的预测评估，这些因素都是 *N*-Gas 模型没有考虑的。

火灾产生烟气中通常包括窒息性气体和刺激性气体，尽管每种毒性气体的 FED 值具有可加性，窒息性气体 FED 值和刺激性气体 FED 值不能结合在一起，必须独立考虑。如果证实火灾烟气中存在窒息性和刺激性两类气体，则分别用窒息性气体 FED 和刺激性气体 FEC 模型进行毒性评价，这比 *N*-Gas 模型和建立在 *N*-Gas 模型基础上的 FED 模型更为恰当。*N*-Gas 模型和 FED 模型都具有三个共同的缺点：一是认为所有毒性气体具有共同的作用机理，剂量效应具有加和性；二是不能解释由于动物的活动状况、动物种属差异以及除 CO_2 以外的其他气体而导致的动物呼吸换气的变化，进而影响对毒性气体的吸收；三是 FED 模型不能提供对失能的估计概率，而这正是许多军事和民用危险评价中所要求的。比较此模型的预测值与试验条件下所得数据的相关性，取得一定的成功，但仍有其局限性。

TGAS 模型通过计算内部剂量来估计直接失能概率，所以很好地解释了由于动物种属差异、活动状况及特殊气体种类的不同而导致动物换气的变化影响毒性气体的吸收情况。由于内部剂量已用体重进行标准化，可以在不同种属间进行推算，使该模型从小动物推广到人，同时，该模型可以从各种单独气体使动物失能的概率，按照相互独立事件原理来计算混合气体失能的概率。但由于做了一系列的简化，TGAS 模型也具有如下局限性：一是忽略了毒性物质间的内部相互作用，这种生物化学的相互作用意味着假设失能概率作为独立事件并不严格正确。二是仅讨论了有限数量的气相毒性物质对失能效应的影响。然而，火灾中可能存在许多其他重要的失能气体和其颗粒、气溶胶等其他物理形式。三是失能效应外推到人，依据的是体重标准化的内部剂量，但不同种属间其他生化和生理差异也会影响失能作用。这要求引入一个更完整的描述这些生理和生化通路的模型，以纠正并解释这些种属的差异。四是一直以小动物试验来测定失能的内部剂量，然而由于意识功能降低引起的失能通常也会限制人员逃生。人们不可能获得有关不同种属间可能发生的意识功能降低的差异情况，

也不可能用这种简单的相乘来描述所有混合气体的复合失能效应。

虽然该模型在描述换气反应方面还存在许多缺点，并缺乏内部剂量相互作用的信息，但该模型提供了根据急性暴露和毒性气体混合物来直接估计失能效应的定量形式，其预测值与已有试验数据具有很好的一致性。这些估计可以用来判断保护系统的有效性和个人的逃生能力，以及保护他们免受火灾气体的危害。

N-Gas 模型、FED、FEC 以及 TGAS 模型都存在一些假设条件，使得这些模型的应用都具有一定的局限性。此外，这些模型都不包括目前已经知道可能发生内在的生物化学和生理学的毒性相互作用。如 CO，和贫氧可通过与体内化学受体的相互作用引起动物换气的变化；血红蛋白同氧、一氧化碳、二氧化氮之间的竞争影响血液运输氧的能力；氰化氢干扰血液从血红蛋白中卸载氧导致进一步的相互作用。与 *N*-Gas 模型、FED、FEC 模型相比，TGAS 模型更加系统化，该模型对混合气体失能效应的估计是令人鼓舞的，特别是对刺激性气体和 CO 混合物，能很好地解释刺激性气体通过减少动物的呼吸换气量而增加了其失能时间。此外，TGAS 模型还提供了改进模型参数的开放形式，通过引进考虑到毒性气体相互作用的参数以及大量试验，获取广泛的试验材料数据以及不同种属大量失能的数据，将会促进对模型的进一步改善。

（2）SII 与 IHD 评估模型比较

以 ISO 9705 的标准燃烧单室为模型进行 FDS 模拟试验，火源为单人沙发。利用模拟所得的温度、气体成分等数据，结果如图 5-1 所示。用现行方法计算所得的 ASET 为 102s，而用 IHD 确定的 ASET 为 176s。两者的差异主要在于未考虑伤害作用的累积效果。在 102s 时，CO 的体积分数为 0.259%，但是该浓度下，人员还可以存活 30min 左右，并未丧失疏散能力，所以 ASET 应该大于 102s。

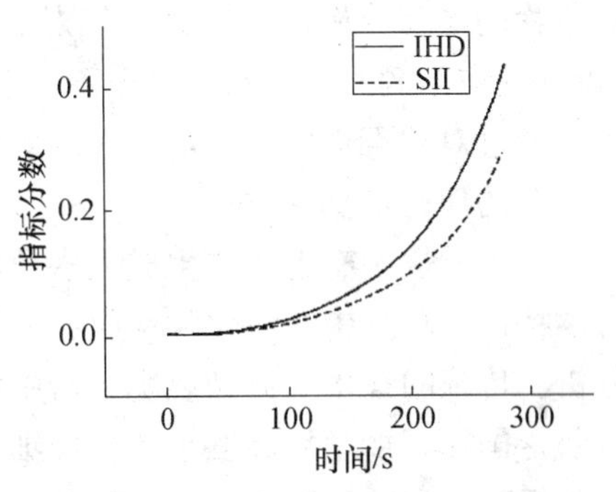

图 5-1 IHD 与 SII 毒性评价结果比较

IHD 给出该房间的 ASET 为 252s，而 SII 确定的 ASET 为 279s。两个模型计算结果的差异源于毒性作用是否全面，在 SII 中刺激性气体作用和窒息性气体都是独立项，而 IHD 中的 FED 是将刺激性气体作用与窒息性气体作用共同考虑的，所以毒性作用比 SII 更突出，相应 ASET 也要早。然而，人体受毒性、高温、能见度三种危害的综合作用，特别是烟气具有累积特性，不是瞬时生效的，所以该方法给出的 ASET 不够准确。

三、烟气毒性计算机模拟

通过试验手段对燃烧和火灾现象进行分析的方法，其应用十分广泛。然而，由于燃料本身的复杂性，特别在火灾研究中，受各种随机因素的影响，各种实体火灾试验的可重复性并不强，加之采用试验手段对燃烧现象进行分析的设备和记录手段还不完善，试验和数据采集记录的过程十分烦琐，完全采用试验手段研究燃烧现象，其周期长、花费大，效果不够明显。

随着计算机硬件技术以及火灾科学理论的发展，应用计算机数值模拟技术对火灾现象进行分析已经成为可能。它使人们能以计算机为工具，把燃烧理论、燃烧试验和火灾过程研究三者有机结合，开辟应用燃烧理论直接指导试验和设计工作的途径，不但有助于深入了解基本燃烧现象和实际燃烧过程，而且使火灾性能化设计等在更大程度上依靠合理的计算，从而减少试验工作的盲目性和工作量，节约试验过程中的材料、人力和物力等。因此，通过日益成熟的计算机模拟手段，研究并掌握各种燃料在不同环境条件下的燃烧产物毒性物质生成机理，是揭示火灾发生、蔓延及导致人员伤亡规律的一条可行而简便的途径。能为有效控制燃烧毒性产物生成，研制新型高效清洁阻燃剂、灭火剂提供理论依据和技术途径。

赵泽文等采用计算机数值模拟对火灾中烟气毒性物质生成机理（火灾“毒性效应”场分布）进行了分析。他们利用大型 CFD（Computational Fluid Dynamics，计算流体动力学）工程计算软件 FIUENT 对建立的火灾场景进行模拟计算，得出火灾烟气的空间场分布数据，同时利用 FIUENT 提供的 UDF（User Define Function）接口，耦合化学仿真模拟软件 CHEMKIN，计算空间各点火灾烟气的化学成分，从而得到火灾“毒性效应”的场分布数据。

对火灾环境“毒性效应”时空分布的研究必然涉及复杂的湍流流动、传热传质、相变、化学反应和相互耦合的物理化学过程以及生物毒理等方面的内容。首先，必须研究火灾中典型材料燃烧的简化反应动力学机理；其次，建立耦合简化反应动力学机理的输送与扩散过程数学模型，进行数值计算，获得火灾烟气组分浓度的时空分布，进而根据热烟气中有害物质对生物的毒理分析，找到热烟气对生物体的损伤评价参数和临界点；最后求得火灾环境中“毒性效应”的时空分布。对于不同燃料在各种不同初始条件下和不同边界条件下的燃烧过程，通过对“毒性效应”场分布的对比和分析，可以为性能化防火设计和人员疏散逃生等提供重要的理论依据和方法。

由于燃烧中有害物质生成大多数属于“慢”反应过程，所以必须考虑其详细化学反应动力学特征，对其中有限化学反应速率与扩散、混合以及与流动过程之间的相互作用进行深入分析。传统的在多维流动燃烧分析中假定反应为单步或无限快的燃烧模型已不能满足要求。目前，国际燃烧学界高度重视含详细化学反应动力学机理的三维流动研究，但巨大的挑战来源于极其巨大的计算量。所以有关学者致力于耦合简化反应机理的多维流动计算研究。但应该看到，该方面的研究目前尚处于探索阶段，一些成功的例子多集中于空间极小、边界条件简单的燃烧室内，对小分子燃料燃烧过程的计算和分析。由于在火灾中，燃烧空间大、边界复杂并且燃料种类多样，耦合详细化学反应动力学机理或简化反应机理的三维流动研究目前尚未见报道。至此，似乎如何选择研究的材料成了一个难题。但由于大多研究的最终目的是制定出通用的“毒性效应”场分布的数值预测及分析方法，所以可以先选择一些有代表性燃料的燃烧进行研究。例如，个别低碳烷烃类气体燃料、液体汽油，特别是火灾中常见的聚合物，通过试验、短阵分析和化学反应动力学机理分析，合理制定简化反应机理。

目前国外对燃料详细的基元反应动力学的研究已开展了数十年，取得了许多重要的成果。国内在此方面的研究还不充分，但目前该领域的研究已逐渐引起国内学者的重视。

耦合详细/半详细反应动力学机理的多维反应流数值模拟，其计算量巨大，因此，国内外开展了对详细化学反应动力学机理进行简化的研究工作。使用的方法有准稳态假设（Quasi Steady State Assumption，QSSA）、准平衡假设（Partial Equilibrium，PE）及具有相当严格数学基础的 ILDM（Intrinsic Low-dimensional Manifolds）方法。ILDM 方法通过分析各基元反应特征值来设定较快的反应，在反应空间上的每一点进行计算，可以得到一个低维的简化反应空间。1992 年 U. Mass 和 S. B. Pope 首次使用这种方法，对氢气燃烧的化学反应机理进行了简化，建立了由两个控制参数组成的二维数据库。该数据库可以应用在燃烧的模拟计算中。近年来，ILDM 方法已逐渐应用到对燃烧的计算模拟研究中。应该特别指出的是：ILDM 方法基于燃料详细反应动力学机理的“分层”机构，其理论推导的透明性和严密性使其成为目前国际上最为先进的简化方法之一，但由于反应系统微分方程的非线性、相互耦合和其本身的复杂性，使得从扩展系统中分离原反应系统特征量变得非常困难。所以，目前国际上成功进行 ILDM 研究的单位并不多。

对火灾中典型燃料燃烧有毒物质生成现象进行数值模拟预测是火灾环境“毒性效应”研究的主要内容之一。具体包括：典型燃料详细/半详细反应动力学机理制定；基元反应、物质组分热物性参数和输运参数的精确制定是计算机模拟精度的重要保证；燃料预混、扩散毒性物质生成规律；在不同当量比、压强、出口流量等条件下，燃烧中有毒物质的生成和释放规律；利用耦合燃料详细/半详细化学反应动力学机理计算，研究获得典型燃料燃烧中的主要物、中间物、自由基和痕迹物质生成规律；利用 CHEMKIN 中的 PREMIX 及 OPPDIF 模块分别研究层流预混合扩散火焰，以及相对射流火焰，实现利用简化机理对定压、绝热燃烧中有毒物质生成组分的数值预测；根据燃烧链式反应具有分层结构的原理，运用 ILDM 模型和多组分模型对详细/半详细反应机理进行简化；研究获得火灾条件下简化机理运用的方法和合理性；总包反应和详细反应模拟软件的耦合；研究获得设定火灾场景下空间各部位有毒物质的浓度的变化规律等。

许镇等为了在非烟气毒性实验规定的暴露时间内更加准确地评价建筑火灾烟气毒性危害，引入毒性评价指标 50％致命浓度 LC_{50} 与暴露时间的关系，对基于有效剂量分数 FED 的多气体毒性评价 *N*-Gas 模型进行改进，并开发了基于火灾动力学模拟器 FDS 数据的烟气毒性评价程序。通过该程序，分别用改进模型与原模型对某单层住宅进行了烟气毒性评价。结果表明：在实验规定暴露时间，二者的评价结果相同；在非实验规定暴露时间，二者的评价结果存在差异。但对评价结果的分析表明，改进的 *N*-Gas 模型在非实验规定暴露时间内的毒性评价更加准确。

第二节　燃烧毒性风险评估

一、烟气毒性风险评估方法

由于火灾会产生各种危险，因此火灾风险评估必须把所有危害因素发生的概率和造成的后果考虑在内，燃烧毒性风险只是其中一部分。烟气毒性风险评估可预测并表征人体暴露于燃烧产物中产生的潜在不良健康效应。对于减小风险管理中由于火灾造成的生命损失而言，这是一个重要环节。

由于火灾总是分步进行的，即：首先材料必须被点燃，其次火灾必须从燃点蔓延，再次，随着火灾的发展，烟尘和毒性气体大量产生。这个过程中的每个环节环环相扣，且都具有火灾危险性。但是，如果一开始材料就不能点燃，则火灾不可能蔓延，毒气也不可能产生。因此，火灾风险的一个极限情况是，如果点燃的概率为零，则火灾风险也为零。这就表明火灾风险函数不是加和形式，而是乘积形式，因此火灾风险的正确形式是：

$$R=Af(\text{点燃})^a\times Bf(\text{发展})^b\times Cf(\text{烟气})^c\times Df(\text{毒性})^d\times\cdots$$

如果 f（点燃）很低，即使 f（毒性）较高，火灾风险也比较低；如果 f（点燃）和 f（发展）都比较高，即使 f（毒性）只处于常规范围，整体火灾风险也比较高。这个函数形式同样可以说明外界因素对风险的影响，如喷水系统，由于它可以控制火灾发展，因此风险也相应降低。可以看出，实际上 R 方程中隐含了各种火灾危险发生的可能性和发生后果的严重性。方程中指数 b 不是 1，实际上对于从一点蔓延开的火灾来说，$b=2$，这就解释了为什么 f（点燃）和 f（发展）对整体风险的影响超过了 f（毒性）。具体到燃烧毒性危险，根据风险的定义：

风险＝发生可能性×暴露可能性×潜在危害性

得出对应的毒性风险方程为：

$$R_{\text{毒性}}=Df(\text{毒性})^d=Df[(\text{浓度})\times(\text{效力})]^d\xrightarrow{\text{数值上}}\propto f(\text{发展})^b$$

可见，燃烧毒性危险本身并不是独立的变量，而是受其他火灾特性参数的影响。显然，虽然材料的点燃性和火灾发展性能决定了火灾发生的可能性及规模的大小，但高度毒性的火灾环境也要避免。

实际工作中，由于缺乏专门标准作指导，人们经常要求活跃在燃烧毒性领域的科学家们对产品在火灾风险中的潜在风险做出评估，这样，一些风险评估协议应运而生。ASTM“火灾标准”规划和评审子委员会 E05.91 提出了一个燃烧毒性评估协议，其评估依据是基于如下的风险定义：

风险＝事件预期发生频率×预期暴露程度×潜在危害性

根据 ASTM 风险评估规则，评估毒性风险的步骤为：

步骤 1：计算目标材料卷入一般性火灾或毁灭性火灾（Fatal fire，即事件发生频率可预期决定）的可能性（概率）。

步骤 2：评估特定火灾场景（即人员在烟气中的暴露程度可预期决定）中材料燃烧产物的浓度。

步骤 3：运用小尺度动物试验（即毒性气体在动物中的潜在危害可预期决定）测定材料燃烧产物毒性效应的定性和定量结果。

步骤 4：根据已有动物染毒模型和人类间的关系（即毒性气体对人类的最终潜在危害），估测毒性气体对人造成伤害的可能性。

二、烟气毒性风险评估模型

国外一些研究机构发展了应用于特定场合的火灾风险模型，如 FICAM 和 FIERA，其中对燃烧毒性风险也进行了定义。FIERA 系统模型是加拿大建筑研究院（IRC）发展的用于评估轻工业建筑中防火保护系统而发展的新型计算机模型。它包含若干子模型，其中用于评价燃烧毒性风险的模型有生命危险性模型（LHDM）和预期死亡数目模型（ENDM）。

（一）生命危险性模型（LHDM）

LHDM 计算一个房间内人员由于暴露于高热环境或毒性气体中而死亡可能性的大小随时间的变化。计算输入值从其他子模型获得，包括描述热通量的模型（火灾发展模型 FDM 和烟气运动模型 SMM）和高温燃烧产物化学组成的模型（烟气运动模型 SMM）。LHDM

只考虑了 CO 和 CO_2 的毒性效应，因为大多数实际火灾中，CO 的毒性是最主要的，而 CO_2 会加大呼吸速率从而加快 CO 的摄入。CO 的失能剂量分数（Fractional Incapacitating Dose，FIDco）计算公式为：

$$FID_{CO}(t) = \int_0^t \frac{8.2925 \times 10^{-4} \cdot [CO(t)]^{1.036}}{30} d_t$$

式中，$FID_{CO}(t)$ 是时间 t 时 CO 的失能剂量分数；CO(t) 是时间 t 时房间内特定高度（默认高度是 1.5m）CO 的浓度（ppm）。$FID=1$ 时的剂量可致死。

CO_2 浓度用来计算倍增因子，它用于在 FID_{CO} 中引入 CO_2 的附加效应。

$$V_{CO_2}(t) = \frac{\exp[0.2496 \cdot \%CO_2(t) + 1.9086]}{6.8}$$

式中，$V_{CO_2}(t)$ 是时间 t 时衡量 CO_2 引起呼吸过度效应的倍增因子；$\%CO_2(t)$ 是时间 t 时房间内特定高度（默认高度是 1.5m）CO_2 的浓度百分比。

毒性气体的总体失能剂量分数计算公式为：

$$FID_{TG}(t) = FID_{CO}(t) \cdot V_{CO_2}(t)$$

这个 FID 值就等同于由于吸入毒性气体致死的可能性，即 $P_{TG} = FID_{TG}$。

（二）预期死亡数目模型（ENDM）

ENDM 计算的是每个房间内由于暴露于毒性气体或高温烟气及热辐射而预期致死的人员数目，其计算依据是每个房间内的居住人数（由疏散模型计算）和死亡概率（由生命危害模型计算）。在每个时间步长内，预期死亡人数由当时的死亡概率与当时存活人数的乘积获得：

$$END(t) = \sum_{C} P_{D-C}(t) \cdot POP_{RESID-C}(t)$$

式中，$END(t)$ 是房间内时间 t 时的预期死亡人数；$P_{D-C}(t)$ 是 C 房间在时间 t 时的死亡概率；$POP_{RESID-C}(t)$ 是 C 房间时间 t 时的存活人数。

利用以上介绍的各种燃烧毒性风险模型，结合特定的火灾场景和火灾参数，即可进行评估，以便为更有效地减小火灾危险和风险提供依据。

第三节 烟气危害评估应用领域

当今国内外火灾烟气毒性评价和预测技术主要用于两方面：一是对材料燃烧产烟毒性危险进行评价；二是在建筑安全性能化评估中对建筑发生火灾时火灾烟气可能产生的毒性进行预测评估。

一、材料燃烧产烟毒性危险评价

针对材料燃烧烟气毒性评价，国内外普遍采用的方法是通过小尺度物理燃烧产烟模型或其他燃烧试验方式产烟，同时对产生的烟气采用动物暴露染毒、烟气成分分析等方法进行定量评价。该评价主要用于对各种材料燃烧产烟相对毒性的比较。刘军军等利用静态（热解法）和动态（燃烧法）试验箱方法研究了部分材料热解产物毒性的大小次序，具体见表 5-7。由此可见，不同的实验方法往往有不同的结果，即使用同样的实验条件，对同一组物质进行实验，产物的毒性次序也可能大为不同。

表 5-7 聚合物燃烧产物毒性次序比较（由大到小）

静态试验箱（热解法）		毒性次序	动态试验箱（燃烧法）	
LC_{50}/g	样品		样品	LC_{50}/g
9	红橡木	1	羊毛	0.4
10	棉	2	聚丙烯	0.9
21	ABS（阻燃）	3	聚丙烯（阻燃）	1.2
23	SAN	4	聚氨酯泡沫（阻燃）	1.3
25	聚丙烯（阻燃）	5	聚氯乙烯	1.4
28	聚丙烯	6	聚氨酯泡沫	1.7
31	聚苯乙烯	7	SAN	2.0
33	ABS	8	ABS	2.2
37	尼龙-6，6	9	ABS（阻燃）	2.3
37	尼龙-6，6（阻燃）	10	尼龙-6，6	2.7
47	聚氨酯泡沫（阻燃）	11	棉	2.7
50	聚氨酯泡沫	12	尼龙-6，6（阻燃）	3.2
50	聚氯乙烯	13	红橡木	3.6
60	羊毛	14	聚苯乙烯	6.0

二、建筑安全性能化评估

建筑安全的性能化评估是近年来国内外消防研究的热点，是实施性能化设计和性能化规范的关键技术。性能化评估主要以建筑安全性能作为总体目标，采用评估软件或其他技术手段进行一系列安全评估，其中火灾烟气毒性则被认为是影响人员安全疏散的重要因素。澳大利亚的性能化规范就明确将 CO 预测浓度是否低于 3000×10^{-6} 作为建筑安全的性能指标之一。

性能化评估中火灾烟气毒性常常根据评估软件拟合的烟气组分浓度计算出 FED 或 FEC 进行评估。当 FED 的值小于 0.1 时，对暴露在其中的人员是安全的；FEC 大于 1.0 时，对大部分人员会造成伤害。在评估时，如人员疏散时间超过 FED 达到 0.1（或 FEC 达到 1.0）的时间，则该建筑物被认为是不安全的。

NIST 开发了一个叫作 Hazard Ⅰ的建筑火灾安全的评估软件，其主体程序 FAST 是关于火灾增长和烟气传播的火灾模拟模型，在火灾的模拟过程中，FAST 一直跟踪二氧化碳、一氧化碳、其他火灾生成物（由火灾产生的各种毒性物质的混合物）、氰化氢、氯化氢、氮气、氧气、炭黑、未完全燃烧的碳氢化合物和水等各种物质的形成情况。

第六章　烟气毒性动物试验评估技术

火灾烟气毒害作用分析是毒理学研究在材料及消防领域的拓展。毒理学研究方法中体内试验法在烟气毒性研究初期发挥了积极的作用。体内试验法又称整体动物试验，是通过试验动物来研究烟气毒理学作用及机理的试验方法。

火灾烟气毒性评价的是复杂的混合气体，与传统的毒理学研究方法有较大区别。为了将单一火灾气体或火灾烟气毒性的标准定量化，国际上一般通过在实验室燃烧材料产生的毒性气体，根据暴露其中的实验动物的存活情况或烟气毒性定量评价数学模型来完成。到目前为止，关于烟气毒性评估已经进行了大量的动物行为与生理试验，包括梭形盒和转动笼，其他还有转动杆、跳杆、正面反射、心电图（EKG）和呼吸频率测试等。如：美国 Michigan Dow 化学公司的 W. J. Potts 和 T. S. Lederer 主要采集其中的 CO、CO_2、O_2、N_2，NO_x、HCN 等成分进行分析，同时还放入 7 只老鼠观测其生物效应。其他的类似工作还有美国哈佛大学 D. P. Dressler 在研究中进行了死亡率与 TUF（Time of Useful Function，有用功能时间或机能失效时间）的测量，并对烟气中以及烟气中死亡的动物做组织病理检查等。

动物试验法是通过使用 30min 暴露时间内小鼠的 LC_{50} 来作为烟气毒性的评判标准。由于进行 LC_{50} 需要大量的实验动物，为了降低测试花费和增加实验动物福利，后来的研究趋势变为使用烟气成分分析数据来替代动物试验，通过使用定量评价数学模型来进行材料毒性的定量评价。但是不可否认的是，动物试验法仍然是烟气毒性评估不可或缺的重要手段之一。

第一节　基本概念及术语

一、毒性与毒效应

（一）毒性与中毒

毒理学研究的对象首先是外源化学物。火灾烟气毒性分析中，外源化学物指材料燃烧生成的火灾烟气各组成成分以及烟雾颗粒。毒性与毒效应是两个不同的概念。毒性是化学物引起有害作用的固有的能力，是物质一种内在的、不变的性质，取决于物质的化学结构。化学物对机体健康引起的有害作用称为毒效应，是化学物质对机体所致的不良或有害的生物学改变，故又可称为不良效应、损伤作用或损害作用。是其本身或代谢产物在作用部位达到一定数量并停留一定时间，与组织大分子成分互相作用的结果。二者具有明显的区别，毒性是化学物的固有性质，我们不能改变化学物的毒性。而毒效应是化学物毒性在某些条件下引起机体健康有害作用的表现，改变条件就有可能改变毒效应。

中毒是指生物体受到毒性作用而引起功能性或器质性改变后出现的疾病状态。根据病变发生的快慢，中毒可分为急性中毒和慢性中毒。在毒理学实验中，对于不同的实验研究有不同的考察期限。一般来讲，急性毒性试验指在 24 小时内一次或多次染毒；亚急性毒性试验指在 1 个月或短于 1 个月的期限内重复染毒；亚慢性毒性试验指在 1 个月至 3 个月的期限内重复染毒；慢性毒性试验指在 3 个月以上的期限内重复染毒。

（二）损害作用与非损害作用

外源化学物质在机体内可引起一定的生物学效应，其中包括损害作用和非损害作用。损害作用是外源化学物毒性的具体表现。毒理学的主要研究对象是外源化学物的损害作用。因此必须明确损害作用的概念，并与非损害作用加以区别。

外源化学物对机体的损害作用是指影响机体行为的生物化学改变、功能紊乱或病理损害，或者降低对外界环境应激的反应能力。非损害作用指机体发生的生物学变化应在机体适应代偿能力范围之内，当机体停止接触该种外源化学物后，机体维持体内稳态的能力不应有所降低，机体对其他外界不利因素影响的易感性也不应增高。

损害作用与非损害作用都属于外源化学物在机体内引起的生物学作用。而在生物学作用中，量的变化往往引起质的变化，所以非损害作用与损害作用具有一定的相对意义。有时难以判断外源化学物在机体内引起的生物学作用是非损害作用还是损害作用。因此，应充分地认识到对损害作用与非损害作用判断的相对性和发展性。

（三）适应、抗性与耐受

适应指机体对一种通常能引起有害作用的化学物质显示不易感性或易感性降低。

抗性用于一个群体对应激原化学物反应的遗传机构改变，以至于与未暴露的群体相比有更多的对该化学物的不易感性。

耐受对个体是指获得对某种化学物毒性的抗性。

（四）毒作用及其分类

1. 速发或迟发性作用

速发性毒作用是指某些外源化学物在一次接触后的短时间内所引起的即刻毒性作用。迟发性毒作用是指在一次或多次接触某种外源化学物后，经一定时间间隔才出现的毒性作用。化学物的致癌作用一般具有较长的潜伏期，就人类而言，往往在最初接触后的 20～30 年，才能观察到肿瘤的出现。当然，多数化学毒物仅引起速发性毒性效应而不产生迟发性毒性效应。

2. 局部或全身作用

局部毒性作用是指某些外源化学物在机体接触部位直接造成的损害作用。全身毒性作用是指外源化学物被机体吸收并分布至靶器官或全身后所产生的损害作用。如氯气作用于肺部接触部位，引起肺组织的损伤和肿胀，并可造成死亡，这时可能并没有多少氯气被吸收进入血流，是一种局部毒性作用。四乙基铅在皮肤吸收部位对皮肤发生作用，随后进行全身转运，对中枢神经系统和其他器官发生作用，出现典型的中毒症状，这是全身性毒效应。有时局部毒效应极其严重，也可引发间接性全身性毒作用。如严重酸灼伤引起的肾损伤就是间接性全身毒效应，因为毒物并未达到肾脏。

3. 可逆或不可逆作用

可逆作用是指停止接触外源化学物后可逐渐消失的毒性作用。不可逆作用是指在停止接触外源化学物后其毒性作用继续存在，甚至对机体造成的损害作用可进一步发展。化学物的毒性效应有些是可逆的，有些是不可逆的。毒效应是否可逆，很大程度上取决于该中毒损伤组织的再修复能力。如肝脏组织修复能力比较强，因此大部分损伤是可逆性损伤。而中枢神经系统损伤，则多是不可逆损伤。化学物的致癌、致畸毒作用，通常一旦发生，则视为不可逆效应。

4. 超敏反应

超敏反应也称变态反应，是机体对外源化学物产生的一种病理性免疫反应。这种反应是预先接触一种化学物或结构相似的化学物导致致敏状态而引起的。一旦造成致敏状态，再次接触少量的化学物就可能引起变态反应。大多数化学物及其代谢产物的分子都较小，难以被免疫系统作为异物识别，因此在体内一般先与内源性蛋白质形成抗原。这种必须与内源性蛋白质结合才能引起变态反应的抗原称为半抗原。半抗原-蛋白质复合物则可以引起抗体形成。体内有足够的抗体时，再次接触该化合物则可以引起抗原-抗体反应，出现典型的变态反应。

从某种意义上来讲，过敏反应是一种非剂量相关性反应，但对于某一个体而言，这种反应又确实是和剂量有关的。如对花粉过敏的人，其发病是和空气中的花粉浓度有关的。它是一种非期望的、有害的不良反应，也是一种毒性效应。致敏作用有时极其严重甚至可以引起死亡。

5. 特异质反应

特异质反应通常是指机体由遗传因素决定的、对外源化学物产生的异常生物反应。所谓特异质反应的个体，在反应的性质上与其他所有个体并没有明显的区别，所不同的是反应的程度，其方式表现为或对低剂量化学物极其敏感，或对高剂量化学物表现为极不敏感等。有些人把“特异质反应”当作一个“杂物箱”来对待，用它来表示所有的各种罕见反应，这是不适宜的。

（五）选择性毒性、靶器官与高危险人群

1. 选择性毒性

选择性毒性是指物种间毒性差异，是毒性作用的普遍特点，可发生在物种之间、个体内（易感器官为靶器官）和群体内（易感人群为高危险人群）。

2. 靶器官

外源化学物可以直接发挥毒作用的器官就称为该物质的靶器官。如脑是甲基汞的靶器官，肾是镉的靶器官。毒效应的强弱，主要取决于毒物在靶器官的浓度。但靶器官不一定是该物质浓度最高的场所。铅浓缩在骨骼中但其毒性是由于铅对其他组织的毒性所致；DDT在脂肪中的浓度最高，但并不对脂肪产生毒作用。

许多化学物质有特定的靶器官，另有一些则作用于同一个或几个靶器官。在同一靶器官产生相同毒效应的化学物质，其作用机制可能不同。某个特定的器官成为毒物的靶器官可能有多种原因：该器官的血液供应；存在特殊的酶或生化途径；器官的功能和在体内的解剖位置；对特异性损伤的易感性；对损伤的修复能力；具有特殊的摄入系统；代谢毒物的能力和活化/解毒系统平衡；毒物与特殊的生物大分子结合等。

3. 高危险人群

在同一环境因素变化条件下，有些人反应强烈，出现患病甚至死亡，大部分人反应不大，这是因为个人易感性（年龄、性别、健康状态、遗传因素等）不同构成的。个体对潜在的健康危险性由三个因素组成：暴露于环境的有害因子、发生暴露的特定时间、个体对环境有害因子暴露的易感性。易受环境因素损害的那部分人群称为高危险人群（High Risk

Group)。由于高危险人群对环境因素的易感性，所以在研究环境因素对健康的影响或制定环境卫生标准时，均以高危险人群为主要对象，力求保证群体人群的健康。

（六）生物学标志

生物学标志指针对通过生物学屏障进入组织或体液的化学物质及其代谢产物，以及它们所引起的生物学效应而采用的检测指标。可分为暴露生物学标志、效应生物学标志和易感性生物学标志三类。

1. 暴露生物学标志

是对各种组织、体液或排泄物中存在的化学物质及其代谢产物，或它们与内源性物质作用的反应产物的测定值，可提供有关化学物质暴露的信息。包括体内剂量标志和生物效应剂量标志。

体内剂量标志可以反映机体中特定化学物质及其代谢物的含量，即内剂量或靶剂量。检测人体的某些生物材料如血液、尿液、头发中的铅、汞、镉等重金属含量可以准确判断其机体暴露水平。生物效应剂量标志可以反映化学物质及其代谢产物与某些组织细胞或靶分子相互作用所形成的反应产物含量。

2. 效应生物学标志

指机体中可测出的生化、生理、行为等方面的异常或病理组织学方面的改变，可反映与不同靶剂量的外源化学物或其代谢物有关联的对健康有害效应的信息。包括反映早期生物效应、结构和/或功能改变及疾病三类标志物。

3. 易感性生物学标志

是关于个体对外源化学物的生物易感性的指标，即反映机体先天具有或后天获得的对接触外源性物质产生反应能力的指标。如外源化学物在接触者体内代谢酶及靶分子的基因多态性，属遗传易感性标志物。环境因素作为应激原时，机体的神经、内分泌和免疫系统的反应及适应性，亦可反映机体的易感性。易感性生物学标志可用以筛检易感人群，保护高危人群。

通过动物体内试验和体外试验研究生物学标志并推广到人体和人群研究，生物学标志可能成为评价外源化学物对人体健康状况影响的有力工具。接触标志用于人群可定量确定个体的暴露水平；效应标志可将人体暴露与环境引起的疾病提供联系，可用于确定剂量-反应关系和有助于在高剂量暴露下获得的动物试验资料外推人群低剂量暴露的危险度；易感性标志可鉴定易感个体和易感人群，应在危险度评价和危险度管理中予以充分的考虑。

二、毒性参数

实验动物体内得到的毒性参数有两种表述方法，一类是毒性上限参数，是在急性毒性试验中以死亡为终点的各项毒性参数；另一类是毒性参数下限，即观察到有害作用最低水平和最大无有害作用剂量。

（一）致死剂量或浓度

致死剂量或浓度指在急性毒性试验中外源化学物引起试验动物死亡的剂量或浓度，通常按照引起动物不同死亡率所需的剂量来表示。

绝对致死量或浓度（LD_{100}或LC_{100}）：引起一组受试实验动物全部死亡的最低剂量或浓度。由于个体对外源化学物毒性的耐受性不同，因此要表达引起受试动物100％死亡，其实际剂量往往会偏大。因此在实际工作中绝对致死量或浓度使用并不多，往往使用半数绝对致死量或浓度。

半数致死剂量或浓度（LD_{50}或LC_{50}）：引起一组受试实验动物半数死亡的剂量或浓度，是一种数理统计数据。LD_{50}越小，表示其化合物的毒性越大；LD_{50}越大，表明化合物的毒性越小。半数致死浓度指的是一组实验动物经过呼吸道暴露外源化学物一定时间（一般为2h或4h）后，死亡50%所需的浓度。

最小致死剂量或浓度（MLD、LD_{01}或MLC、LC_{01}）：一组受试实验动物中，仅引起个别动物死亡的最小剂量或浓度。

最大耐受剂量或浓度（MTD、LD_0或MTC、LC_0）：一组受试实验动物中，不引起动物死亡的最大剂量或浓度。

（二）观察到损害作用的最低剂量（LOAEL）

指在规定的暴露条件下，通过实验和观察，一种物质引起机体（人或实验动物）形态、功能、生长、发育或寿命某种有害改变的最低剂量或浓度。此种有害改变与同一物种、品系的正常（对照）机体是可以区别的。

（三）最大无作用剂量（ED_0）

指化学物质在一定时间内，按一定方式与机体接触，用现代的检测方法和最灵敏的观察指标不能发现任何损害作用的最高剂量。

（四）未观察到损害作用剂量（NOAEL）

在规定的暴露条件下，通过实验和观察，一种物质不引起机体（人或实验动物）形态、功能、生长、发育或寿命可检测到的有害改变的最高剂量或浓度。

（五）观察到作用的最低水平（LOEL）

在规定的暴露条件下，通过实验和观察，与适当的对照机体相比较，一种物质不引起机体（人或实验动物）任何作用（有害作用或非有害作用）的最低剂量或浓度。

（六）观察到作用水平（NOEL）

在规定的暴露条件下，通过实验和观察，与适当的对照机体相比较，一种物质不引起机体（人或实验动物）任何作用（有害作用或非有害作用）的最高剂量或浓度。

（七）阈剂量

阈剂量指化学物质引起受试对象中的少数个体出现某种最轻微的异常改变所需要的最低剂量，又称为最小有作用剂量（MEL）。

急性阈剂量（Lim_{ac}）为与化学物质一次接触所得；慢性阈剂量（Lim_{ch}）则为长期反复多次接触所得。

（八）阈值

一种物质使机体（人或实验动物）开始发生效应的剂量或浓度，即低于阈值时效应不发生，达到阈值时效应即发生。一种化学物对每种效应（有害作用或非有害作用）都有一个阈值。对某种效应，不同个体具有不同易感性，则有不同的阈值，阈值随时间而发生变化。有害效应阈值间于NOAEL和LOAEL之间，非有害作用阈值间于NOEL和LOEL之间。对有害效应应说明是急性、亚急性、亚慢性、慢性毒性的阈值。

（九）毒作用带

毒作用带是表示化学物质毒性和毒作用特点的重要参数之一，分为急性毒作用带（Z_{ac}）

与慢性毒作用带（Z_{ch}）。

急性毒作用带指半数致死剂量与急性阈剂量的比值，表示为：

$$Z_{ac}=LD_{50}/Lim_{ac}$$

Z_{ac}值小，说明化学物质从产生轻微损害到导致急性死亡的剂量范围窄，引起死亡的危险性大；反之，则说明引起死亡的危险性小。

慢性毒作用带为急性阈剂量与慢性阈剂量的比值，表示为：

$$Z_{ch}=Lim_{ac}/Lim_{ch}$$

Z_{ch}值大，说明 Lim_{ac}与 Lim_{ch}之间的剂量范围大，由极轻微的毒效应到较为明显的中毒表现之间发生发展的过程较为隐匿，易被忽视，故发生慢性中毒的危险性大；反之，则说明发生慢性中毒的危险性小。

（十）安全限值

安全限值即卫生标准，是指为保护人群健康，对生活、生产环境和各种介质（空气、水、食物、土壤等）中与人群身体健康有关的各种因素（物理、化学和生物）所规定的浓度和接触时间的限制性量值。在低于此种浓度和接触时间内，根据现有的知识，不会观察到任何直接或间接的有害作用。也就是说，在低于此种浓度和接触时间内，对个体或群体健康的危险度是可忽略的。

每日容许摄入量（ADI）是允许正常成人每日由外环境摄入体内的特定化学物质的总量。在此剂量下，终身每日摄入该化学物质不会对人体健康造成任何可测量出的健康危害。

最高容许浓度（MAC）是指某一外源化学物可以在环境中存在而不致对人体造成任何损害作用的浓度。

阈限量（TLV）为美国政府工业卫生学家委员会推荐的生产车间空气中有害物质的职业接触限值。为绝大多数工人每天反复接触不致引起损害作用的浓度。

参考剂量（RfD）是指一种日平均剂量和估计值。人群（包括敏感亚群）终身暴露于该水平时，预期在一生中发生非致癌（或非致突变）性有害效应的危险度很低，在实际上是不可检出的。

实际安全剂量（VSD）通常指低于此剂量以 99％可信限的水平使超额癌症发生率低于 10^{-6}，即 100 万人中癌症超额发生低于 1 人。

安全限值由动物试验外推到人通常有三种基本的方法：利用不确定系数（安全系数）；利用药物动力学外推（广泛用于药品安全性评价并考虑到受体敏感性的差别）；利用数学模型。但是标准的数学模型或模型的生物学意义目前尚无统一定义。

三、剂量和剂量-反应关系

（一）剂量与暴露特征

剂量是决定外源化学物对机体损害作用的重要因素。其概念较为广泛，可以分为以下几种：

接触剂量又称外剂量，是指外源化学物与机体（如人、指示生物、生态系统）的接触剂量，可以是单次接触或某浓度下一定时间的持续接触。

吸收剂量又称内剂量，是指外源化学物穿过一种或多种生物屏障，吸收进入体内的剂量。

到达剂量又称靶剂量或生物有效剂量，是指吸收后到达靶器官（如组织、细胞）的外源化学物或其代谢产物剂量。

化学物对机体的损害作用的性质和强度，直接取决于其在靶器官中的剂量，但测量此剂量则比较复杂。一般而言，暴露或摄入的剂量越大，靶器官内的剂量也越大。因此，常以暴露剂量来衡量。暴露剂量以单位体重暴露外源化学物的量，如 mg/kg，或环境中的浓度，如 mg/m^3（空气）或 mg/L（水）来表示。

实际暴露强度、吸入途径与空气中存在的化学物的形态密切相关。空气中化学物的形态主要有五种物理形态：

（1）气体：环境常温常压下呈气态的物质；

（2）蒸气：液体蒸发或固体物质升华而形成的物质；

（3）雾：悬浮于空气中的液体微粒（液滴）；

（4）烟：悬浮于空气中的烟状微粒，直径小于 0.1μm；

（5）尘：悬浮于空气中的固体微粒，直径大于 0.1μm。

气体和蒸气可统称为气态化学物；雾、烟、粉尘可统称为气溶胶，气溶胶的成分可使用“微粒”统称。

机体常见的暴露外源化学物的途径为经口、吸入和经皮；其他还有各种注射途径。经口、经皮及其他途径的外剂量表示为 mg/kg（体重），而吸入途径外剂量表示为规定时间内暴露环境中的浓度（mg/m^3）。暴露特征是决定外源化学物对机体损害作用的另一个重要因素，包括暴露途径、暴露期限和暴露频率。

（二）量反应、质反应及剂量-反应关系

1. 效应和反应

在毒理学研究中，根据所测定的有害作用的生物学和统计学特点，将终点分为效应和反应两类。

效应是量反应，表示暴露一定剂量外源化学物后所引起的一个生物个体、器官或组织的生物学改变。属于计量资料，有强度和性质的差别，可以某种测量数值表示。这类效应称为量反应。如有机磷化合物可以使血液中胆碱酯酶的活力降低，四氯化碳能使血清中谷丙转氨酶的活力增高，苯可使血液中白细胞计数减少等。

反应是质反应，表示暴露某一化学物的群体中出现某种效应的个体在群体中所占比率，一般以百分率或比值表示。属于计数资料，没有强度的差别，不能以具体的数值表示，而只能以“阴性或阳性”、“有或无”来表示，如死亡或存活、患病或未患病等。

2. 剂量-效应关系或剂量-反应关系

量反应通常用于表示化学物质在个体中引起的毒效应强度的变化。质反应用于表示化学物质在群体中引起的某种毒效应的发生比例。剂量-量反应关系表示化学物质的剂量与个体中发生的量反应强度之间的关系。剂量-质反应关系表示化学物质的剂量与某一群体中质反应发生率之间的关系。

剂量-量反应关系和剂量-质反应关系统称为剂量-反应关系，是毒理学的重要概念。在毒理学研究中，剂量-反应关系的存在被视为受试物与机体损伤之间存在因果关系的证据。以表示效应强度的计量单位或表示反应的百分率或比值为纵坐标，以剂量为横坐标，绘制散点图，可得出剂量-效应曲线或剂量-反应曲线。

但外源化学物作用于机体，机体表现出相应的生物学反应。只有在机体的反应是由化学物接触引起、反应的强度与化学物的剂量有关且具有定量测定毒性的方法和准确表示毒性大小的手段时，才可以用剂量-反应关系式表示化学物的剂量与机体反应之间的关联关系。

剂量-反应关系式研究在毒理学上具有重要意义。它有利于比较不同化学物的毒性；有利于判断机体损害和化学物之间的因果关系；有助于发现化学物的毒效应性质；有助于确定机体易感性分布；有助于开展化学物的安全性和危险性评价。

（三）剂量-反应关系评价

剂量-反应关系是毒理学最基础的、最普遍的概念。生物体系的反应程度与毒物的直接接触量之间，总是存在一定的形式联系。剂量-反应关系式有两种类型，一是剂量-效应关系式，描述的是单个个体对不同剂量化学物的反应；二是剂量-反应关系式，描述的是个体组成的群体对不同剂量的反应，即反应在群体中的分布特征。

1. 量反应和剂量-效应曲线

剂量-效应曲线的特征是反应的严重程度呈剂量相关性增加。反应的剂量相关性往往是由于特定的生化过程改变的结果。化合物作用于机体，多种组织可能有多种不同的靶部位，结果其毒效应可能不止一种，而且会有各自的剂量-反应关系式及其相应的毒效应。如果化合物的送达剂量发生变化，往往会使观察的毒效应结果更加错综复杂。

在游离的器官（组织）和完整动物个体均可观察到量反应，但其实质具有区别。对游离的器官（组织）量反应的分析和描述远比完整动物简单，因为没有考虑到动物整体的多种干预机制。在游离器官（组织）量反应中，常用的是受体理论。受体是能与配体（或激动剂）高度选择性结合，并随之发生特异性效应的生物大分子或生物大分子复合物。实验者常常用毒物分子与机体内的某些结构或大分子（受体）的交互作用来解释毒效应。如有机磷酯杀虫剂作用于神经递质、氰化物作用于酶、一氧化碳作用于蛋白质等。

但在实际工作中，我们更多的是关注化合物的毒性对人、动物或其他一些整体生物的毒性特征，如生长特性、血压、酶类指标等变化。剂量-效应关系曲线往往呈现上升或下降的不同类型的曲线，一般呈双曲线、直线形或S形曲线等多种形状。

2. 质反应和剂量-反应曲线

毒理学研究的目的，在某些时候往往并不关注剂量所引起的毒效应的变化，而是着眼于在特定的剂量下是否引起某种对机体实质性的损害，如机体死亡或肿瘤的发生。这就是剂量-反应关系，以同等暴露条件下计算反应的个数或发生概率来测算效应的强度。

剂量-反应关系曲线基本类型是S形曲线。剂量-反应曲线反映了人体或实验动物对外源化学物毒作用易感性的分布情况。S形曲线反映了个体对外源化学物毒性的易感性并不完全一致。少数个体对外源化学物特别易感或特别不易感，整个群体对外源化学物的易感性呈正态分布。S形曲线的特点是在低剂量范围内，反应增加比较缓慢，剂量较高时反应随之急速增加，曲线上扬；当剂量继续增加时，反应强度增加又趋向缓慢，曲线呈平缓状态；继之陡峭，又趋平缓，成为S形。

在这里需要特别提到的是，毒理学中经常测定LD_{50}（或LC_{50}），由于LD_{50}值仅给出了死亡毒效应信息，只适用于所测试的实验动物并对试验条件具有较大的依赖性，因此LD_{50}在使用过程中具有较大的争议。自2002年起OECD已经撤销了传统LD_{50}的检测指南。

3. 毒物兴奋效应

Calabrese 和 Baldwin 在《自然》(2003) 发表文章指出，一些非营养的有毒物质，在高剂量时产生有害效应，而在低剂量时却具有某些有益效应或兴奋效应，这就是毒物兴奋效应。毒物兴奋效应是指物质对生物体系低剂量兴奋高剂量抑制的能力。此概念适用于整个动物毒理学剂量-反应关系。如长期大量饮酒会导致肝癌、肝硬化风险增高，并且这一变化是与剂量相关的。然而，也有不少的临床和流行病学资料证实，少量或适中的饮酒可降低冠心病和脑卒中的发病率。

毒物兴奋效应剂量-效应曲线呈现 U 形。即在低剂量时表现为适当的刺激（兴奋）效应，在高剂量时表现为抑制作用。这种刺激作用通常在最初的刺激反应之后，对动态平衡被破坏之后的一种适度补偿。这是目前被多数学者所接受的一种毒物兴奋反应的作用机制假设。

4. 时间因素

毒理学方面的时间因素涉及两个方面。一是效应发生前的时间，二是效应持续的时间。效应发生前的时间指单次给予剂量后，经分布在靶器官达到有效浓度产生毒效应的时间；或者是长期暴露后，经蓄积在靶器官达到有效浓度或导致最终病理损害的效应蓄积产生毒效应的时间。

四、毒理学常用的研究方法

毒理学实验采用整体动物，游离的动物脏器、组织、细胞等进行。根据采用的方法不同，可分为体内试验或体外试验。还可以采用受控的人体试验和流行病学调查来研究外源化学物对人和人群健康的影响。

（一）体内试验法

又称整体动物试验。是使实验动物在一定时间内，参照人体实际接触一定剂量的环境有害因素，包括受试化学物的途径、方式和方法，然后观察动物可能出现的形态和功能的变化，研究毒理学作用及机理的试验方法。

（二）体外试验法

利用离体器官、组织及所分离的细胞（称为原代细胞）或经多次传代培养（称为株）的细胞，在保持器官、组织处于生活状态下（或使细胞处于存活条件下），与受试因素接触，按试验研究的目的，观察不同终点毒性反应的试验方法。体外试验的优点是省时、耗费低，并容易控制试验条件。

（三）人体观察

通过中毒事故的处置和治疗，获得关于人体的毒理学资料。在新的化合物的危险性、安全性评价方面具有重要意义。

（四）流行病学调查

采用流行病学和卫生学调查的方法，根据已有的动物实验结果和环境因素如化学物的性质，选择适当的指标，观察生态环境变化和受试因素接触人群的因果关系、剂量-反应关系，进一步验证实验室的研究结果。同时根据事故发生的性质，按照卫生学方法列出现场调查提纲，进行现场调查，采样测定，综合分析，找出事故原因和造成损害的环境因素，制订防护措施。

第二节　动物试验技术基础

火灾烟气毒害作用分析是毒理学研究在材料及消防领域的拓展。从毒理学角度看待火灾烟气毒害作用分析，其研究范畴涉及描述、机制以及管理毒理学的方方面面。烟气毒害作用更多的是描述烟气的一般毒害作用。这里一般毒害作用与广义的毒害作用稍有不同。从毒理学专业术语的角度，外源化学物的一般毒性作用也称基础毒性，是全身各系统对外源化学物的毒作用反应，是与特殊毒性（致畸、致突变、致癌）相对而言。根据接触毒物的时间长短，一般毒性作用可分为急性毒性、重复剂量毒性、亚慢性毒性和慢性毒性作用。观察和评价上述毒作用的试验分别为急性毒性试验、重复剂量毒性试验、亚慢性毒性试验和慢性毒性试验。这里着重从毒理学基础的角度对一般毒性作用的动物试验基本要求做简单阐述。

一、实验动物基础知识

实验动物是指经人工饲育、对其携带的微生物实行控制、遗传背景明确或者来源清楚的，用于科学研究、教学、生产、鉴定以及其他科学实验的动物。

（一）实验动物的种类

随着科学技术及实验动物研究的进展，生物医学、毒理学等学科研究使用的实验动物的数量与种群越来越多。为此，实验动物学根据动物用途、遗传学原理或微生物学控制原理等对实验动物进行科学分类。

1. 按实际用途分类

（1）实验动物（laboratory animals）是专门培育供实验用的动物，主要指作为医学、药学、生物学、兽医学、毒理学等学科的科研、教学、医疗、鉴定、诊断、生物制品制造等需要为目的而驯养、繁殖、育成的动物。

（2）经济动物（economical animals）或称家畜家禽（domestic animals and domestic fowl），是指作为人类社会生活需要（如肉用、乳用、蛋用、皮毛用等）而驯养、培育、繁殖生产的动物。

（3）野生动物（wild animals）是指作为人类需要，从自然界捕获的动物，没有进行人工繁殖、饲养的动物。

（4）观赏动物（exhibiting animals）是指作为人类玩赏和公园里供人观赏而饲养的动物。

2. 按遗传学控制原理分类

目前，按遗传学控制方法，根据基因纯合的程度，把实验动物分类为近交系、突变系、杂交群、封闭群四类，其规定要求各不相同。而杂种（mongrel）是未经遗传学控制而进行无计划交配繁殖的动物，故不属于本分类范围。

（1）近交系动物（inbred strain animals），一般称之为纯系动物。是采用兄妹交配或亲子交配，连续繁殖20代以上而培育出来的纯品系动物。一般以小鼠为典型代表。

（2）突变系动物（mutant strain animals）是保持有特殊的突变基因的品系动物，也就是正常染色体的基因发生了变异的、具有各种遗传缺陷的品系动物。

（3）杂交群动物（hybrid animals）也称杂交一代动物或系统杂交动物，是指两个近交品系动物之间进行有计划交配所获得的第一代动物，简称Fl动物。

（4）封闭群动物（closed colony animals）是指一个动物种群在5年以上不从外部引进其他任何品种的新血缘，由同一血缘品种的动物进行随意交配，在固定场所保持繁殖的动物群。

3. 按微生物学控制原理分类

由于在饲养动物的环境中，以及动物的体表、黏膜和消化道内容物中，均存在着大量种类繁多的微生物和寄生虫，对于如何控制微生物是非常重要的。目前，通过微生物学的监察手段，按对微生物控制的净化程度，把实验动物区分为无菌动物、悉生动物、无特定病原体动物和清洁普通动物四类。

（1）无菌动物（germ free animals）是指机体内外均无任何寄生物（微生物和寄生虫，包括绝大部分病毒）的动物。此种动物在自然界中并不存在，必须用人为的方法培育出来。

（2）悉生动物（gnotobiotic animals）是指机体内带着已知微生物（动物或植物）的动物。

（3）无特定病原体动物（specific pathogen-free animals）是指机体内无特定的微生物和寄生虫存在的动物，简称SPF动物。

（4）清洁普通动物（clean conventional animal，CCV）也称最低限度疾病动物（MOA）或称清洁动物（clean animal，CL）。

普通动物（conventional animals）是未经积极的微生物学控制、普遍地饲养在开放卫生环境里的动物。普遍动物只能供教学和一般性实验，不适用于研究实验。

4. 按我国实际情况分类

我国《实验动物管理条例》将实验动物分为四级：一级，普通动物；二级，清洁动物：三级，无特定病原体动物；四级，无菌动物。

（二）实验动物的品种品系

实验动物的品种和品系是衡量实验动物质量与科研水平的重要条件。品种是指由于长期经过自然或人工选择，而形成的在外表性状、生长发育性状、繁殖性状及其他性能等与其他同类动物有明显区别，并具有一定数量的群体。如小白鼠有英国种、法国种、德国种和瑞士种等。目前我国各生物制品、医学研究单位繁育使用的小白鼠多为昆明种。品系是同一品种内具有共同特点、彼此有亲缘关系的个体所组成的遗传性稳定的群体。由于遗传变异和自然选择的作用，即使同一种属动物，也可以有许许多多品系，虽然它们在作为分类鉴定的一些主要性状上是相同的，但是在次要性状（如生化性状、代谢产物和产量性状）上可以有或大或小的差异。同一种属不同品系的动物，对同一刺激的反应有很大差异。不同品系的动物对同一刺激具有不同反应，而且各个品系均有其独特的品系特征。

1. 近交品系

近交系动物具有基因位点的纯合性、遗传组成的同源性、表型一致性、长期遗传稳定性、遗传特征的可分辨性、遗传组成的独特性、分布的广泛性和背景资料的完整性等特征，是实验动物学研究和培育品系最多的实验动物。

近交品系的培育：培育近交品系的手段一是交配繁殖，二是人工选择。

交配繁殖的交配方式有以下三种方法：

(1) 单线法：从近交系原种选出3～5个兄妹对进行兄妹交配，从中选出生育能力最好的一对进行繁殖，然后从中选择一对作为下一代生产的双亲，如此一代代地延续下去。

(2) 平行法：选3～5对兄妹对，每个兄妹对都选留下一代种鼠，一代代地延续下去。

(3) 选优法：该方法通常每代选6对，每对都选自同一双亲的子代同胞兄妹，在繁殖过程中，每一代均保持6对，当某对出现不孕或生育能力降低而不适于继续繁殖时，则可从另一对所生的后代中选择优良者加以代替。

近交品系的命名：近交系动物国际命名的规则是根据动物的来源、历史和培育经过而命名，用一系列的字母及数字来表示。国际上已有统一规定，由国际实验协会（ICLA）负责。以小鼠为例，1952年以来，近交系小鼠标准命名委员会对承认的近交品系小鼠每4年公布一次。至1984年第8次已公布了250个品系。

常用近交系动物：①BALB/C小鼠；②C57BL/6黑色近交系小鼠；③C3H/He野生色近交系小鼠；④615深褐色近交系小鼠；⑤F344白色近交系大鼠；⑥SHR白色近交系大鼠。

近交品系动物的应用：

(1) 近交系动物的个体具有相同的遗传组成和遗传特性、对实验反应的一致性，使实验数据的一致性较高。

(2) 近交系动物个体之间组织相容性抗原一致，异体移植不产生排斥反应，是组织细胞和肿瘤移植实验中最为理想的材料。

(3) 每个近交系都有各自明显的生物学特点，如先天性畸形、高肿瘤发病率等，广泛应用于这些医学研究领域。

(4) 多个近交系同时使用，不仅可分析不同遗传组成对某项实验的不同反应与影响，还可观察实验结果是否具有普遍意义。

2. 突变品系

生物在长期繁殖的过程中，子代突然发生变异，其变异的遗传基因等位点可以遗传下去，或即使没有明确的遗传基因等位点，但经过淘汰、选拔后，能维持稳定的遗传性质。这种变化了的能保持遗传基因特性的品系，称之为突变品系，也就是指正常染色体的基因发生了变异的、具有各种遗传缺陷的动物。在小鼠和大鼠中，通过自然突变和人工定向突变，已培育出很多突变系动物。目前国际上已发现的小鼠突变基因有648个，培育的突变系小鼠有350多个品系，大鼠有50多个品系。特别像无毛、无胸腺的裸鼠已成为生物医学研究领域中重要的实验动物，广泛用于肿瘤等研究。

3. 杂交一代动物（Fl）品系

Fl动物品质的好坏完全取决于其亲代特点，因此选择遗传特性能表现出杂交优势、系组合力强的，具有研究实验所要求的特性，两个品系间具有较强的亲和力，较少的异质差异等特征的品系做杂交组合。从中选出最理想的杂交品系组合，作为大量繁殖杂Fl的双亲，进行杂交Fl繁殖。用于实验研究的杂交Fl，主要是两个近交系之间的杂交所生。

杂交一代动物具有如下特征：遗传和表型上的一致性；杂交优势；杂合的遗传组成等。

4. 封闭群动物的品系

封闭群具有如下特征：封闭群动物的遗传组成具有很高的杂合性；封闭群动物具有较强的繁殖力和生活力；突变种所携带的突变基因通常导致动物在某方面的异常，从而可成为毒理学、生理学、胚胎学和医学研究的模型。

常用封闭群动物：①KM 白色封闭群小鼠；②NIH 白色封闭群小鼠；③ICR 白色封闭群小鼠；④Wistar 白色封闭群大鼠；⑤SD 白色封闭群大鼠；⑥英国短毛种豚鼠；⑦日本大耳白兔；③新西兰白兔；⑨毕格犬。

（三）实验动物的选择

1. 选择原则

（1）选用与人的机能、代谢、结构及疾病特点相似的实验动物。医学科学研究的根本目的是要解决人类疾病的预防和治疗问题。因此，动物的种系发展阶段是选择实验动物时应优先考虑的问题。在实际可能的条件下，尽量选择那些机能、代谢、结构与人类相似的实验动物做实验。一般来说，实验动物越高等，进化越高，其结构、机能和代谢越复杂，反应就越接近人类。

（2）选用遗传背景明确，具有已知菌丛和模型性状显著且稳定的动物。科研实验中的一个关键问题，就是怎样使动物实验的结果正确可靠、有规律，从而精确判定实验结果，得出正确的结论。因此，要尽量选用经遗传学、微生物学、营养学、环境卫生学的控制而培育的标准化实验动物，才能排除因实验动物带细菌、带病毒、带寄生虫和潜在疾病对实验结果的影响；也才能排除因实验动物杂交、遗传上不均持、个体差异等导致反应不一致；才能便于把我们所获得的实验研究成果在国际间进行学术交流。

（3）选用解剖和生理特点符合实验目的要求的动物。选用解剖生理特点符合实验目的要求的实验动物做实验，是保证实验成功的关键问题。某些实验动物具有某些典型的解剖或生理特点，为实验观察提供了便利条件，如能适当使用，将减少实验准备方面的麻烦，降低操作的难度，使实验容易成功。

（4）选择不同种系实验动物存在的某些特殊反应的动物。不同种系实验动物对同一因素的反应虽然往往是相似的，即有它共同性的一面，但也往往会出现特殊反应的情况，有它的特殊性。实验研究中常要选用那些对干扰因素最敏感的动物作为实验对象。因此，不同实验动物存在的某些特殊反应性在选择实验动物时更为重要。

（5）选用人畜共患疾病的实验动物和传统应用的实验动物。有些危险源不仅对人而且对动物也造成相似的疾病，由此提供研究病因学、流行病学、发病机制、预防和治疗的良好动物模型。

（6）选用易获得、易养、易繁殖、符合节约原则的动物。根据实验目的和要求的不同而选用相应的实验动物，所选用的实验动物对实验因素敏感，能获得真实可靠的数据，并符合节约的原则。例如测定某些危化品的 LD_{50} 和 ED_{50} 常选用小白鼠。

2. 毒理实验常用的实验动物

（1）小白鼠。小白鼠成熟早，繁殖力强，体型小，性情温顺，易于饲养管理，对外来刺激极为敏感。易于大量繁殖且价廉，故应用较为广泛。特别是用于需要大量动物实验的研究，如半数致死量的测定、外源化学物毒害作用研究等。

（2）大白鼠。特点与小鼠相似，但体型较大。一些在小白鼠身上不便进行的实验可改用大白鼠。大白鼠的血压和人相近，且较稳定，常选用大白鼠进行心血管功能的研究。

（3）豚鼠。豚鼠对组胺很敏感，易致敏，常用于平喘药和抗组胺药的实验。对结核杆菌亦敏感，故也用于抗结核药的研究。此外还用于离体心脏及肠平滑肌实验，其乳头状肌和心房肌常用于电生理特性及心肌细胞动作电位实验，及抗心律失常药物作用机制的研究，还用于听力和前庭器官的实验等。

（4）家兔。温顺、易饲养，常用于观察化学物对心脏、呼吸的影响及有机磷农药中毒和解救实验。亦用于研究药物对中枢神经系统的作用、体温实验、热原检查等。

（5）猫。猫对外科手术的耐受性较强，血压较稳定，故常用于血压实验，但价格较昂贵。此外，也常用于心血管及中枢神经系统损伤的研究。

（6）狗。常用于观察药物对心脏泵血功能和血流动力学的影响，心肌细胞、浦肯野纤维电生理研究，降压药及抗休克药的研究等。狗还可以通过训练用于慢性实验研究，如条件反射、胃肠蠕动和分泌实验、慢性毒性实验和中枢神经系统的实验等。

（四）实验动物编号标记方法

慢性实验以及某些药理毒理实验中常用批量动物同时进行实验。为避免混乱，应将动物进行编号加以区别。标记的方法很多，良好的标记方法应满足标号清晰、耐久、简便、适用的要求。常用的标记法有染色、耳缘剪孔、烙印、号牌等。

1. 颜料涂染标记法

对小白鼠、大白鼠等体型较小的动物常用被毛涂色标记方法标记。该方法使用的颜料一般有3%～5%苦味酸（黄色）溶液、2%硝酸银（咖啡色）溶液和0.5%中性品红（红色）等。标记时用毛笔或棉签蘸取上述溶液，在动物身体的不同部位涂上斑点，以示不同号码。编号的原则是：先左后右，从上到下。一般涂标在左前腿上的斑点标记为1号，左侧腹部为2号，左后腿为3号，头顶部为4号，腰背部为5号，尾基部为6号，右前腿为7号，右侧腰部为8号，右后腿记为9号。若动物编号超过10或更大数字时，可使用上述两种不同颜色的溶液，即把一种颜色作为个位数，另一种颜色作为十位数，这种交互使用可编到99号，如把红的记为十位数，黄色记为个位数，那么右后腿黄斑，头顶红斑，则表示是49号，其余类推，如图6-1所示。

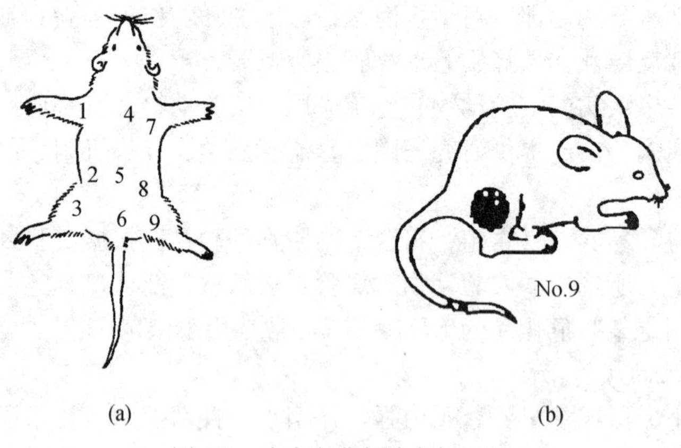

图6-1　小白鼠背部涂色标记法

（a）涂色标记法则；（b）9号标记示例

2. 烙印法

烙印法常用于对兔进行标号。做法是先用70%乙醇消毒烙印部位，再用刺数钳在动物耳上刺上号码，然后用棉签蘸着溶在乙醇中的黑墨在刺号上加以涂抹。

3．号牌法

猫、狗、家兔等较大的动物，可用特制（金属）的号码牌固定于实验动物的耳上，或系于颈部进行标号。

（五）实验动物用药量的确定及计算方法

1．动物给药量的确定

毒性实验中确定动物的给药剂量或暴露剂量是实验开始阶段的一个重要问题。剂量太小，作用不明显；剂量太大，又可能引起动物中毒甚至死亡。通常可以按下述方法确定剂量。

（1）先用小鼠粗略地探索中毒剂量或致死剂量，然后选用小于中毒量的剂量为应用剂量，或取致死量的1/10～1/5为初试剂量（initial dose）。

（2）根据参考文献提供的相应的剂量确定应用剂量，或参考化学结构和作用都相似的化合物或毒物的剂量确定初试剂量。

（3）一般情况下，在适宜的暴露剂量或染毒剂量范围内，毒性气体的作用常随剂量的加大而增强。有条件时，选用几个暴露剂量做毒物的剂量-效应曲线（dose-effective curve），以获得毒物作用的较完整资料，并从中选择适当的剂量为应用剂量。

（4）根据动物或人的应用剂量进行动物之间以及动物与人之间的剂量换算以确定初试剂量。

（5）剂量确定后，可通过预实验对毒性作用进行观察，根据实验情况做相应调整，最终确定应用剂量。如在预实验中初试剂量的作用不明显，也没有中毒的表现（体重下降、精神不振、活动减少或其他症状），可以加大剂量再次试验。如出现中毒现象，作用也明显，则应降低剂量再次试验。

2．人与动物及各类动物间药物剂量的换算

在药理学、毒理学动物实验研究中，动物与人之间及动物之间的剂量存在一定的差异，需要进行换算。通常可按照体重进行换算或按体表面积进行换算。

（1）按体重换算。已知A种动物每千克体重用药剂量，欲估算B种动物每千克体重用药量时，可查表6-1，找出折算系数（W），再按下式计算。

$$B种动物剂量(mg/kg)=折算系数\times A种动物剂量(mg/kg)$$

表6-1　动物与人体的每千克体重等效剂量折算系数表

项目		A种动物或成人						
		小鼠 0.02kg	大鼠 0.2kg	豚鼠 0.4kg	兔 1.5kg	猫 2kg	犬 0.2kg	人 60kg
B种动物或成人	小鼠（0.02kg）	1.00	1.40	1.60	2.70	2.20	4.80	9.01
	大鼠（0.2kg）	0.70	1.00	1.14	1.88	2.30	3.60	6.25
	豚鼠（0.4kg）	0.61	0.87	1.00	1.65	2.05	3.00	5.55
	兔（0.5kg）	0.37	0.52	0.60	1.00	1.23	1.76	3.30
	猫（2kg）	0.30	0.42	0.48	0.81	1.00	1.44	2.70
	犬（12kg）	0.21	0.28	0.34	0.56	0.68	1.00	1.80
	人（60kg）	0.11	0.16	0.18	0.30	0.37	0.53	1.00

【例 1】 已知某药对小鼠的最大耐受量（maximum tolerance dose）为 20mg/kg（20g 小鼠用 0.4mg），需折算为家兔用药量。

查表 6-1，A 种动物为小鼠，B 种动物为兔，交叉点的折算系数为 0.37，故家兔用药量为 0.37×20mg/kg=7.4mg/kg，2.0kg 家兔用药量为 14.8mg。

（2）按体表面积换算。根据不同种属动物体内的血药浓度和作用与动物体表面积成平行关系，按体表面积折算剂量比按体重折算更为精确（表 6-2）。

表 6-2　常用动物与人体表面积比值表

项目		小鼠 20g	大鼠 200g	豚鼠 400g	兔 1.5kg	猫 2kg	狗 12kg	人 50kg
小鼠	20g	1.00	7.00	12.25	27.80	29.70	124.20	332.40
大鼠	200g	0.14	1.00	1.74	3.90	4.20	17.30	48.00
豚鼠	400g	0.08	0.57	1.00	2.25	2.40	10.20	27.00
兔	1.5kg	0.04	0.25	0.44	1.00	1.08	4.50	12.20
猫	2kg	0.03	0.23	0.41	0.92	1.00	4.10	11.10
狗	12kg	0.01	0.06	0.10	0.22	0.24	1.00	2.70
人	50kg	0.003	0.02	0.036	0.08	0.09	0.37	1.00

【例 2】 由动物用量推算人的用量。家兔静脉注射已知浓度某药的最大耐受量为 4mg/kg，推算人的最大耐受量是多少？

查表 6-2，先竖后横，兔体重 1.5kg，与人体表面积比值为 12.20，家兔最大耐受量为 4×1.5=6mg，那么人的最大耐受量为 6mg×12.2=73.2mg。取其 1/3～1/10 作为初试剂量。

【例 3】 由人用量推算动物用量。已知某药成人每次口服 10g 有效，拟用狗研究其作用机制，应用多少量？

查表 6-2，人与狗的体表面积比值为 0.37，那么狗用量为 10×0.37=3.7g。取其 1/3 作为初试剂量。

（六）实验常用生理溶液的配制

机体细胞的生命活动受到它所浸泡的内环境液体中各种理化因素的影响，如各种离子、渗透压、pH、温度等。内环境稳态有利于细胞维持正常的活动，因此在离体组织实验中浸泡离体标本的液体或机体补液时输入体内的液体，皆须接近于生理情况的液体。常用的生理溶液有：

生理盐水（normal saline）：0.9%NaCl 溶液为哺乳动物组织和细胞等渗溶液；0.65% NaCl 溶液为两栖类动物组织和细胞等渗溶液。

任氏溶液（Ringer's solution，又称林格溶液）：适用于两栖类动物。

乐氏溶液（Locke's solution）：适用于哺乳类动物。

台氏溶液（Tyrode's solution）：亦用于哺乳类动物的组织，特别是小肠。

常用生理溶液的成分与含量、生理溶液的配制方法分别见表 6-3、表 6-4。

表 6-3　常用生理溶液的成分

药品名称	乐氏液 Locke	台氏液 Tyrode	克氏液 Kreb	任氏液 Ringer	克-亨氏液 Kreb-Henseleit
适用 单位/(g/L)	哺乳类	哺乳类（小肠）	肝、脑、肾、脾和肺	两栖类	血管
NaCl	9.0	8.0	5.54	6.5	6.9
KCl	0.42	0.2	0.35	0.41	0.35
$CaCl_2$	0.24	0.2	0.28	0.12	0.28
$NaHCO_3$	0.1-3	1.0	2.09	0.20	2.09
NaH_2PO_4	—	0.05	—	0.01	—
$MgCl_2$	—	—	—	—	—
$MgSO_4$	—	—	0.29	—	0.29
KH_2PO_4	—	—	0.16	—	—
Na-Pyrurate	—	—	0.43	—	0.22
Glucose	1.0	1.1	2.0	2.0（可不加）	2.0

配制生理溶液的方法是先将各成分分别配成一定浓度的基础溶液，然后按表 6-4 所载分量混合之。

表 6-4　用基础溶液配制生理代用溶液的方法

成分	基础溶液浓度/%	任氏液/mL	乐氏液/mL	台氏液/mL
氯化钠（NaCl）	20	32.5	45.0	40.0
氯化钾（KCl）	10	1.4	4.2	2.0
氯化钙（$CaCl_2$）	10	1.2	2.4	2.0
磷酸二氢钠（NaH_2PO_4）	1	1.0	—	5.0
氯化镁（$MgCl_2$）	5	—	—	2.0
碳酸氢钠（$NaHCO_3$）	5	4.0	2.0	20.0
葡萄糖	—	2.0g（可不加）	1.0～2.5g	1.0
加蒸馏水至	—	1000	1000	1000

应当注意的是，氯化钙溶液需在其他基础溶液混合并用蒸馏水稀释后再逐滴加入，同时注意搅拌，以免生成钙盐沉淀；葡萄糖应在临用时加入。已加入了葡萄糖的溶液不能久置。

二、动物试验基本操作技术

（一）动物固定与剪毛

为方便实验手术操作和结果记录，一般应将麻醉动物固定于手术台。固定动物的方法和姿势依实验内容而定。仰卧位是实验中最常用的固定姿势，适合于颈部、胸部、腹部和股部的手术与实验。固定方法是使动物仰卧，用棉绳一端钩住动物上门齿，另一端稍加牵引系在手术台前端 3 铁柱或木钩上，以固定头部。四肢的固定方法是先用 4 根棉绳分别打活结套在动物四肢腕、踝关节近端并稍拉紧，另一端缚于手术台两侧的 4 个木钩上即可。俯卧位适合于颅脑和脊髓实验，用同样的方法固定四肢，头部可根据实验要求固定于立体定向仪、马蹄形头固定器，或用棉绳钩住上门齿，系缚于手术台前端的木钩上。侧卧位适用于耳蜗和肾脏（腹膜后入路）部位的实验。可顺势将动物固定于手术台。

动物固定后，应将手术部位皮肤被毛剪去，以显露皮肤。剪毛宜用弯头剪毛剪或家庭用粗剪刀，不能用组织剪，更不能用眼科剪。剪毛部位及范围由拟定皮肤切口部位和大小而定，应大于皮肤切口。为避免剪伤皮肤，术者可用左手拇指和食指绷紧皮肤，右手持剪刀平贴皮肤，逆着毛的方向剪毛，并随时将剪下的被毛放入盛有水的烧杯中，以防被毛进入仪器或污染实验环境。剪毛后用湿纱布擦拭局部，以清除剪落的被毛。

（二）切开皮肤、皮下组织和止血

切开皮肤前，应根据实验要求确定皮肤切口的位置和大小。例如要显露颈总动脉、迷走神经时，应选用颈前正中线切口；显露隔肌时应在剑突下切口；显露心脏时应在胸前正中线或左胸部切口；显露膀胱、输尿管应在耻骨联合上方正中线切口；显露肾脏、肾神经应在左肋缘下、骶棘肌腹侧缘切口；显露股动脉、股静脉应在股部切口；切口一般应与血管或器官走行方向平行，必要时可做出标记。切口大小应便于深部手术操作，但不宜过大。切开皮肤时，术者一般站在动物右侧，也可根据需要站在距手术野较近的位置，助手站在对面。术者用左手拇、食指将预定切口部位皮肤绷紧，右手持手术刀，以适当力度切开皮肤、皮下组织，直至皮下筋膜。术者与助手使用顺肌纤维或神经血管走行方向反复撑开血管钳的分法分离筋膜或腱膜，必要时用血管钳夹持并提起筋膜或腱膜，用组织剪剪开一个小口，然后顺皮肤切口的方向剪开扩大剪口，直到需要暴露的器官。

手术过程中要注意不要损伤大血管，如有出血应及时止血，以免动物失血过多，并保持手术野清晰。止血的方法酌情而定。微小血管损伤引起的局部组织渗血，一般用湿热盐水纱布压迫即可止血。较大血管损伤出血时，可用止血钳夹住出血点及周围的少量组织，然后用丝线结扎止血，结扎后将血管钳取下并剪去多余丝线。肌肉组织出血多为渗血，且出血较多，可将肌肉结扎，以便止血。

（三）实验动物取血技术

血液常被比喻为观察内环境的窗口，在需要检测内环境变化的实验中常需要采取血液样本。在急性动物实验中，可通过血管插管取血；在慢性动物实验中，既要取血，又要保持动物正常功能时，则因实验动物解剖和体型大小差异，以及采取血样要求的不同，取血方法不尽相同。

1. 家兔

（1）耳中央动脉取血。将家兔置于兔固定箱或由助手将动物固定，剪去兔相应部位被毛，用手轻揉或用70%乙醇溶液涂擦耳中央动脉部位，使其充分扩张，用注射器刺入耳中央动脉抽取血样。一次性取血时也可用刀片切一小口，让血液自然流出，收取血样。取血后用棉球压迫局部以止血。

（2）股动脉取血。将家兔仰卧位固定，术者左手以动脉搏动为标志，确定穿刺部位，右手将注射器针头刺入股动脉，如流出血为鲜红色，表示穿刺成功，应迅速抽血，拔出针头，压迫止血。

（3）耳缘静脉取血。可供采取少量静脉血样。将家兔置于兔固定箱或由助手将动物固定，剪去兔相应部位被毛，用手轻揉或用70%乙醇溶液涂擦耳缘局部，使其静脉充分扩张，术者左手食指与中指轻夹耳缘静脉近心端，使其进一步充盈扩张，用注射器刺入静脉抽取血样。

（4）将家兔仰卧位固定，剪去心前区被毛，用碘酒消毒皮肤。术者用装有7号针头的注射器，在胸骨左缘第三肋间或在心跳搏动最显著部位刺入心脏，刺入心脏后血液一般可自动流入注射器，或者边刺入边抽吸，直至抽出血液。抽血后迅速拔出针头。心脏取血可获得较大量的血样。

2. 大白鼠和小白鼠

（1）断尾取血。固定动物，露出尾部，用二甲苯擦拭尾部皮肤或将鼠尾浸于45～50℃的热水中数分钟，使其血管充分扩张，然后擦干，剪去尾尖数毫米，让血自行流出，也可从尾根向尾尖轻轻挤压，促进血液流出，同时收集血样。取血后用棉球压迫止血。该方法取血量较少。

（2）眼球后静脉丛取血。术者用左手抓持动物，拇指、中指从背侧稍用力捏住头颈部皮肤，阻断静脉回流，食指压迫动物头部以固定，右手将一特制的毛细吸管自内眦插入，并沿眼眶壁向眼底方向旋转插进，直至有静脉血自动流入毛细吸管，取到需要的血样后，拔出吸管。

（3）心脏取血。适用于取血量较大时，方法与家兔心脏取血相同，但所用针头可稍短。

3. 狗

一般采用前肢头静脉取血，方法同静脉注射给药类似。

如需要抗凝血样时，应事先在注射器或毛细管内加入适量抗凝剂，如草酸钾或肝素，将它们均匀浸润注射器或毛细管内壁，然后烘干备用。

（四）动物实验意外的处理

动物实验意外是指在动物实验中发生的，实验者事先未曾预料到的，而且事关实验成败的动物紧急情况。常见的动物实验意外如下。

1. 动物麻醉过量

麻醉过量是由于麻醉剂给药速度过快或剂量过大引起动物生命中枢麻痹，呼吸缓慢且不规则，甚至呼吸、心跳停止的紧急情况，是动物实验中较常见的意外之一。在动物实验实际操作中，麻醉过度大部分是由于给药速度过快，仅少部分是由于给药剂量过大。给药速度过快的常见原因有两种：一是片面理解教科书上或指导教师所述的“先快后慢”，致使注射速度过快；二是静脉注射给药时未能正确观察动物呼吸（静脉注射麻醉的正确方法是术者一方面注入药物，一方面用眼睛注视动物胸、腹部呼吸运动，而不是由助手触摸呼吸运动，因为用手触摸呼吸运动极不敏感，也不准确，反可挡住术者视线，以致呼吸停止仍未被发现）。一般情况下如能密切注意动物呼吸，发现呼吸过度减慢即暂缓或暂停给药，可避免发生麻醉过度。

麻醉过量一旦发生，应尽快处理。处理的方法是如呼吸极度减慢或停止，而心跳仍然存在，应尽快人工呼吸。对家兔和大白鼠可用双手抓握动物胸腹部，使其呼气，然后快速放开，使其吸气频率约每秒一次。如呼吸停止是由于给药太快，注入量未达计算剂量，一般可很快使动物恢复呼吸，也可同时夹捏动物肢体末端部位，促进呼吸恢复。如果给药量已达或超过计算剂量，在人工呼吸的同时应同时静脉注射相应药物如尼克刹米（50mg/kg）以兴奋呼吸中枢。如果动物心跳也已停止，在人工呼吸的同时，还应做心脏按摩。对家兔是用拇指、食指、中指挤压心脏部位，有时可由于机械刺激或挤压使心脏复跳。处理开始时间距呼吸、心跳停止时间越近，处理成功的机会越大，故及时发现是很重要的，而预防是最重要的。

2. 大出血

大出血是动物实验中另一紧急情况。手术过程中发生大出血多是由于手术操作不当误将附近大血管损伤或血管分离时撕裂大血管。手术后实验过程中大出血多半是由于血管插管滑脱、血管插管过尖刺破血管壁引起，也可由于手术过程中止血不彻底，动物全身肝素化后引起再次出血。

实验动物大出血的预防是最重要的，其次才是尽快止血。因为如果动物出血过多，可使实验结果不准确，甚至不能再进行实验。防止手术大出血的方法是手术前一定熟悉手术部位的解剖结构，以防误伤大血管，分离血管时要仔细、耐心（但也不能不敢动手，以致延迟实验时间），分离血管遇阻力时应仔细检查有无血管分支，特别是手术野背侧的分支。分离伴行的动、静脉时（如股动静脉、肾动静脉），最好用顶端圆滑的玻璃分针分离。

大出血发生后的处理方法是赶快用纱布压迫出血部位并因此吸去创面血液，然后去除纱布，看清出血部位，用止血钳夹住出血血管及周围少量组织，然后用丝线结扎出血点。出血发生后的处理应据情而定，如股动、静脉出血发生在较远端，可将出血部位暂时压迫止血，继续向近心端分离一段血管，然后按前述方法插入血管插管，让原出血点位于远端结扎线与血管插管之间，可自然达到止血目的，又不影响实验。如出血发生在近心端，插管已经不可能，宜用止血钳夹住出血部位，结扎止血后，再于对侧肢体分离血管。其余部位出血的处理与上述大致相似。

3. 窒息

窒息是指动物严重缺氧并伴有二氧化碳蓄积的紧急情况。也是动物实验中的常见意外之一。实验动物窒息大部分是由于呼吸道阻塞，主要表现有发绀、呼吸极度困难、呼吸频率减慢。如能及早发现并处理，一般不会造成严重后果；但往往被实验者忽视，甚至呼吸停止后仍未被发现，最终导致实验失败。

在慢性动物实验先期手术时，由于麻醉后动物咽部肌肉松弛，且不做气管插管，动物常有一定程度的呼吸不畅，严重时可造成窒息，此时将动物舌头向一侧拉出，多可缓解。在急性动物实验中，实验动物窒息大部分是由于气管插管扭曲和气管分泌物过多，阻塞气道，偶可由于气管插管吹起气管黏膜出血，血凝块堵塞气管插管引起。气管插管扭曲堵塞多见于插入端有斜面的金属插管或玻璃插管，其斜面贴于气管壁，造成气道阻塞，这时将气管插管旋转 180°，即可缓解。气管分泌物过多造成气道阻塞时常伴有痰鸣音，易于判断；血凝块堵塞气管插管可无痰鸣音；通过气管插管将一细塑料管插入气管，用注射器将分泌物或血凝块吸出，多可缓解，必要时可拔出气管插管吸出分泌物后再重新插入。

（五）实验动物的处死

急性动物实验结束后，应将动物及时处死。处死动物的原则是使动物迅速死亡。

对狗和猫常用的处死方法是用注射器向静脉或心脏内注入大量空气，造成广泛空气栓塞，动物可立即痉挛、死亡；也可结扎其气管，使其迅速窒息死亡。对兔、大白鼠和豚鼠，除上述处死外，可从颈总动脉放血或倒提起动物，用木棒用力敲击其后脑致死。大鼠、小鼠处死亦可使用颈椎脱臼法。该方法较为简单，用左手拇指、食指捏住头部，右手抓住尾部或身体用力后拉，即可使其颈椎脱臼致死。

（六）动物伦理学要求

现代伦理学认为，实验动物也应感受欢乐与痛苦，粗暴地对待动物是令全世界都嗤之以鼻的行为。在以科学研究为目的使用动物时，要遵循一条根本原则，即负责任、合乎道德地使用动物，确保动物在实验过程中享有合理的福利。实验动物福利的实质是保障其不受虐待，并得到合理的照料，且只有在其他替代技术尝试失败后才可使用动物进行实验。目前国际上普遍认为，为使动物权益受到保护，动物实验设计必须遵循"3R"原则，即减少、替代、优化。各研究机构依法要成立动物实验管理小组，对其研究涉及使用动物时，有一定的规范，从自行监督程序、适当的饲养管理、兽医照顾计划、健全的动物房舍与记录保存等，均要符合人道的管理。

英国是第一个制订法律保护科学研究中动物的国家，1876 年颁布了全世界第一部与动物实验有关的法律：《防止虐待动物法》（Cruelty to Animal Act）。1986 年，英国制订了实验动物立法的核心——《动物（科学方案）法令》。有人把它译为《实验动物法》或《科学实验动物法》，这是英国第一部规范动物实验的法律。

20 世纪 40 年代以后，美国、日本、法国、荷兰、前联邦德国、英国、加拿大等国先后成立了实验动物学会或类似组织。1956 年，联合国教科文组织（UNESCO）、国际医学组织联合会（CIOMS）、国际生物学协会（IUBS）共同发起成立了实验动物国际委员会（ICLA），这是一个以促进实验动物质量、健康和应用达到高标准的非官方组织。1961 年，ICLA 与世界卫生组织（WHO）合作，于 1979 年改名为国际实验动物科学理事会（ICLAS）。

我国《实验动物管理条例》于 1988 年经国务院批准，由国家科技部颁布。目前，在实验动物使用中仍然存在下列问题：

（1）实验动物被等同为一般的实验材料，对其活体材料的特殊性和重要性认识不足，用不合格的动物和设施进行实验、质检、生产的现象普遍存在。

（2）不规范的动物实验不被认可的事件时有发生，造成大量无效的科学劳动，直接影响单位的科研成果和企业的生产活动。

（3）市场混乱，公共卫生隐患存在，安全事件时有发生。

第三节　急慢性毒性试验方法

一、急性毒性作用试验

（一）概述

毒理学是一门实验科学，迄今为止，一般毒性评价方法仍以哺乳动物体内试验为主。急性毒性作用是毒理学研究中最基础的工作，是了解外源化学物对机体产生急性毒性的主要依据，急性毒性试验是毒理学安全性评价的第一步工作。

1. 急性毒性的概念

急性毒性（acute toxicity）是指机体（实验动物或人）一次或 24 小时内接触多次一定剂量的外源化学物后在短期内所产生的毒作用及死亡。

经口、经注射途径染毒“一次”是指瞬间给予实验动物染毒，在经呼吸道与经皮肤染毒时，则是指在一段规定的时间内使实验动物持续接触毒物的过程。而“24h内多次”的概念是指当外源化学物毒性很低，一次最大容积染毒仍不能达到充分了解该毒物急性毒性作用的目的，需要24h内分次染毒。国内多数规范规定24h内一般不超过3次。

2. 急性毒性试验的目的

急性毒性试验（acute toxicity test）是评价化学物急性毒作用的试验，是了解和研究外源化学物对机体毒作用的第一步，在短期内可以获得许多有用的信息和资料。归纳起来急性毒性试验的目的有如下几个方面：

（1）通过试验测定毒物的致死剂量以及其他急性毒性参数，以 LD_{50}（半数致死剂量）为最主要的参数，并根据 LD_{50} 值进行急性毒性分级。其他毒性参数还有绝对致死剂量（LD_{100}）、最小致死剂量（LD_{01}，MLD）、最大非致死剂量（LD_0）等。

（2）通过观察动物中毒表现毒作用强度和死亡情况，初步评价毒物对机体的毒效应特征、靶器官、剂量-反应（效应）关系和对人体产生损害的危险性。

（3）为后续的重复剂量、亚慢性和慢性毒性试验研究以及其他毒理试验提供接触剂量设计依据，并为选择观察指标提出建议。

（4）提供毒理学机制研究的初步线索。

（二）急性毒性试验方法的要点

根据外源化学物种类的不同，急性毒性试验的程序和要求有所不同。但总体原则和要点是相似的。最常用的急性毒性试验染毒途径为经口、经呼吸道、经皮及注射途径。

经典的急性毒性试验以死亡为其观察终点，如概率单位法、改进寇氏法和霍恩（Horn）法。近年来，国外已经发展了许多新的急性毒性试验的替代方法，OECD推荐的有固定剂量法、急性毒性分级法、上-下移动法等，这些方法符合了动物替代试验“3R”的思想，减少了动物使用量，优化了动物试验，顺应了目前医学动物试验的发展趋势。20世纪90年代后期OECD公布的急性毒性试验程序均采纳经国际性验证后的替代方法。

1. 经典的急性毒性试验

在几种常用的哺乳动物中，大鼠为首选的啮齿类动物，最好采用国内常见的品系。实验动物体重变异不应超过平均体重的20%。常用的几种动物体重范围是：大鼠180～240g，小鼠18～25g，兔2～2.5kg。

使用啮齿类动物，每个剂量组每种性别至少要5只动物。非啮齿类动物，雌雄兼半，每组同一性别动物数也应相等。雌性动物应为未孕和未产过仔的。

动物经5～7d适应期后，随机分配到各试验组。剂量范围需经预试验确定，至少设置3个不同的剂量组（一般为5～7个剂量组），组间剂量距离适当，以便能在各试验组动物中发生一定程度的毒效应和死亡。所得数据应足以绘制剂量-反应曲线，可能情况下应能计算 LD_{50} 值。以死亡作为终点可不设对照组。

通常染毒后仔细观察，并做详细、系统的记录。除在染毒当天需仔细观察毒性效应外，此后每日均应认真观察，记录死亡动物数。中毒症状出现和消失的时间及死亡时间都十分重要。并应分别在染毒前、染毒后（每周一次）、处死前称量动物体重。

观察期限一般为14d，也可依据毒性反应、症状发生的速度和恢复期长短而定，如有必要可适当延长观察期。所有动物均应做大体解剖。存活24h以上动物的肉眼观察得到的病变组织、器官均需进一步做镜检。

选用适宜方法计算 LD_{50}，常用概率单位图解法、Bliss 法等，国内常用改进寇氏法。而霍恩法虽然方法简单，但查表求出的 LD_{50} 的 95%可信区间范围较大，精确度较差，国外不常用。

2. 急性毒性替代试验

（1）固定剂量法（fixed dose procedure）。与以往经典急性毒性试验方法的不同点是它不以动物死亡作为观察终点。此方法可以利用预先选定的或固定的一系列剂量染毒，从而观察化学物的毒性反应来对化学物的毒性进行分级。实验选择的剂量范围是 5、50、500（mg/kg），最高限量是 2000mg/kg。欧盟（EEC）的急性经口毒性分级标准为：高毒（LD_{50}<25mg/kg）、有毒（LD_{50} 为 25～200mg/kg）、有害（LD_{50} 为 200～2000mg/kg）、不分级（LD_{50}>2000mg/kg）等 4 个等级。

1990 年经济合作与发展组织（OECD）组织了对固定剂量法的国际性验证，11 个国家的 33 个实验室用固定剂量法和 OECD（1981）规定的经典急性毒性试验法进行试验。结果发现两种试验方法毒性反应无明显差异；根据欧盟急性口服毒性的分级标准，比较了 30 个化合物的两种试验法所得结果，一致性为 80.2%；但从使用动物数量来看，测定一个化合物的 LD_{50}，固定剂量法平均用大鼠 14.8 只，经典方法平均用大鼠 24.2 只。

（2）急性毒性分级法（acute toxic class method）。急性经口毒性分级法是以死亡为终点的分阶段试验法，每阶段 3 只动物，根据死亡动物数，平均经 2～4 阶段即可判定急性毒性。所用动物少，仍可得到可接受的结论。此法基于生物统计学，并经过 OECD 组织的国际性验证研究。急性毒性分级法应用啮齿类，首选大鼠，从 25、200、2000mg/kg 共 3 个固定剂量中选择一个剂量开始进行试验，根据实验结果判断：①不需要进一步试验进行分级；②下一阶段以相同剂量的另一种性别试验；③下一阶段以较高或较低的剂量水平进行（从 200mg/kg 开始）。于确认染毒动物存活后，进行下一个性别或下一个剂量的试验。动物观察 14d，在染毒当天观察体征和死亡至少两次，之后每日观察一次。染毒前和每周测体重，所有动物均进行大体解剖，必要时进行病理学检查。

（3）上-下移动法（up/down method）或阶梯法。该法以死亡为终点但也可用于观察不同的终点。根据初步的资料确定第 1 只动物接受化学物的剂量，由第 1 只动物染毒后的反应决定第 2 只动物接受化学物的剂量，如果动物死亡，则下一个剂量降低；如果动物存活则下一个剂量增高，该方法需要选择一个比较合适的剂量范围，使得大部分的动物所接受的化学物剂量都在真正的平均致死剂量左右。如果剂量范围过大，则需要更多的动物进行观察。对该法进行改进后，上-下移动法则只需要 6～9 只动物。Lipnick 等（1995）比较了上-下法、固定剂量法和经典 LD_{50} 法，根据 EEC 分级系统的化学品急性经口毒性分级，上-下法和经典法一致性为 23/25，上-下法与固定剂量法一致性为 16/20。上-下法需单性别动物 6～10 只，少于另两种方法。

3. 毒性作用观察

急性毒性试验除获得 LD_{50} 外，更重要的是要全面观察急性毒性试验中动物的各种反应和变化，这对于了解新化学物的急性毒性作用特征非常重要，并可补充 LD_{50}（LC_{50}）的不足。

急性毒性试验的观察和记录内容主要包括中毒体征及发生过程、体重和病理形态变化、死亡情况和时间分布等。

机体对毒物作用的反应可以表现出各个系统的特征。不同系统的毒性表现可不一样，也有一些中毒表现和行为的改变是多个系统的毒性反应。应详细观察和记录动物出现的中毒特征、发生时间和体征发展的经过，特别要注意有无震颤、惊厥、腹泻、嗜睡、昏迷等现象。给药当天应多次观察，以后可根据情况，观察直到试验周期结束。急性毒性试验观察周期一般为14d。

注意观察实验动物的毒性表现出的规律，许多毒物染毒后，往往出现兴奋→抑制→死亡，或者抑制→死亡的现象。有的化学物中毒体征发展迅速，很快死亡，而有的中毒体征发展缓慢。不同的化学物引起的毒性表现常有所不同，正是这种差异提供了化学物的毒性机制的信息。如用含有氰基（—CN）的氢氰酸和丙烯腈对大鼠和小鼠染毒后，都很快出现兴奋。接触丙烯腈的动物首先出现活动增加、骚动、窜跑，甚至跳跃，之后出现呼吸困难，耳与尾呈青紫色；而氢氰酸呈一过性兴奋，呼吸加快、加深，之后呼吸困难，耳与尾则为桃红色。可见同为氧化物，其中毒机制有所不同。此外，还应注意观察非致死性效应的可逆性，从而全面了解化学物的急性毒性，外推至人时，可逆性毒作用显得更为重要。

（三）LD_{50}应用中的有关问题

LD_{50}具有很重要的毒理学意义。但由于生物学试验的复杂性，LD_{50}不是一个生物学常数，急性毒性试验方法仅反映急性致死性程度，具有较大的局限性，对于这些试验和LD_{50}的意义，多年来一直有不同的意见。经典的急性毒性试验及其LD_{50}值的精确评定曾经是各国药品注册法规的主要内容之一，在新药的开发注册中发挥了重要的作用。但随着科学的进步，越来越多的新药研发机构和管理当局意识到了LD_{50}的局限性，主要表现在以下几方面：

（1）评价新药或化学物时，LD_{50}值给予有效的信息较少，实用性有限。化学物单次大剂量急性中毒，动物多死于中枢神经系统及心血管功能障碍，并不能很好地显示出各自的毒作用特征。

（2）LD_{50}的波动性很大，影响因素很多，如性别、年龄、身体状况以及环境条件等，即使对于同一毒物所得出的结果差别也较大。1977年欧洲共同体组织了13个国家的100个实验室，在统一主要的实验条件下，进行化学物LD_{50}的测定。根据收集到的80个实验室的结果分析，差别可达2.44～8.38倍。

（3）物种差异对LD_{50}影响大。人和动物对药物的敏感性差别很大，如人和小鼠的致死剂量相差很大。例如东莨菪碱、阿托品，小鼠的LD_{50}分别为人的致死量的1253倍和250倍。

（4）经典急性毒性试验消耗的动物量大，一次试验至少需要30～50只动物。与替代试验比较，消耗的动物大约多1/3。很多情况只需要粗略估计急性毒性，使用替代方法可以减少不必要的动物和资源的浪费。

其实，在毒理学角度评定化学物的毒性级别时，也不需要精确的数值，按级别界定值只需粗略的LD_{50}。对于火灾烟气毒害来说，我们更加应该关注的是动物出现的毒性效应和染毒剂量及时间的量效关系，在啮齿类动物中不再需要给以致死水平的剂量。

（四）急性毒性分级和评价

急性毒性试验的主要目的之一就是对化学物的急性毒性进行分级（acute toxicity classification），评价化学物的急性毒性强弱，用于比较其急性毒性大小。近年来，关于化学物的毒性分级方法有了很大的变革。WHO 于 2003 年公布《全球化学品统一分类和标签制度》（GHS），2005 年修订，2008 年全面实施。这将有助于全球各国化学品管理工作的接轨，也将促进毒理学的全面发展。GHS 的第 3 部分健康危害，对于急性毒性分组是以 LD_{50}/LC_{50} 值（近似）为依据划分的。GHS 中关于急性毒性危险类别和标签要素见表 6-5。详细注解可参考 GHS。

表 6-5　急性毒性危害类别和急性毒性估计值（LD_{50} 或 LC_{50} 值）

接触途径	第 1 类	第 2 类	第 3 类	第 4 类	第 5 类
经口/（mg/kg 体重）	5	50	300	2000	
经皮/（mg/kg 体重）	50	200	1000	2000	5000
气体/（ppm，V/V）	100	500	2500	5000	
蒸气/（mg/L）	0.5	2.0	10	20	
粉尘与烟雾/（mg/L）	0.05	0.5	1.0	5	

二、短期、亚慢性和慢性毒性作用试验

（一）概述

在很多情况下，人类对生活中和生产环境中的化学物的接触方式是长期的、重复的、低水平的，不会发生急性毒作用。因为长期重复剂量染毒和一次剂量染毒所致毒作用可能完全不同，而且动物的不同年龄阶段对化学物的易感性不一样，故利用急性毒性资料难以预测慢性毒性。所以研究长期重复接触化学物的毒作用是很有必要的。

根据对外源化学物重复接触时间的长短，可分为重复剂量毒性作用（短期）、亚慢性毒性作用和慢性毒性作用。其相应的评价试验分别为重复剂量毒性试验（短期毒性试验）、亚慢性毒性试验和慢性毒性试验。

1. 蓄积作用

具有蓄积作用是发生慢性毒作用的前提。外源化学物连续地、反复地进入机体，一旦吸收速度或总量超过代谢转化排出的速度或总量时，化学物质就有可能在体内逐渐增加并贮留，这种现象称为化学物质的蓄积作用（accumulation）。蓄积于体内的化学物质可以原形或代谢转化产物的形式，或与机体中某些物质结合的形式存在。

当实验动物反复多次接触化学毒物后可以用分析方法在体内测出物质的原形或其代谢产物时，称为物质蓄积（material accumulation）。如果在机体内不能测出其原形或代谢产物，却出现了慢性毒性作用，称之为损伤蓄积（damage accumulation）。

2. 短期重复剂量毒性作用、亚慢性毒性和慢性毒性作用的基本概念

短期重复剂量毒性是指实验动物或人连续接触外源化学物 14～30d 所产生的中毒效应。亚慢性毒性（subchronic toxicity）是指实验动物或人连续较长期（相当于生命周期的 1/10）接触外源化学物所产生的中毒效应。慢性毒性（chronic toxicity）是指实验动物长期染毒外源化学物所引起的毒性效应。所谓“长期”并没有统一的、严格的时间界限，可以是终生染毒。由于慢性试验耗费大量的人力、物力和时间，一般在必要时才做。因此，重复剂量毒性试验和亚慢性试验具有预备和筛选的作用。尤其是 28d 短期毒性试验，基本成为一种初步估计长期接触可能引起的毒效应的经济实用的短期重复染毒试验。但确定慢性毒效应，30d 时

间似乎太短，而由 90d 亚慢性毒性试验结果判断慢性毒性效应基本得到认可。现在亚慢性毒性试验已经成为比较常用的长期重复染毒毒性试验，基本可以替代慢性试验，由该试验可确定外源化学物的未观察到有害作用的剂量（NOAEL）。

重复染毒毒性试验、亚慢性毒性试验和慢性毒性试验的目的为：

（1）观察长期接触受试物的毒性效应谱、毒作用特点和毒作用靶器官，了解其毒性机制。

（2）观察长期接触受试物毒性作用的可逆性。

（3）研究重复接触受试物毒性作用的剂量-反应（效应）关系，从初步了解到确定未观察到有害作用的剂量（NOAEL）和观察到有害作用的最小剂量（LOAEL），为制定人类接触的安全限量提供参考值。

（4）确定不同动物对受试物的毒效应的差异，为将研究结果外推到人提供依据。

（二）研究方法

1. 试验设计

重复剂量毒性试验、亚慢性毒性试验和慢性毒性试验在设计和评价上有许多共同之处，亚慢性毒性试验是长期重复试验最常用的，以该试验为重点介绍其研究方法。

（1）实验动物的选择

① 物种和品系：亚慢性毒性试验一般要求选择两种实验动物，一种是啮齿类，一种是非啮齿类。理论上，试验选择的实验动物应是对受试物的生物转化、生理生化、毒性反应与人类相当或相似的物种，但是在实际工作中往往不易满足。目前最好的选择是大鼠和犬，有条件时可用猴。亚慢性经皮毒性试验，可用兔或豚鼠。大鼠常用品系为 Wistar 和 Sprague-Dawley。犬的亚慢性毒性试验品系多为 Beagle 犬。

② 性别、年龄和动物数：一般要求选用两种性别，雌雄各半。特殊情况下如研究某种受试物的性腺毒性或生殖毒性，可选用单性别动物。所选动物一般为 6～8 周龄大鼠。大鼠、小鼠每组不少于 20 只，犬、猴每组不少于 6 只，雌雄各半。慢性试验的动物年龄应低于亚慢性试验，可用刚离乳大鼠，每组 40 只，雌雄各半。若试验要求在试验中期处死部分动物做中期检测，则每组动物数量要相应增加。对照组和剂量组动物数应相同，体重（年龄）一致。

③ 微生物学寄生虫学等级和饲养环境：亚慢性毒性试验周期较长，观察指标较多，实验动物的质量、喂饲条件和试验环境明显影响受试物的毒性反应。亚慢性毒性试验应使用清洁级及以上等级动物，饲养在屏障环境内进行试验。动物应有营养合理的饲料、洁净的饮水、清洁无污染的垫料和笼具。不同项目的试验应分室进行。人工控制昼夜交替。

（2）染毒方式与染毒期限

亚慢性毒性试验染毒途径的选择主要考虑两点：一是应当尽量选择和人类接触途径相似的方式；二是应当与预期进行的慢性毒性作用研究的接触途径相一致。一般以经口、经呼吸道和经皮染毒为多。染毒频率为每日一次，连续给予，如试验期为 3 个月或超过 3 个月时，也可每周 6 次。慢性毒性试验的期限取决于试验的具体要求和所选用的动物物种。工业毒物至少是 6 个月，环境毒物与食品则要求 1 年或 2 年。目前多数人主张动物终生染毒，这样获得的 LOAEL 和 NOAEL 更能准确反映化学物的实际慢性毒作用。亚慢性及慢性毒性试验实际操作要注意以下几个问题：

① 小动物常用灌胃法和喂饲法。大鼠和小鼠建议用灌胃法，特别是在要求染毒量准确性较高的情况下。犬采用胶囊法或灌胃法。食品可首选将受试物混入饲料，让动物自行食入，喂饲法应保证受试物在饲料中混合均匀，并且受试物稳定，受试物掺饲料的最大量有严格的规定，30d 试验不得超过 10g/100g 饲料，亚慢性 90d 试验，受试物的掺入量不得超过 8g/100g 饲料，慢性试验不得超过 5g/100g 饲料，否则会影响动物的营养状况，从而影响生长发育。

② 经呼吸道染毒的时间通常为每日 2～6h，根据设计需要可缩短或延长。OECD 的要求是在染毒柜中受试物浓度达到平衡后，亚慢性试验吸入 4h；慢性试验可模拟所研究的工业现场和环境场所，分间歇性吸入和连续性吸入。间歇性吸入适用于工业毒物，每天吸入 6～8h；连续性吸入适用于环境接触，一般要求吸入 22～24h。

③静脉注射途径在长期试验实施很困难，必要时，可用腹腔注射作替代方法，长期反复腹腔注射应注意无菌操作。

④ 在进行亚慢性毒性试验时，最好结合进行毒物动力学血药浓度的监测。为了维持实验动物体液中有一个准确的血药浓度水平，保持受试物生物学效应的每日相似性，亚慢性毒性试验每日染毒的时间应保持一致。一般在每日上午进行，给药后喂食。

（3）剂量选择和分组

在亚慢性毒性试验的设计中，染毒剂量的选择是最重要和最困难的问题之一，关系到试验的成败。为了得出明确的剂量-反应关系，确定未观察到有害作用的剂量，并且充分观察受试物长期接触的毒性作用，一般至少应设 3 个剂量组和 1 个阴性（溶剂）对照组。高剂量组应能引起明显的毒性或少量动物的死亡（少于 10%）。低剂量组应无中毒反应，相当于未观察到有害作用的剂量（NOAEL）。高、低剂量组间设置 1 个中剂量组，比较理想的中剂量组约相当于观察到有害作用的最低剂量（LOAEL）。组距以 3～10 倍为宜，最低不少于 2 倍。

亚慢性和慢性试验的剂量设计一般有几种考虑：

① 以相同物种的短期毒性资料为依据。亚慢性试验可依据急性毒性的阈剂量为最高剂量，或 1/5～1/20 的 LD_{50}的剂量（同一动物品系和同样染毒途径）。慢性试验以亚慢性试验毒效应的最大耐受量（MTD）为最高剂量。剂量选择的一般步骤可以归纳为：急性毒性试验→亚急性（28d）毒性试验→90d 毒性试验→慢性毒性试验。

② 对于人群主动摄入的食品和药品，可采用人体可能拟用的最高剂量为剂量设计依据。大鼠可用人临床拟用剂量的 10 倍、30 倍和 100 倍，非啮齿类可用 5 倍、15 倍和 50 倍。当预期受试物没有明显毒性时，亚慢性和慢性试验设计至少等于人拟用剂量的最大倍数，保健食品为 100 倍，化学药品为 30 倍，中药为 50 倍。由于各类化学品的特殊性以及管理政策的不同，其法规程序对剂量设计的要求有些差异。

2. 评价指标

试验过程及染毒结束时，应对实验动物进行全面、系统、深入的观察检测。图 6-2 为检测各种毒性终点的流程图。

（1）一般观察：每日观察实验动物进食量、体重、外观体征和行为活动、粪便性状等。有中毒反应的动物应取出单笼饲养，重点观察。发现死亡或濒死动物应及时尸检。每周观察并记录动物的饲料消耗量，计算食物利用率（feed efficiency），即 100g 饲料所增长的体重克数，表示为体重（g）/饲料（100g）。食物利用率可以鉴别动物体重降低是由于进食减少还是受试物毒作用。

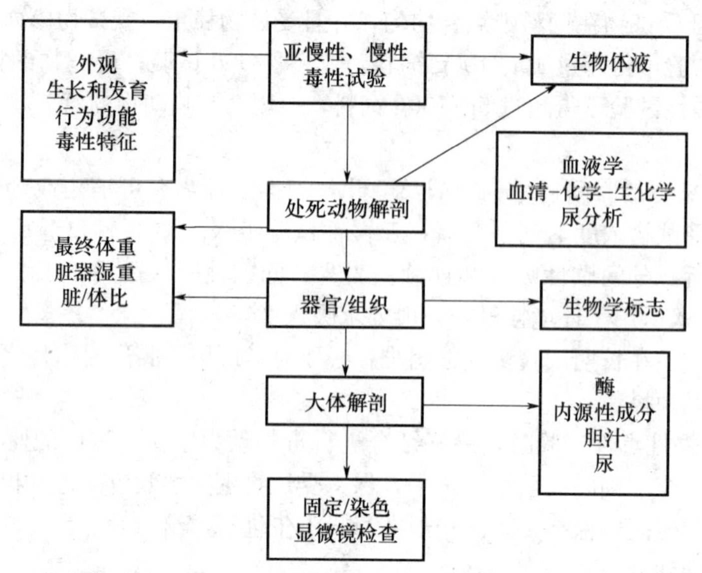

图 6-2　检测各种毒性终点的流程图

（2）实验室检测项目

① 血液学指标。红细胞或网织红细胞计数、血红蛋白、白细胞计数、白细胞分类、血小板计数，以及凝血功能有关的指标。

② 血液生化学指标。天门冬氨酸氨基转换酶（AST）、丙氨酸氨基转换酶（ALT）、碱性磷酸酶（ALP）、尿素氮（BUN）、总蛋白（TP）、清蛋白（ALB）、血糖（GLU）、总胆红素（T-BIL）、肌酐（Crea）、总胆固醇（T-CHO）等。

存活动物采血量不影响实验动物的生理功能，最大取血量为其动物总血量的10%。一般估计总血量约为50mL/kg，那么0.3kg的大鼠约有15mL血液，一次取血量不应超过1.5mL。

③ 系统尸解和病理组织学检查。应全面细致，发现异常器官应重点进行病理组织学检查。脏器称重和脏器系数：解剖后取出心、肝、肾、脾、肺、肾上腺、甲状腺、卵巢、子宫、脑、前列腺，称重并计算其脏器系数。脏器系数或称脏器相对重量（relative organ weight），指某个脏器的湿重与单位体重的比值，通常是每100g体重中某脏器所占的质量，表示为脏器质量（g）/体重（100g）。该指标比较适用于实质性脏器，若某脏器的脏器系数增大，反映该脏器的肿大，病变可能为增生、充血、水肿等；脏器系数减小，可能反映脏器发育不良或萎缩等变化。病理组织学检查：高剂量组对照组动物及尸检发现异常器官检查要详细。其他剂量组可取材保存。中高剂量组发现有异常病变时才进行检查。检查内容：心、肾、肝、脾、肺、肾上腺、甲状腺、垂体、前列腺、胸腺、睾丸（连附睾）、卵巢、子宫、胃、十二指肠、回肠、结肠、膜腺、膀胱、淋巴结、脑、脊髓、胸骨（骨和骨髓）、视神经等。一般可先做对照组和高剂量组的组织学检查。其他剂量组应取材保存，在高剂量组有异常时才进行检查。

④ 可逆性观察。最后一次给药后24h，每组活杀部分动物（如2/3），检测各项指标，

余下动物停止染毒，继续观察 2～4 周。如 24h 后的病理学检查发现有异常变化，应将余下动物活杀剖检，重点观察毒性反应器官，以了解毒性反应的可逆程度和可能出现的迟缓性毒性。

⑤ 指标观察时间。一般状况和症状的观察，每天观察一次。每周记录饲料消耗和体重一次。试验周期在 3 个月以内的，一般在最后一次给药后 24h 和恢复期结束时各进行一次各项指标的全面检测。必要时，在试验中间检测指标一次。试验周期在 3 个月以上的，可在试验中期活杀少量动物（高剂量组和对照组），全面检测各项指标。对濒死或死亡动物应及时检查。

⑥ 特异性指标及其他。所谓特异性指标，是指能反映毒物对机体毒作用本质的特征性指标，常与其毒作用机制有关，有时可作为效应生物学标志。在亚慢性毒性试验中，可以根据受试物毒性资料、试验中的观察等线索增加一些检查项目。如推测受试物可能对心血管系统有毒性，可进行心电图、血压、眼底检测；对神经系统有影响，可进行神经行为、神经反射等检查；对电解质、微量元素代谢有影响，则检测血钙、血磷等含量；还可增加眼科、骨髓象检查等。

3. 长期毒性试验的注意事项

长期毒性试验由于周期长，人力、物力、财力消耗很大。如果试验设计不周密，或者实施过程的失误，可能会带来不可弥补的损失；如果是委托试验，还可能面临法律诉讼等后果，将极大影响试验机构和试验者的声誉。实验质量控制是保证实验数据具有科学性、准确性和公平性的先决条件，长期毒性试验应该严格遵循 GLP 原则进行试验。

（1）重视试验项目管理

有效的项目管理指选择具有丰富的长期毒性试验经验的专业化人才对项目的设计和实施全面管理。应尽量排除非实验因素的干扰，保证试验的顺利进行。试验过程中应保障所有设施仪器的状态良好。参加实验人员必须是经过专业培训的人员，尤其是对每天灌胃或静脉给药等风险较大的操作，应排除一切出现操作失误的可能性。如果出现失误，均应如实记录，以利试验结果的准确评价。试验项目管理人员对试验实施过程的监管一定要落在实处。

（2）合理的试验设计

剂量设计是长期重复毒性试验成败的关键。剂量设置应能得到如下结果：足够高的剂量以能观察到受试物的毒性作用，动物死亡率不能超过 10%，如果是阴性结果，剂量设计必须达到技术规范的要求。否则，应该谨慎做出结论。成功的试验设计能得到明确的剂量-反应关系，获得理想的 LOAEL 和 NOAEL。完美的设计和理想的结果是对毒理学家知识和经验的挑战。如果对试验结果没有足够的信心，可以采取多设一个剂量组的方式；这样比试验失败后重做，将会赢得时间同时减少经费的损失。

（3）实验动物环境的要求

近年来，随着社会的进步、科学的发展、GLP 认证及国家实验室认可的普及，对动物环境和动物级别提出了更高的要求，以使试验结果得到国际认可。环境不良会导致动物自发性疾病过多，干扰试验结果。因此实验动物的饲养和试验环境标准化十分重要。大鼠的长期毒性试验必须在符合国家实验动物标准的屏障环境中进行。

（4）检测条件的控制

实验室检测指标在长期毒性试验结果评价中占重要地位，而且试验前、试验过程中和结束时需要多次进行指标检测，这就不仅要求所有检测仪器和辅助条件短期内准确可靠，而且要长期稳定可比。对仪器实施严格的质量控制是非常必要的。国家在临床检验规范化和质控方面有一套组织机构和标准，承担长期毒性试验的单位应主动加入国家甚至国际有关的质控体系。从仪器设备、试剂的选购、安装、保管、维护、校正，到检测方法、样品处理等标准操作规程（SOP）的制定，经常性的室间和室内质控、操作人员的培训等均纳入科学的管理之中。

（三）结果评价

长期重复染毒试验的主要目的是明确受试化学物的毒效应及其剂量-反应关系，获得未观察到有害作用的剂量（NOAEL）和观察到有害作用的最小剂量（LOAEL）。因此，对长期毒性试验的结果评价需要全面分析所采集的数据和资料，借助统计学方法，结合毒理学知识，综合分析，得出准确的结论。

首先明确观察指标是否有差异，与对照比较是寻找差异的基本方法。可根据数据类型选择合适的统计学方法进行分析。但必须明白，统计学分析可以确定在对照组与处理组间是否具有统计学上显著性差异，而不能作为受试物毒效应的主要判断标准，工作中常常遇到指标在统计学上具有显著性的差异，但无生物学意义和毒理学意义。当剂量组与对照组之间差别有显著性时，首先需要确定这种差异是否与受试物有关，或者仅仅是一个偶然结果。可以从剂量依赖性趋势、结果的重现性、相关联指标变化和两种性别的一致性等几方面帮助判别处理组与对照组间差别有无生物学意义。

（1）剂量相关趋势

剂量-反应关系是反映效应与处理因素相关最重要的指标之一，即效应大小随剂量水平的增加而发生改变。如果剂量组与对照组结果之间存在差异且随着受试物剂量水平的增加差异增加，那么这个效应很可能是与受试物有关；对照组产生的效应只在高剂量组有差异，在确定其意义时应同时考虑其他因素。如果没有出现剂量-反应关系，初步可以判断与受试物无关。因此，选取适当的剂量范围非常重要，有助于试验结果的解释与说明。最好的试验结果是最高剂量中毒效应明显，中剂量组有轻度表现，而低剂量组无任何异常毒效应。但是，如果观察指标中，差异有显著性而又无生物学意义的参数过多（如 90d 大鼠亚慢性毒性中占总参数数目的 15%以上），试验可能存在质量问题。

（2）反应重现性

试验结果可以重复，基本可以确定与受试物有关。重复可以包括在研究中不同时间点、同一物种实验动物在其他的独立研究中，或在另一个物种中发生相同的差异，那么更证明差异与处理有关。如果研究结果不可重现，尤其是实验条件相同时，那么此差异很可能是偶然产生的。

（3）相关指标变化

与对照组相比，处理组某项指标变化，伴随着相应的指标改变。这种效应可能与处理有关。尤其在分析血液生化学指标变化时需要将指标横向比较，即同类项的血液生化指标比较。此外，还需要结合病理组织观察，才能正确判断。例如，血清谷氨酸氨基转移酶活性升高，并伴有血清天门冬氨酸氨基转移酶及肝坏死，那么这种效应可能与受试物有关。如果没有相关指标的改变，那么这种酶活性升高可能没有意义，或者其意义必须考虑其他影响因素来进行评价。

（4）差异大小和性别差异

处理组与对照组之间差异的大小及类型也提示此差异与受试物处理可能的关联。例如，处理组动物器官重量是对照组的 2 倍要比增加 10%更应考虑是与受试物相关，虽然与对照组比较都具有统计学显著性。以大小和类型估计一种改变的意义时，需要知道数据的正常范围与趋势。性别差异的问题比较复杂。一般认为，雌雄动物对外源化学物的反应类型基本是一致的，但由于雌雄体内解毒酶活性高低不一，敏感性有差异。如果处理组与对照组的差异仅在一种性别的动物中发生，那么这种受试物可能与效应没有关联。但在某个剂量下可能只有敏感性较高的性别会发生效应。因此在分析结果时，不能仅凭在一种性别的动物下发生效应而认为此差异没有意义。

（5）历史性对照的作用

实验室的历史参考范围可作为评价阴性对照组与处理组之间差别的工具。历史的对照资料反映了正常的生物学变异。第一，可以识别异常的阴性对照；第二，可以更好地理解低发生率的发现；第三，如果指标变化与对照组比较有统计学意义，但在历史对照范围内，也就是说在正常生物变异范围内，该差异不能判断为与受试物有关的效应。

当对照组与处理组之间的差别是真实的，那么接下来要解决的下一个问题就是这种差异是否真的代表有害效应。前面所讨论的很多因素对于确定有害作用还是非有害作用都很重要，差别的大小依然是一个核心的问题。差别越大，越有可能是有害作用。如果有以下的情形，可以排除有害效应：受试对象的功能没有改变；该效应为短暂的、适应性的改变；没有相关的指标或参数变化；出现的效应不是该受试物已知效应的前期表现等等。总之，在重复剂量染毒、亚慢性和慢性毒性评价过程中，必须对整个试验期间的全部观察和检测结果进行全面的综合分析，结合化学物的理化性质、化学结构，应用生物学和医学的基本理论进行科学的评价，得出准确的结论，为外源化学物的管理决策提供实验室依据。

第七章　火灾烟气的生成及其相互作用

第一节　火灾烟气毒性的影响因素

燃烧产物毒性测试的目的是为燃烧产物的毒性提供定量的信息，从而可以依据火灾特性和火灾系统特点来判断材料或产物的适用性。从消防安全的角度来看，燃烧产物毒性的定量信息应为材料燃烧性能的重要信息，GB 8624—2012 已就此做出了明确的要求。但纵观历年来关于燃烧产物吸入毒性的调查研究或报道，所表述的实验过程在操作细节上的差别很大，使得实验室之间结果的对比较困难。为促进各实验室之间、研究人员之间的沟通交流及数据交换等，则必须使烟气毒性测试方法和测试条件达成一致，从产物生成条件、测试方法、毒性评价指标等多方面进行规范，也就是应形成火灾烟气测试方法的标准或通用模式。表 7-1 罗列了历年来一些通用的材料燃烧产物测试的相关技术特性。

表 7-1　材料燃烧产物测试的技术特性

燃烧模式	样品暴露条件	动物染毒模式	毒性评估指标
热解	杯式炉	静态染毒	化学分析
有焰燃烧	辐射炉	恒稳态	生物学指标
自由燃烧	自由火焰	依时性	失能效应
通风限制	管式炉	动态染毒	死亡
阴燃	静态	恒稳态	呼吸功能
无焰燃烧	流态	依时性	血液生化
	移动态	全身染毒	延迟效应
	并向流	呼吸染毒	半数效应浓度
	对向流	特殊装置	时间效应
	自动点火		临界温度
	引导点火		临界浓度

从上述测试条件组合可以形成多种测试方法，科学家的任务是选择一种或多种测试方法来模拟不同的烟气生成特点和受害者在实际火灾中的暴露危害。但鉴于实际火灾的复杂性，想从实验室角度完全模拟真实火灾条件无疑具有极大的难度。多年来的研究结果证实，尽管燃烧产物毒性效应受到燃烧模式、染毒方法等多种因素的影响，经典的材料燃烧性能测试方法对燃烧产物毒性的评价仍然具有极高的参考价值。

一、燃烧产物的形成条件

燃烧产物的组成、数量和形成速度将取决于许多因素，包括样品的化学成分。其中最主要的是样品的物理状态、通风条件和热辐射通量。在实验室和在大型火灾试验中，常用的毒性评估手段包括测试主要燃烧产物的浓度、产率对比、产物 GC/MS 技术鉴定以及实验动物暴露染毒等。但大型火灾中燃烧产物的浓度是高度非均匀的，有毒区域的位置、火灾气体的来源等都存在较大的不确定因素；大型试验耗时且昂贵。因此针对这些困难，研究并考虑材料燃烧过程基本特征如燃烧和暴露条件等，则更加有利于研究工作的开展。

（一）燃烧模式

材料在火灾中发生热分解一般有 4 种模式，分别是热解、有焰燃烧、无焰燃烧、阴燃。气体燃烧产物形成的特性可以明显地区分不同的模式。在一个给定的模式、环境条件（通风和热通量）下，可以进一步限定燃烧产物的生成。

1. 热解

热解是复杂材料在高温下惰性气氛或真空中进行的化学热降解和化学热分解过程。热降解是材料受热后结构组成中少数化学键发生断裂，结构和性能只有微小改变；热分解是在更高温度下化学键发生全面断裂，并伴随着气体挥发物、液体（焦油）和炭化残渣的生成，材料物理形态和化学性质也发生显著改变。这两个过程连续进行，并没有明显界限。然而，热分解直接与燃烧环节相关。实际上，完全无氧的环境并不存在，所以热解有非氧化热解和氧化热解两种形式，前者仅仅是由于受热，后者则是热和氧气共同作用，使热解在更低温度下进行，生成的热解产物也不尽相同。

一个有机固体材料（天然或合成的高分子材料）通过外部热源加热，当其温度达到大约400℃时将开始分解。这种相对恒定的热解温度通常导致碳-碳链或碳-氧链的断裂。对于线性聚合物，最初的分解可能采取链断裂的形式或分裂，导致挥发性燃料碎片的形成。一个典型的例子是聚甲基丙烯酸甲酯（PMMA），热解温度约为 400°C，几乎是定量单体的转换。因为热解过程的活化能高，若样品的辐射热通量增加，将导致热解速度加快，但很少会影响表面温度或分解产物的性质。很少有聚合物像 PMMA 一样裂解完全，但多数聚合物在一个相对恒定的温度下会完全裂解，并形成多种易挥发性燃烧产物的混合物。

对于交链聚合物，如许多天然产物等，在热解过程中，聚合物在链上包含的极性基团会随着小分子的消除而降解，导致进一步交联，在表面形成炭质层。挥发性产物可能由于存在大量的水、氯化氢和二氧化碳等组分相对不燃。因为炭层的热稳定性会使底层聚合物的表面温度增加。产物蒸气通过多孔炭层散逸出来。如果炭层的温度达到足够高的数值，焦炭将会被氧化（燃烧），从而有可能会导致进一步的能量释放，即开始有焰燃烧。挥发性的热解产物可以与空气混合形成可燃混合物，从而有利于有焰燃烧现象的发生。但何时从热解或阴燃状态向有焰燃烧阶段过渡，目前仍然无法准确预测。

热解行为直接影响着热解特性。所谓热解特性，就是热解过程中材料吸热或放热、质量损失、热解挥发物释放、炭层结集等相关性质。热解特性需要通过一定的分析手段进行测定，如各种热分析方法，包括热失重分析（TGA）、差热分析（DTA）、差示扫描量热分析（DSC）、热机械分析（TMA）、逸出气体分析（EGA）、热电学分析（TEA）和热光学分析（TPA）等，以及热解挥发物的分析与鉴定手段，如气相色谱-质谱联用分析（GC-MS）等。这些方法都能跟踪热解过程中各种物理性质随温度的演变。热分析方法中，TGA、DTA 和 DSC 最为常用。其中，TGA 测量内容是样品质量随温度变化的关系，由此确定材料在开始热降解、进行固化反应、发生玻璃化转变和达到熔点时是否释放气体；DSC 测量内容是流入与流出样品的热量随温度变化的关系，通常用于测定样品中的固含量、玻璃化转变温度（T_g）、熔点和热分解温度，并用来对晶体微细结构分析和高温状态结构变化进行研究；DTA 测量内容是程序控温条件下测量试样和参比基准物质间的温差与环境温度的函数关系，可用于测定高分子材料的玻璃化转变、高聚物在空气和惰性气体中的受热情况，研究高聚物中单体含量对 T_g 的影响以及共聚物的结构等。GC-MS 可以鉴定挥发组分种类和浓度。

一般聚合物具有特征的热分解温度和热解挥发物，见表 7-2。如果聚合物遵循链断裂机理热解，则在热解产物中会出现单体。而聚合物需要达到特定温度才开始热解，这个温度称为特征热解温度。从这个意义上说，三者之间具有直接对应关系。

表 7-2　常见聚合物热解温度及热解产物

热解产物	聚合物	热解温度/℃
葵烷、葵烯等	聚乙烯（PE）	340～440
二甲基庚烯醇	聚丙烯（PP）	320～400
异戊二烯、苯烯	聚异戊二烯	—
氯化氢、苯、萘	聚氯乙烯（PVC）	200～300
氯化氢、三氯苯	聚氯乙烯（PVC）	200～300
乙酸、苯	聚乙酸乙烯酯	—
苯乙烯	聚苯乙烯（PS）	300～400
丙烯腈	聚丙烯腈（PAN）	—
甲基丙烯酸甲酯	聚甲基丙烯酸甲酯（PMMA）	180～280
甲基丙烯酸丁酯	聚甲基丙烯酸丁酯	—
乙基丙烯酸酯	聚乙基丙烯酸酯	—
丁基丙烯酸酯	聚丁基丙烯酸酯	—
四氟乙烯	聚四氟乙烯（PTFE）	500～550
—	尼龙 6	300～350
呋喃、左旋葡聚糖	纤维素、纸张	280～380

通常，燃料的自燃温度会高于其热解温度，在缺乏高温点火源（火焰、火花或焦炭发光）情况下有焰燃烧不会发生，因此，固体类材料热解必须提供给足够的辐射通量。而且，烟气毒害作用在有焰燃烧状态下将远小于热解状态。

2. 有焰燃烧

如果点火源存在或超过自燃温度，只要燃料与空气混合物仍然在易燃范围内，有焰燃烧将开始并持续。在这种情况下燃烧产物的组成由氧气供应量来决定。评估有焰燃烧状态燃烧产物毒性的测试设计中，至少需要考虑两个实验条件：一是通风良好的燃烧状态；二是严格限制氧气供应导致的不完全燃烧状态。

在通风良好的火灾中发生燃烧，热释放会达到最高，主要产物为相对无毒的 CO_2 和 H_2O。如果氧气供应是有限的，燃烧将不完全并导致 CO 的生成和各种中间有机产物。烟气的毒效应会比完全氧化燃烧的产物更大。显然，根据火灾强度和通风条件，氧气供应状况在火灾发展过程中可以相差很大。在通风良好到通风受限的整个燃烧过程中，氧气浓度可以达到一个极低数值，从而防止有焰燃烧。

3. 阴燃

阴燃是某些固体可燃物的一种没有气相火焰的燃烧现象。阴燃的放热量较小，燃烧速度很慢，不容易发现，但阴燃有可能发展成明火燃烧。其燃烧反应发生在固体可燃物表面。阴燃过程与化学反应、换热过程、气体流动、物质扩散、相变等因素有关，作为阴燃燃烧的典型代表就是香烟燃烧。研究表明，固体可燃物的种类、状态、尺寸和环境条件对阴燃向明火转变有显著影响。一般质地松软、杂质少、透气性好的材料容易发生阴燃，例如棉花、烟草等。

阴燃区周围的氧气浓度增大，有助于阴燃的蔓延，当氧气浓度达到某一值时，就可发生向有焰燃烧的转变。对于由下向上蔓延的阴燃，若空气从下方供应，其流动方向与燃烧产物流动方向相同，有助于提高化学反应速率，对阴燃向有焰燃烧转变有利，故转变为明火的氧气浓度可低一些；而对于由上向下蔓延的阴燃，若仍从下方供应氧气，其流动方向与蔓延相反，不利于对向反应区供氧，也就是说必须在氧气浓度较高的情况下阴燃才能向明火燃烧转变。

阴燃反应后往往要形成一定的松散灰分层，它可以起到阻止氧气进入反应区的作用。如果灰分层脱落，将有利于氧气进入反应区，进而促使阴燃向明火燃烧转变。阴燃反应区的最高温度和产物浓度是阴燃转变成有焰燃烧的关键参数。阴燃反应的产物浓度与氧气浓度有关，所以氧气浓度是其中最关键的参数。

某些多孔燃料如棉絮、锯末，或者一些塑料泡沫会引发阴燃。阴燃前温度相对较低，且阴燃的产物是低氧有机碎片和碳质炭渣。由于低温和燃料消耗缓慢，阴燃可以持续很长一段时间而不会出现有焰燃烧。

纯阴燃相比有焰燃烧并不常见，但起源于阴燃的火灾显示出异乎寻常的高死亡率。发生在软垫家具和床上用品的阴燃，经常是由于随意丢弃的烟蒂而引起的。其他常见阴燃事故是电气短路绝缘层的阴燃，或是粗心的工人引起的刨花板的阴燃。阴燃是一个隐伏的危害，在缺乏感烟探测器的情况下，它的出现只有一个非常小的征兆，可以在一个非常低的水平持续几个小时，产生有毒产物直到最初的引燃源消失后发展为有焰燃烧的火灾。现有的毒性测试方法中还没有令人满意的阴燃模拟条件。

4. 无焰燃烧

纤维素燃料或交链聚合物的燃烧可能导致在燃料表面形成碳化层。这一现象可能抑制有焰燃烧的发生。氧气扩散到焦炭表面，发生氧化反应，产生大量的CO。野餐烧烤中无焰燃烧的木炭是这种燃烧方式的一个典型例子。在受限空间内用作加热单元的设备，有时也会生成致命浓度的CO气体。在常见的火灾救援或一些设备抢修过程中，或许人们并不能看到明火，只会在现场存留一些烧焦的残骸。如果这时不注意呼吸防护，或许会暴露到致命无味的CO气体之中，从而产生悲剧性的结果。

（二）燃烧实验条件

1. 可燃极限

当固体燃料是有焰燃烧，它首先分解形成挥发性燃料与空气混合形成可燃混合物，混合物浓度必须达到一个最低限值，才可以实现稳定有焰燃烧。这就是固体类燃料的可燃极限。为了达到稳定燃烧状态，作为一个标准条件，燃料最少需要获得1.8kJ/L的辐射热通量。碳氢化合物燃料如聚丙烯，要达到稳定燃烧状态，则至少需要达到40mg/L的可挥发的燃料

-空气混合物浓度。含氧元素或由不同元素组成的可燃燃料、挥发性不强的燃料的可燃极限将更高。如果要模拟有焰燃烧，必须注意到燃料浓度超过可燃极限的最低值。

有焰燃烧可以由一个足够高的温度引发自我维持的氧化反应（自燃），也可以由一个小高温源如火花或小火焰（引燃源）引发。在模拟有焰燃烧时应该提供一个适宜的引燃源。

2. 燃料与氧气比例

燃烧中燃料与氧气的比例对燃烧方式、产物的成分有很大的影响。氧浓度的减少会导致不完全燃烧和燃烧产物的构成产生转变，它可以使实验动物由于缺氧产生生理影响。后者效果有时因引入的二次空气或氧气燃烧后已经停止而得到避免，但前者效果很难避免。当空气的含氧量下降到2/3（从21%到14%）时，在燃料燃烧行为以及动物生理反应两方面都将有显著影响。

在标准条件下1L的空气将包含大约0.27g的氧气。完全燃烧生成二氧化碳和水需氧量的范围从约3.4克氧每克碳氢化合物如聚丙烯，到约1.19克氧每克高含氧燃料如纤维素等。在实际中至少需要3倍的氧气量来维持有焰燃烧。因此，至少每克样品需要4～12L的空气来模拟通风不良的火灾。更大量的空气将是模拟良好通风燃烧状态的条件。

3. 典型测试条件

关于一些典型毒性测试方法的燃烧环境的优缺点论述，在本书关于毒性评估方法章节已经有所涉及，这里只简单描述。

美标NBS测试中样品达到7～8g，放置在一个体积约为1L的杯式炉中进行热分解。杯式炉与200L暴露室连通，空气可以自由流通。燃料-空气比例将会随着实验过程中燃料和氧气的消耗以及新鲜空气以难以控制的方式进入炉内的情况而改变。很明显，该系统并不能以一个良好准确的方式进行燃烧试验。

德标53436提供了一个控制较好的毒性测试的燃烧环境。一个管式加热炉沿着管状燃烧容器以恒定速度移动，提供一个恒定的燃料供应与空气流逆流流向炉子的方向。在连续的实验中，在出口处近乎可以提供一个恒定的燃烧产物浓度。

匹兹堡大学测试方法中，通常使用燃料样品重约2～50g，空气流以11L/min穿过燃烧炉和动物暴露室，20L的燃烧炉以20℃/min的速度加热。显然，燃料/空气比率可以相差很大，范围从良好通风条件到缺氧条件。这取决于样品的质量和它的燃烧速度。样品失重的速度监控，可以在任何时刻估计炉内的条件。样品被点燃之后，将以扩散的形式燃烧，可模拟真实火灾的条件比其他方案要好。

圆顶室方法中，将1g样品置于一个封闭的燃烧室内，连接一个4.2L的动物暴露室。燃烧室加热速度40℃/min。很明显，完全燃烧的样品会耗尽室内的氧气。在实际过程中，只有一小部分的样品发生了氧化燃烧；多数样品被迅速加热，达到分解温度；大部分样品将在极度缺氧条件下裂解。这一测试方法与真实火灾燃烧条件相差较大。

（三）燃烧试验规模

依据试验规模可以将火灾研究的试验手段分为小尺度试验、中尺度试验和全尺度试验。

1. 小尺度试验

小尺度试验是通过研究一小块材料燃烧或者热解生成的物质来获得与火灾密切相关的数据。各种小尺度试验装置按照燃烧室情况分为三大类：杯炉、辐射炉和管式炉，每一类型的方法又由不同研究者开发了各自的静态或动态试验装置，见表7-3。

表 7-3　小尺度试验装置分类

方法分类	典型的独立试验
杯炉	NBS 杯炉 Dow 化学公司方法 Utah 大学方法
辐射炉	Weyerhaeuser 方法 NIST/SwRI 方法
管式炉	UPITT 方法 DIN53436 方法 圣弗朗西斯科大学方法 美国联邦航空管理局方法 密歇根大学方法 NASA/JSC 方法

装置决定了试样的大小，而欲研究的目标气体则决定了所选择材料的种类。动态装置的通风用空气流率 V_{air} 这一参数表征，一般不会超过 50L/min。常见的动态装置主要有 UPITT 试验方法和 Dow 化学公司试验方法。

2．全尺度试验

全尺度试验则是选择一个房间甚至整幢建筑物进行。这类试验在火灾研究中曾经发挥了很重要的作用，因为它对火灾模拟的真实性最好，但同时也有费用最高、试验的测量和控制难度大等特点。因此综合考虑其特点以及试验可能会对环境产生的影响，自 20 世纪 70 年代以来，只有少数几个规模较大的研究机构进行了这类试验。全尺度试验通常是用甲烷等易燃气体点燃堆放在试验着火区域的材料。

在全尺度试验中比较重要的一个参数是表征通风条件的通风系数 Φ，其定义为：

$$\Phi=\frac{m_f/m_{O_2}}{(m_f/m_{O_2})_0}$$

式中，m_f 代表燃烧的材料质量；m_{O_2} 代表消耗的氧气质量；下标 0 表示按化学当量燃烧。$\Phi=1$ 表示完全燃烧；$\Phi<1$ 对应于燃料控制燃烧；$\Phi>1$ 对应于通风控制燃烧。典型的全尺度试验是 ISO 9705 房间试验，及欧洲 7 个研究机构开展的 TOXFIRE 计划中对化学品仓库火灾的模拟研究。

3．中尺度试验

中尺度试验既不能完全发挥全尺度的真实性的优势，又不如小尺度经济，因而此类试验方法只有个别研究者使用。

二、动物暴露染毒条件

（一）暴露模块分类

动物暴露染毒系统分为静态和动态染毒模式。显然，这样的分类与燃烧系统的操作密切相关。如果燃烧发生在一个封闭的系统和动物暴露于所有的燃烧产物，暴露系统被划分为静态的。如果空气不断流动通过燃烧室，燃烧产物随空气流动输送到动物暴露室内，该系统被认为是动态的。

DIN53436 染毒过程是一个动态的系统，在整个暴露过程中，使动物暴露在一个几乎恒定浓度的燃烧产物中。美标 NBS 的程序，则是一个静态系统，在暴露阶段使动物暴露在相似的几乎恒定的浓度下。另一方面，旧金山大学圆顶室法，则是一个静态系统，使动物暴露在一个燃烧产物浓度急剧上升的环境中，直至死亡。匹兹堡大学方法是一种动态法，也使动物暴露在不同浓度的燃烧产物中，烟气浓度先增加，燃烧完成后浓度减少，产物被从炉内和暴露室清除。

（二）剂量-反应关系

经典呼吸毒理学是基于实验动物的剂量-反应关系上的，它反映了动物吸收的毒物剂量与生理反应之间的内在联系。这里的剂量被定义为产物的浓度和暴露时间的乘积。燃烧毒理学的剂量不同于生物剂量，实际上毒物吸入的剂量通常是未知的。在纯气体的研究中，浓度可以被精确测量和维持，剂量相对简单。在燃烧毒理学中，烟气浓度和成分都可以随时间和浓度的不同而不同，且测量难度较大。剂量-反应的应用关系更为困难。

燃烧产物的生理效应经常用 LD_{50}、LC_{50} 来描述，但因为它仅涉及到燃烧产物的浓度，不包含暴露染毒的时间，所以描述是不完整的。燃烧产物的毒性产生麻醉或死亡效应通常取决于剂量的累积，暴露染毒时间必须明确包括在内。

此外，燃烧产物的一些生理效应也会影响剂量-反应关系的形成。暴露刺激物可以减少呼吸量，从而减缓有毒产物的吸入；不可逆转吸收的毒物如 HCN，代谢过程可能会移除一些等。类似的情况可以很明显地影响剂量-反应关系的准确表达。

（三）暴露方法的比较

Anderson 等利用匹兹堡大学方法和美标 NBS 静态染毒方法比较材料燃烧产物的毒性，测量结果显示，各种热塑性材料的燃烧毒性在两种方法中的测试结果显示了较好的一致性，但对于纤维素制品（燃烧过程中容易形成焦炭），匹兹堡大学测试方法表征的燃烧产物毒性明显偏低。这一结论表明，暴露染毒方法的不同对于材料燃烧产物毒性的评估具有明显影响。

Cornish 等在静态和动态染毒系统中测试了相同材料的燃烧产物毒性。结果表明，静态系统中引起动物死亡所需要的材料是动态染毒系统的 10 倍。同时比较得出，在静态染毒系统中，如果材料燃烧产生 CO，则其毒性更强；在动态染毒系统中，如果材料燃烧产生卤化物，则其毒性更强。

第二节　火灾烟气中的燃烧产物

火灾中，材料受热分解、气化后，进入扩散火焰中燃烧，形成多种燃烧产物。一般来说，材料燃烧产物的生成和氧的消耗发生在扩散火焰的还原区和氧化区。在还原区，材料发生熔融、热解、气化，产生多种基团，这些基团发生反应形成烟、CO、碳氢化合物和其他中间产物。在此区域消耗的氧极少。材料转化成烟、CO、碳氢化合物和其他中间产物的程度取决于材料本身的化学性质。在氧化区，来自还原区的产物与来自空气中的氧气混合发生不同程度的氧化反应，放出化学热和各种完全氧化的产物，如 CO_2 和 H_2O 等。还原区产物与氧的反应速率取决于反应物的浓度、温度，以及与空气的混合程度。反应效率越低，则从火焰中逸出的还原产物越多。例如，在层流扩散火焰中，当氧化区的温度低于 1300K 时，就会有烟产生。

在建筑火灾中，室内顶棚热烟气层也可以用氧化区和还原区概念进行分析。当房间通风良好时，还原区产物主要集中在顶棚热烟气层的中心区，而氧化区的产物主要集中在房间的开口附近。当通风受限时，氧的供给速率降低，顶棚热烟气层将扩展变大，占住更大的空间，且还原区产物浓度也随之增大。在这种情况下，建筑物内将释放出大量的还原区产物，从而极大提高火灾的非热危险性。

一、燃烧产物的产率

材料在火灾燃烧中的生成速率正比于材料的质量损失速率和产率。其数学表达式如下：

$$\dot{G}''_j = y_i \dot{m}''$$

式中，$\dot{G}''_j$ 表示第 j 种燃烧产物的质量生成速率 [g/(m^2·s)]；y_i 为第 i 种燃烧产物的产率(g/g)；$\dot{m}''$表示材料的质量损失速率。

这样，通过生成速率就可计算燃烧产物生成的总质量：

$$M_j = A\sum_{n=t_0}^{n=t_f} \dot{G}''_j(t_n)\Delta t_n$$

式中，M_j 为第 j 种燃烧产物（包括有焰燃烧和无焰燃烧）生成的总质量（g）；t_0 为材料受热开始的时间（s）；t_f 为材料不再产生挥发性气体的时间（s）。

这样，第 j 种产物的平均产率则为

$$\bar{y}_j = \frac{M_j}{M_f}$$

氧的消耗速率也直接正比于材料的质量损失速率：

$$\dot{C}''_O = c_O \dot{m}''$$

式中，$\dot{C}''_O$ 为氧的消耗速率，[g/(m^2·s)]；c_O 为单位质量的燃料燃烧所消耗氧的质量（g/g）。

二、燃烧产物的生成速率

燃烧产物的生成速率和氧的消耗速率可以通过测定烟气与空气的混合气体中各组分的体积分数确定：

$$\dot{G}''_j = \frac{f_j \dot{V} \rho_j}{A} = f_j \dot{W}\left(\frac{\rho_j}{\rho_g A}\right)$$

$$\dot{C}''_O = \frac{f_O \dot{V} \rho_O}{A} = f_O \dot{W}\left(\frac{\rho_O}{\rho_g A}\right)$$

式中，f_j 为燃烧产物 j 的体积分数；f_O 为氧的体积分数；$\dot{V}$ 为烟气（含空气）的体积流量（m^2/s）；$\dot{W}$ 为烟气（含空气）的质量流量（g/s）；ρ_j、ρ_g、ρ_O 分别为燃烧产物 j、混合烟气和氧气在烟气温度下的密度（g/m^3）；A 为材料燃烧总面积（m^2）。

燃烧成分的体积分数可通过测量烟气的光密度确定。

$$D = \frac{\ln(I_0/I)}{l}$$

式中，D 为烟气光密度（1/m）；I_0/I 为烟气的透光率；l 为光程长度（m）。

获得 D 值后，烟气的体积分数可由下式计算：

$$f_s = \frac{D\lambda \times 10^{-6}}{\Omega}$$

式中，f_s 为烟气的体积分数；λ 为光源的波长（μm）；Ω 为烟粒子的消光系数，取 7.0。

在 ASTM E 2058 的火焰传播仪中，烟气的光密度使用波长为 0.4579μm（蓝光）、0.6328μm（红光）和 1.06μm（红外光）的光源测定。在锥形量热计中，则使用波长为 0.6328μm（红光）的氦-氖激光测量烟气的光密度。根据上述方程可知：

$$\dot{G}''_s = \left(\frac{D\lambda}{7}\right)\left(\frac{\rho_s}{\rho_a}\right)\left(\frac{\dot{W} \times 10^{-6}}{A}\right)$$

在 ASTM E 2058 的火焰传播仪和锥形量热计中，排烟管道内燃烧产物大约被稀释了 20 余倍，因此，空气的密度可近似取 $\rho_a = 1.2 \times 10^3 \mathrm{g/m^3}$，烟气的密度取 $\rho_s = 1.1 \times 10^6 \mathrm{g/cm^3}$，则有：

$$\dot{G}''_s = \left(\frac{1.1 \times 10^6 \times 10^{-6}}{7 \times 1.2 \times 10^3}\right)\left(\frac{\dot{W}}{A}\right)D\lambda$$

对于波长 $\lambda = 0.6328\mu$m 的红光，则有：

$$\dot{G}''_s = 0.0994\left(\frac{D_{red}\dot{V}}{A}\right) = 0.0829 \times 10^{-3}\left(\frac{D_{red}\dot{W}}{A}\right)$$

式中，D_{red} 为使用红光测得的光密度。在试验中，燃烧产物和空气混合物的总质量流速 $\dot{W}$ 可通过测量获得，样品的燃烧面积 A 在试验中为确定值。因此，利用上式就可计算出烟的生成速率。

在锥形量热计试验中，烟参数采用平均比消光面积（SEA，$\mathrm{m^2/kg}$）表征。

$$SEA = \frac{\sum \dot{V}_i D_i \Delta t_i}{W_f}$$

按照上述同样的处理方法可得到烟的平均产率 $\bar{y}_s$：

$$\bar{y}_s = 0.0994 \times 10^{-13} SEA$$

对于材料的发烟特征，也可采用质量光密度（MOD）进行表征：

$$MOD = \left[\frac{\lg(I_0/I)}{l}\right]\left(\frac{\dot{V}}{A\dot{m}''}\right) = \left(\frac{D}{2.303}\right)\left(\frac{A\dot{m}''}{A\dot{m}''}\right)$$

结合烟密度的体积分数和烟的平均产率方程，使用 $\rho_s = 1.1 \times 10^6 \mathrm{g/cm^3}$ 和 $\lambda = 0.6328\mu$m，可得到：

$$y_s = \left(\frac{\lambda\rho_s}{7}\right)\left(\frac{D\dot{V} \times 10^{-6}}{A\dot{m}''}\right) = 0.0994\left(\frac{MOD}{2.303}\right)$$

MOD 通常采用以 10 为底的对数计算，如果将其乘 2.303，再除以 1000，换成自然对数和 $\mathrm{m^2/kg}$ 的单位，则 MOD 就变成了比消光面积。

三、燃烧产物的生成效率

氧与可燃物之间的化学反应可用如下的一般反应方程表达：

$$F+\nu_O O_2+\nu_N N_2=\nu_{j1}J_1+\nu_{j2}J_2+\nu_N N_2$$

式中，F 代表可燃物的分子式；ν_O 为氧气的化学反应计量比系数；ν_N 为氮气的化学反应计量比系数；ν_{j1}、ν_{j2}分别为产物 J_1和 J_2的化学反应计量比系数。

氧与可燃物之间按化学反应计量比进行反应时的质量比可表达如下：

$$\psi_O=\left(\frac{\nu_O M_O}{M_f}\right)$$

式中，ψ_O 为氧与可燃物之间的质量比；M_O 为氧的分子量；M_f 为可燃物的分子量。

同样，产物按化学计量比反应的产率可表示如下：

$$\psi_j=\left(\frac{\nu_j M_j}{M_f}\right)$$

式中，ψ_j 为产物 j 的产率；M_j 为产物 j 的分子量。

当用耗氧率和产率表达为氧的耗氧速率和产物的生成速率时，产率可以反映材料在有焰燃烧和无焰燃烧中产物的性质和产量。理想的耗氧速率和产物的生成速率分别表达如下：

$$\dot{C}''_{st,o}=\psi_O\dot{m}''$$

$$\dot{C}''_{st,j}=\psi_j\dot{m}''$$

在真实的火灾中，材料燃烧实际的耗氧速率和产物的实际生成速率都要小于理想的耗氧速率和理想的产物生成速率。实际速率与理想速率的比率，在这里就定义为材料燃烧的耗氧效率（η_O）和产物生成的效率（η_j），分别表示如下：

$$\eta_O=\frac{\dot{C}''_{ac,o}}{\dot{C}''_{st,o}}=\frac{c_O\dot{m}''}{\psi_O\dot{m}''}==\frac{c_O}{\psi_O}$$

$$\eta_j=\frac{\dot{C}''_{ac,j}}{\dot{C}''_{st,j}}=\frac{c_j\dot{m}''}{\psi_j\dot{m}''}==\frac{c_j}{\psi_j}$$

四、通风状态对燃烧产物生成效率的影响

在建筑火灾的初期阶段，燃烧属燃料控制，火灾很容易控制和扑灭。当火灾继续发生，特别是在房间通风受限和具有大面积的可燃材料表面时，将出现通风控制的燃烧，此时很容易出现轰燃的最危险状态。在通风控制的火灾中，来自空气中的氧气与来自材料热分解生成的或不完全燃烧的可燃气体之间的化学反应和热释放速率都会减慢。在通风控制的火灾中，材料的热释放速率取决于空气的供给速率、材料的质量损失速率和其他一些因素。在通风控制的燃烧中，通常将空气供给速率和材料的质量损失速率的作用，采用通风当量比（Φ）来表征。

$$\Phi=\frac{r\dot{m}''A}{\dot{m}_{air}}$$

式中，r 为空气与燃料的化学反应计量比（g/g）；A 为材料暴露燃烧的表面积（m^2）；$\dot{m}''$为材料的质量损失速率［g/(m^2 · s)］；$\dot{m}_{air}$为空气的质量流速（g/s）。

当燃烧由燃料控制转变为通风控制时，通风控制的作用可用通风当量比来表征。通风减少，当量比增大，燃烧还原区的产物（烟、CO、碳氢化合物等）增多。例如，在室内发生

明火燃烧的木材，当通风当量比升高时，燃烧效率降低，燃烧火焰失去稳定性，CO 的生成效率在通风当量比为 2.5 至 4.0 之间出现峰值。

对于建筑物通风控制的室内火灾，通常用经典的双区域火灾模型来描述。顶棚下形成烟气层和地板以上空气层构成了室内火灾的两个典型区域。通常上部的烟气层占据了绝大部分室内空间，烟气层与空气层的界面位置距地板很低，燃烧可利用的氧也就很少，材料热分解的产物大部分转变成还原区的产物。大、小尺度的火灾试验表明，当通风当量比增大时，氧化区产物（如 CO_2、H_2O 等）的生成效率和氧化剂的消耗效率均会减小，而还原区产物（如烟、CO、碳氢化合物等）的生成效率增大。

材料燃烧时氧消耗和氧化区产物生成的效率比与材料的化学结构关系不大，但是，还原区产物生成效率比与材料的化学结构密切相关。

大尺度火灾试验中通常采用 CO_2/CO 反映供氧情况，这个比值越小，表明缺氧越严重。一般 $CO_2/CO>8$ 即可认为氧气供应充足，由燃料控制燃烧；$CO_2/CO<8$ 则被认为是氧气供应不足，处于通风控制燃烧阶段。

五、发烟点对燃烧产物产率的影响

发烟点（smoking point）定义为在层流的扩散火焰的对称轴方向，从燃烧面起到烟尘刚好离开火焰尖部的最小高度。使用发烟点表征材料燃烧时的产烟特性已有几十年的历史。气体、液体和固体燃料的发烟点都可通过规定条件下的试验测定。

火焰中烟尘的生成取决于燃料的化学结构、浓度和温度，以及火焰温度、环境压力和氧的浓度。在火焰的对称轴方向，当燃料与氧按化学剂量比反应时，即达到扩散火焰的末端。紧随火焰的是脱离燃烧的炭粒子区，此区域部分受化学反应控制。随着炭颗粒浓度的升高，炭颗粒氧化区可增大至可见火焰长度的10%～50%。火焰的明亮度和烟的释放取决于炭颗粒的产量和氧化程度。当氧化区炭颗粒的温度低于 1300K 时，火焰中即可释放出烟尘。沿着烟羽流的方向，由于热辐射和新鲜空气的冷却，炭颗粒温度降低，从而使氧化反应逐渐停止。

发烟点、碳氢比、芳香性和火焰温度都是用于评价燃料在层流扩散火焰中的相对发烟特性。燃料的发烟能力与其发烟点成反比。在层流的扩散火焰中，碳氢燃料发烟点的大小次序依次是：芳烃＜炔烃＜烯烃＜烷烃。研究表明，在规定的实验条件下，燃料的发烟点与其燃烧时火焰的热辐射、燃烧效率和产物的生成效率具有确定的函数关系。

一般而言，发烟点将随可燃物分子量的增大而减小。但是对于聚合物和其对应的单体而言，则有不同。研究表明，乙烯和聚乙烯的发烟点分别为 0.097m 和 0.045m；丙烯和聚丙烯分别为 0.030m 和 0.050m；苯乙烯和聚苯乙烯分别为 0.006m 和 0.015m。这一数据正好支持了聚合物分解气化的机理。聚乙烯、聚丙烯和聚苯乙烯热分解气化产物为高分子量的齐聚物而不是它们对应的单体。因此，它们的发烟点与对应单体的发烟点各不相同。上述数据表明，聚乙烯的发烟能力大于乙烯，而聚丙烯和聚苯乙烯的发烟能力则要小于对应的单体。

此外，研究还表明，发烟点对 CO 和烟生成的影响要明显大于对燃烧效率的影响。例如，发烟点从 0.15m 下降到 0.10m，下降 33%，燃烧效率下降 4%，对流部分燃烧效率下降 12%，而 CO 和烟的生成放率分别增大 89%和 67%。这可从发烟点与可燃物的化学结构密切相关的角度加以理解。

需要再一次强调的是，发烟点的值与试验仪器密切相关。因此，发烟点的数据具有相对性。不同试验得到的结果应该通过确定相关性，进行相互换算后，才具有可比性。

第三节　火灾烟气的相互作用

在火灾中，虽然燃烧生成的各种单一的气体毒物都可以通过不同的机理产生截然不同的生理效应，但应该预料到，烟气的毒性往往是各种有毒气体综合作用的结果。不同程度的部分损害状况对失能或死亡所起的促进作用可能是近似相加性的。对混合毒气模型的研究，使人们意识到，在真正的火灾烟气环境中，危险性可能比人们最初设想的在单个毒物对应浓度作用下的危险性更大。这已由许多利用啮齿动物进行的研究所证明，而且是评价毒性危险的关键要素。

一、联合作用分类

在生活和生产环境中，人类往往同时或先后接触来自多种来源的大量化学物，火灾环境中更是如此。在毒理学中研究多种化学物对机体的综合毒性作用，比鉴定单一外源化学物的毒性作用更为复杂。同时或先后接触两种或两种以上外源化学物对机体产生的毒性效应被称为联合作用。联合作用分为以下几类。

（一）非交互作用

1. 相加作用

相加作用（addition joint action）指每一化学物以同样的方式、相同的机制，作用于相同的靶，仅仅是它们的效力不同。它们对机体产生的毒性效应等于各个外源化学物单独对机体所产生效应的算术总和。相加作用也称为简单的相似作用、简单的联合作用或剂量相加作用，是一个非交互的过程。这种联合作用中每个化合物都按照他们的相对毒性和剂量比例对总毒性做贡献，原则上不存在阈值。

CO和缺氧之间的关系在某种程度上也是累加的，因为这两种情况都会降低动脉血液中氧的饱和浓度，而且CO还会影响血液向机体组织输氧。此外大部分刺激性气体引起的呼吸道刺激作用亦多呈相加作用。

2. 独立作用

独立作用（independent action）也称为简单的独立作用、简单的不同作用或反应（或效应）相加作用。在同一事件中，各外源化学物相互不影响彼此的毒性效应，作用的模式和作用的部位可能（但不是必然）不同，各化学物表现出各自的毒性效应。效应相加是对混合物中每个化合物的反应的总和决定的相加效应。如严重中毒导致的共同效应死亡。

在这里，术语“反应”和“效应”通常被当作同义词使用。但是，术语“反应相加”应该更明确地被用来描述群体中“反应的数量”。因为存在着群体中的每个个体是否对混合物中的化学物有耐受性的问题。如果浓度超过耐受剂量，个体将显示出对一个毒物的一个反应。在这种情况下，应得出反应的数量而非混合物对一群个体的平均的效应。

在人体实际的低剂量接触中，反应相加和剂量相加的概念有很大差别。对于反应相加，当各化学物剂量低于无作用水平，即各化学物造成的反应为零时，总联合作用为零。而对于剂量相加模型，各化学物低于无有害作用水平也可发生联合毒作用。对于低剂量的多重暴露，剂量相加可能导致严重的毒性。对于有线性剂量-反应关系的遗传毒性致癌物（假定不存在无作用水平，作用机制被认为是“相似的”)，反应相加和剂量相加可得到相同的毒作用。

(二) 交互作用

两种或两种以上外源化学物造成比预期的相加作用更强的（协同、增强）或更弱的（拮抗作用）联合效应，在毒理学中称之为外源化学物对机体的交互作用（interaction)。交互作用的机制很复杂，可能是生理化学和（或）生物学的，也可能是在毒物动力学相中存在的交互作用。毒物动力学相中的交互作用可以是相互之间的化学反应或对吸收和排泄过程的相互影响，但最明显、最重要的是酶诱导和（或）抑制作用，化合物通过影响生物转化酶的量影响其他化学物的毒性。如果两种化学物竞争同一个受体，可发生毒效学交互作用。

1. 协同作用

外源化学物对机体所产生的总毒性效应大于各个外源化学物单独对机体的毒性效应总和，即毒性增强，称为协同作用（synergistic effect)。例如，NO_2与 CO 共同作用会增加 CO 的毒性，毒性效果强于二者之和。从有关老鼠的研究中可以看出，HCl 和 HCN 的分数有效剂量也具有协同作用。在每一种毒物均不会独自导致暴露后死亡的条件下，这些毒物的浓度组合却可以导致暴露后死亡的发生。死亡经常发生在暴露以后的几天内。

2. 加强作用

一种化学物对某器官或系统并无毒性，但与另一种化学物同时或先后暴露时使其毒性效应增强，称为加强作用（potentiation joint action)。例如二氧化碳（CO_2）自身的毒性比较低，但是，它对呼吸起刺激作用，通过影响 CO 的吸入从而导致血液中碳氧血红蛋白的生成速率增加，加大了 CO 气体的毒性作用。

3. 拮抗作用

外源化学物对机体所产生的联合毒性效应低于各个外源化学物单独毒性效应的总和，即为拮抗作用（antagonistic joint action)。如果一种化学物对某器官或系统并无毒性，但与另一种化学物同时或先后暴露时使其毒性效应降低，也称为抑制作用（inhibitive joint action)。拮抗作用的机制可以是功能拮抗、化学拮抗或灭活、处置拮抗、受体拮抗。例如，功能拮抗可见于许多药物，当巴比妥中毒时给予去甲肾上腺素或间羟胺等血管加压药物，即可有效地拮抗巴比妥造成的血压下降作用。如二巯丙醇与砷、汞、铅等金属离子络合，从而减少这些金属毒物的毒性，是化学拮抗。还有一种拮抗作用，治疗有机磷农药中毒的阿托品，就是有机磷化合物毒性的拮抗剂；解磷定则是有机磷化合物的生化拮抗剂。

如NO_2和 HCN 两种气体混合在一起，则 HCN 的毒性会大大降低（当有 200ppm 的NO_2存在时，则 HCN 的LC_{50}增加到 480ppm，是 HCN 单独存在时的 2.4 倍)。三元气体混合物中（NO_2+CO_2+HCN)，CO_2不会增加混合物的毒性，反而会进一步增加NO_2的保护效应，这是因为NO_2和CO_2同时存在比NO_2单独存在时能产生更多的 MetHb，而该物质是极好的 HCN 消毒剂。超过两种以上的气体混合在一起，其毒性的影响将更为复杂，需要通过大量的实验加以验证。

二、火灾烟气的联合作用

(一) CO 与 HCl 的相互作用

在氯化氢和一氧化碳混合物的案例中，对毒理数据的经验分析表明，致死的暴露剂量也有协同效果。观察啮齿类动物表明，当有 CO 存在时，HCl 可能比以前想象的要危险得多。

或者相反，当有一种刺激物同时存在时，CO 中毒的严重程度可能要比无该种刺激物时大得多。老鼠暴露于 HCl 中时，在其血液中可以看到快速呼吸性酸中毒。这种中毒与由 CO 产生的代谢性酸中毒结合，可使老鼠受到严重损害。由于碳氧血红蛋白释放受到延误并且血液 pH 值长时间偏低，导致暴露后恢复比正常情况缓慢。合并损伤的结果是大鼠暴露染毒后死亡的发生率增加。这种效应对人的暴露有很大意义，例如获救或逃生后长时间的血氧过少状态。另外，还有迹象表明，当灵长目动物同时暴露于 HCl 和 CO 中时，CO 的失能效应可能会在其身上加强。这种情况的出现，可导致动脉血液中氧气分压减小。这对于其他刺激物或许也是如此。

由于 CO 导致的失能是一种完全不同的情况，但是，由于盐酸的存在，即使是少量的盐酸，也能表现出一种感官的刺激作用，从而降低每分钟呼吸量（RMV）和碳氧血红蛋白在啮齿类动物的血液中的形成速率。结果，在 HCl 存在的情况下，啮齿动物由于 CO 而导致失能所需要的时间更长。盐酸的更进一步作用是通过破坏氧和氧合血红蛋白的平衡导致快速的血液酸中毒，结果氧气被更多地提供给动物。因此，啮齿动物抵抗能力丧失时间可能变得更长（啮齿动物 RMV 相对于灵长类降低是由于并没有测试刺激物对灵长类的影响，其中所述效应实际上是增加 RMV。此外，在刺激物 HCl 存在下，灵长类血液中的氧（PO_2）的降低表现显著）。

（二）CO 与 HCN 之间的相互作用

CO 和 HCN 之间的毒性作用几乎没有影响，因为 CO 减少血液中输送氧的量从而减少输送给各个机体组织的氧，而 HCN 降低机体组织利用氧的能力，所以这两种气体可以构成氧供应和氧利用的速度极限。然而大家有一个共识，即这两种气体之间有累积的影响。试验表明，当 HCN 中有接近毒性浓度的 CO 存在时，将缩短 HCN 致人失去行为能力的时间。同时，HCN 也会对人产生过度换气的影响，从而增大 CO 的吸入量。在这种情况下，我们可以认为这两种气体在致人失去行为能力的时间上和致死剂量上是可以累加的，当其中一种气体的毒性剂量分数相加达到 1 时，就会使人失去行为能力或死亡。

尽管没有证据表明一氧化碳和氰化氢之间的协同效应，当导致失能或致死时表现为需要小剂量时，这两个窒息性毒物似乎互为添加剂。因此，作为合理的近似，将有效剂量的 CO 可以添加到 HCN 当中去，并且积分求和所得的时间（100％），可以用于估计特定的毒理学效应的发生。

（三）NO_2 与 HCN 的相互作用

何瑾等在研究含氮高分子材料的热解烟气毒性中指出，NO_2 与 HCN 混合具有拮抗作用。在动物暴露染毒试验中发现，腈纶毛线热解烟气中 HCN 的 LC_{50} 暴露剂量约为 4％；羊毛地毯热解烟气中 HCN 的暴露剂量约为 6％，NO_2 的 LC_{50} 暴露剂量约为 7.5×10^{-3}。Barbarauskas 等人在使用配气法研究 *N*-Gas 模型时也发现，单独使用 NO_2 时 NO_2 的 LC_{50} 为 200×10^{-6}（包括暴露后），单独使用 HCN 时 30min 暴露期内 HCN 的 LC_{50} 为 200×10^{-6}。但是，在加入 200×10^{-6} 的 NO_2 后，30min 暴露期内 HCN 的 LC_{50} 变为 480×10^{-6}，因此可以推断，NO_2 对 HCN 的毒性有拮抗作用。

Rodkey 认为此拮抗作用的可能机理为：NO_2 在水中能形成 HNO_3 和 HNO_2，这些含氮的酸在血液中离解成 NO_2^-，NO_2^- 在氧基血红素（O_2 Hb）的帮助下将亚铁离子氧化为 MetHb；在血液中 MetHb 与氰化物结合生成氰甲基高铁血红蛋白，从而阻止了细胞毒素效应的产生。

$$2H^{+}+3NO_2^{-}+2O_2Hb(Fe^{2+})=2MeHb(Fe^{3+})+3NO_3^{-}+H_2O$$

（四）CO_2与烟气其他成分的相互作用

二氧化碳（CO_2）自身的毒性比较低，它在燃烧毒理学上通常被认为是值得关注的因素，也并不是因为自身的毒性。但是，它对呼吸起刺激作用，通过影响CO的吸入从而导致血液中碳氧血红蛋白的生成速率增加。平衡状态时HbCO的饱和度达到与没有CO_2时相同的水平。如果没有CO_2，碳氧血红蛋白的平衡饱和度同样会受到影响；但是，和HCl相比，CO_2导致失能时间一般较长，这是由于它们导致氧-氧合血红蛋白平衡变化的速度不一样。已经观察到与CO和CO_2的某些特定组合导致了致死率（特别是暴露后）的增加，这或许与CO和HCl的混合物类似。该作用可能与呼吸性酸中毒（由CO_2引起）和代谢性酸中毒（由CO引起）的共同损伤有关，在这种共同损伤下，啮齿动物很难从这种联合损害状态下恢复过来。CO_2的这些效应是否发生于灵长目动物身上，目前尚不能确定。

CO_2与其他毒性气体之间的相互影响是极其重要的，因为它会导致过度换气从而增进毒性气体的吸入，并缩短致人失去行为能力的时间（或吸入致死剂量的时间）。这种影响对于CO中毒的人最重要，尤其是处于休息状态的中毒者，而处于活跃状态下的人也会在某种程度上受到影响。

已有研究表明：在火灾毒性气体中，CO和RO_2（贫氧）在导致人员失能方面起直接作用，而CO_2主要通过增加人员呼吸换气速率导致其他毒性气体的吸入量的增加，在导致人员失能方面有着重要的间接作用。当CO_2浓度超过呼吸换气速率改变的阈值（2%）时，人员的呼吸换气速率最高可增加8.88倍，在有、无高浓度CO_2的情况下，CO吸入的内部剂量可相差1.68倍～6.04倍。

（五）火焰工况对烟气毒性的影响

1. 火焰对于烟气毒性的削减作用

有焰燃烧工况下火焰对于烟气毒性的削减作用有两个方面：第一，火焰的存在会产生一个高温区域，在此区域内的CO将会被火焰焚烧，氧化为CO_2，导致烟气中CO浓度下降，烟气毒性降低；第二，材料释放出来的其他可燃或者不稳定毒害物质也会被火焰焚烧或分解，导致烟气中毒害物质种类和数量减少，毒性降低。

2. 火焰对于烟气毒性的加强作用

相对而言，在无焰燃烧工况下从固体材料中释放出来的各种气体和液体挥发物发生进一步的二次反应的概率是比较小的，释放出来的各种毒害物质会相对稳定地存在于产出的烟气中。但是在有焰燃烧工况下，火焰的存在会产生巨大热量并显著增强氧气的消耗，还会引发一系列复杂的变化过程，其中一些过程将会使得材料中碳元素更加充分地转化为CO和CO_2，增加烟气的毒性。

（1）火焰产生的巨大热量使得材料实际升温速率增加，温度迅速提高，进一步强化了材料中碳元素的氧化程度，促使碳元素更多地转化为CO和CO_2。材料的实际升温速率和温度可能会比外界施加的标称值高很多，这不仅会产生动力学影响，使得材料的热解和燃烧过程加速，毒害物质生成速率增加，也会加大材料的氧化程度，使得原本的残炭发生氧化反应生成更多的CO和CO_2，导致二者的产率和材料的燃尽度提高。这是一个非常复杂的复合过程，目前尚无足够的试验数据来进行详细的定量分析，但这一影响肯定是存在的，被强化了的氧化过程将会使得材料中的碳元素更多地转化为CO和CO_2，增强烟气的毒性。至于在数量上这一因素会产生多大影响，以及在其他相关影响因素共同存在时这一因素的影响所占比重的大小，尚需结合具体情况做深入研究。

(2) 火焰产生的巨大热量会在一定空间范围内形成一个高温区域，促使一次热解产物发生复杂的二次反应。对于一次热解产物中的气体物质，高温区域的存在不仅会使CO进一步氧化，导致CO减少和CO_2增加，也会使烃类、醛类、酸类、酚和酮等物质发生复杂的分解与氧化反应（此类物质的含碳量占总碳量的比例高达15%左右），生成更多的CO和CO_2；对于一次热解产物中的液体物质（焦油），高温区域的存在会促使其发生二次裂解和燃烧现象，也会生成更多的CO和CO_2。这些变化因素均会增强烟气的毒性。

(3) 火焰会消耗大量氧气，导致烟气中含氧量明显下降，进一步增强了烟气毒性。对于不同材料，火焰对于烟气毒性的削减和加强作用复合后所产生的最终结果各不相同。最终结果可能是烟气毒性被削减，也可能是烟气毒性被加强。定性地讲，对于挥发性较差和固定碳含量较高的材料，烟气毒性被加强的作用会比较明显，反之则要呈现出毒性被削弱的结果。

第八章 火灾烟气毒害控制技术

火灾发生时的烟气是对人员生命安全构成威胁的重要危险源。为了防止建筑火灾的发生、减少火灾损失，人们总要采取各种消防对策和消防管理手段控制或改变火灾过程。这些消防对策从本质上来说是采取措施来约束、限制火灾中的可燃物、烟气等危险源，但完全能够约束、限制火灾危险只能是一种理想化状态。因此从减少火灾危害的角度出发，有效控制火灾烟气则是一个可以显著降低火灾危害的有效途径。

第一节 材料产烟毒性分级管理

建筑材料燃烧后产生的有毒气体是火灾中造成人员伤亡的最主要原因，世界各国都非常重视材料的燃烧产烟及烟气毒性方面的评价研究。早在20世纪80年代，我国就开始进行建筑材料产烟毒性危险性评价的研究。通过对比当时国外的产烟模型和评价方法，对国外资料和现状进行了全面分析和认真研究，选择德国工业标准DIN 53436的产烟装置来制取等浓度烟气流，非常适合烟气取样分析和动物染毒定量化评价。我国的科学工作者在借鉴DIN装置技术的基础上，自行建立了以移动式环形加热炉与动式吸入染毒暴露箱联动的整套材料产烟染毒试验装置，同时根据大量的动物试验基础，推导出了烟气的定量计算公式和准确描述烟气的方法，逐渐形成了一套供材料产烟毒性评价和研究的试验方法学。在确定方法并建立相应的试验装置后，经过大量动物染毒试验，于1996年正式发布实施了公共安全行业标准《材料产烟毒性分级》(GA 132—1996)。作为该分级标准的补充，《材料的火灾场景烟气制取方法》(GA 505) 和《火灾烟气毒性危险评价方法——动物试验法》(GA 506) 已于2004年10月正式实施。染毒部分参考JIS A 1321的技术内容。

GB/T 20285—2006是在以上三个公安行业标准的基础上形成的国家标准，技术内容上未做原则性修改，只是将两个方法标准和一个分级标准合三为一，其适用范围更集中于对材料产烟毒性的危险评价。形成国家标准后，将更有利于促进各个行业尤其是化学建材行业进行技术创新和产品阻燃处理。

一、部分术语解释

GB/T 20285—2006适用于建筑材料稳定产烟条件下的烟气毒性危险分级，分级数据来源于标准规定的产烟方法和动物试验评价方法。理解标准中的重要术语有利于理解和使用标准。现将涉及到的部分术语简要阐述如下。

1. *材料稳定产烟*

指每时刻产烟材料的质量浓度稳定，烟生成物相对比例不变的产烟过程。本标准所规定的产烟条件就是一个稳态的匀速加热扫描过程，在等速载气流下，稳定供热的环形炉对均匀的条形试样进行等速移动扫描加热，实现石英加热管内受检试样的稳定热分解，从而获得稳态浓度烟气流。这种烟气流能够模拟一种火灾场景气氛，当改变材料产烟速率、温度、载气或稀释气流量时，可以模拟不同的火灾场景气氛。

2. 产烟浓度

一种反映材料的火灾场景烟气与材料质量关系的参数，即单位空间所含产烟材料的质量浓度（mg/L）。标准中对试验样品的产烟毒性分级就是依据产烟浓度来确定。试验时，首先要确定的就是产烟浓度，根据产烟浓度来计算需要的样品质量，并得到与该质量对应的新鲜空气流量。产烟浓度的计算依据下列公式：

$$C=VM/FL$$

式中，C 为材料产烟浓度（mg/L）；V 为环形炉移动速率（10mm/min）；M 为试件质量（mg）；F 为烟气流量（L/min，一般取 5L/min）；L 为试件长度，（mm，取 400mm）。

3. 材料产烟率

材料在产烟过程中进入空间的质量相对于材料总质量的分数。它是一种反映材料热分解或燃烧进行程度的参数。通常通过调整加热温度来达到最大的产烟率。产烟率的计算见下式：

$$Y=\frac{M-M_0}{M}\times 100$$

式中，Y 为材料产烟率（%）；M 为试件质量（mg）；M_0 为试件经环形炉一次扫描加热后残余物质量（mg）。

进行烟气毒性测试的样品必须使用能获得充分产烟率的加热温度。充分产烟率的判断条件为：

（1）产烟过程中出现阴燃，但无明火焰出现，残余物为灰烬。

（2）产烟率＞95%。

（3）随加热温度再增加 100℃，产烟率增加≤2%。

4. 吸入染毒

指人或动物处于污染气氛环境，主要通过呼吸方式，也包括部分感官接触毒物引起的一类伤害过程。试验过程中营造的气氛是流动形式的一种急性吸入染毒，染毒时间为 30min。毒性分级试验采用实验小鼠作为染毒动物，小鼠放置在可自由转动的小转笼内，每次将 10 个装有小鼠的转笼放置在染毒箱内进行染毒试验。小鼠在鼠笼内活动时会通过呼吸方式吸入不断进入箱内的样品受热分解形成的烟气，从而完成染毒过程。

5. 终点

指实验动物出现丧失逃离能力或死亡等现象的生理反应点。GB/T 20285—2006 规定的烟气毒性评价指标是以动物的生理反应为依据的，不同于其他一些毒性评价以典型气体浓度指标为依据。动物对毒性气体的反应是多种气体的综合作用结果，更能代表实际危害。本标准将动物在进行染毒过程中以及染毒后是否出现终点作为判断材料烟气毒性的依据。烟气毒害性质主要表现为麻醉和刺激，它将对火场人员逃生和火灾扑救造成严峻后果，所以在标准中规定 30min 的急性吸入式染毒更突出了急剧性，内容上着重于麻醉和刺激。

二、实验动物的要求

烟气毒性试验包括两个大的方面，分别是动物的饲养和染毒。动物作为试验现象的表征物，有较为严格的规定。标准规定选用实验小鼠，是因为实验小鼠和人在生理上存在一定的相关性，活动状态的人的呼吸量［mL/（kg·min）与鼠呼吸量（按大白鼠测试结果）之比约为1∶2（即500mL/（kg·min）与900mL/（kg·min）之比），由此可知，实验鼠比人更敏感，可作为“活动人呼吸道”的合理模型。

标准中对实验小鼠的品系等做了要求，在实际操作中可选用清洁级的昆明系小鼠，周龄应为5～8周。小鼠在试验前应在满足动物饲养要求的房间内适应性喂养至少3d以上，并连续观察体重变化，只有每天体重增加的小鼠才能用于染毒试验。进行染毒试验的小鼠质量为（21±3）g，每组需要雌雄各半的小鼠8～10只。

实验小鼠是染毒试验的标准表征物，本身应是健康的。因此，实验室除了需要具备进行染毒试验的条件外，必须具备满足实验动物饲养要求的设施和房间，应避免使用不健康动物进行染毒试验，造成评价偏差。动物饲养条件的认可应通过当地的省级以上实验动物管理部门审核发证。

三、动物染毒过程

染毒过程是将实验动物暴露在样品热分解产物中的过程。整个染毒试验设备包括三个部分，分别是温度控制器、样品扫描加热管和安放有小鼠转笼的染毒暴露箱。整个染毒试验设备在《材料的火灾场景烟气制取方法》（GA505—2004）标准中有详细的图纸和技术要求。

温度控制单元主要用于对环形加热炉加温并且要保持恒温。加热炉在整个试验过程中应保持设定温度，可采用比例带、积分、微分调节技术（PID）的温控仪表，使炉子在扫描运动时温度稳定在±2℃，静态时的温度稳定在±1℃。样品的加热是在石英玻璃管内进行，试验时将制作成长条状的试样放在石英玻璃舟内送入石英玻璃加热管中，通入载气后启动马达驱动环形加热炉匀速移动。样品的长度为400mm，前50mm和后50mm的试样加热分解产物是不送入染毒暴露箱的，通过三通阀门排出，这是因为前后两端受热分解不均匀。试样前端加热5min后，旋转三通阀门，使烟气进入暴露箱内正式进行动物染毒试验。染毒箱由无色透明的有机玻璃材料制成，有效空间体积约9.2L，可容纳10只小鼠进行染毒试验。箱内安装有放置鼠笼的支架，每个鼠笼放在支架上，正对着烟气进口，使烟气刚进入暴露箱就能被在鼠笼中活动的小鼠所接触和呼吸到。30min试验期内需要观察样品的热分解情况，不能发生有焰燃烧现象；同时需仔细观察动物的生理反应，并记录下小鼠流泪、咳嗽、惊跳、懒动和死亡等现象和出现的时间，试验结束后要称量样品质量，并将试验前后的样品质量都记录下来。

四、毒性危害判断

在试验过程中，通过观察动物的反应可判断毒性危害主要表现在麻醉性上还是刺激性上。区分这两种毒性可依据以下现象。

1. 有下列症状和特征的烟气毒性判定为麻醉：

（1）在染毒期中，小鼠有昏睡、昏迷、惊跳、痉挛、失去平衡、仰卧、欲跑不能等症状出现；这些症状出现的时间与试验烟气浓度有关，浓度越高，出现时间越早。

（2）试验观察发现：在染毒期中小鼠有较长段时间停止运动或在某一时刻后不再运动；试验烟气浓度越高，出现丧失逃离能力时间越早。

（3）在足够高的烟气浓度试验中，小鼠将会在30min染毒期或其后1h内死亡（停止呼吸）。试验烟气浓度越高，出现死亡时间越早。

（4）急剧死亡的小鼠死后剖检发现肺血呈樱红色，在死后20min内心脏可能有微弱搏动。

（5）染毒未死亡小鼠能在半天内恢复行动和进食，体重无明显下降，1～3d内可见体重增加。

2. 有下列症状和特征的烟气毒性判定为刺激：

（1）染毒期中小鼠感烟跑动，寻求躲避，有明显的眼部和呼吸行为异常，口鼻黏液膜增多。轻度刺激表现为闭目、流泪、呼吸加快；中度和重度刺激表现为眼角膜变白、肿胀，甚至视力丧失，气紧促和咳嗽。

（2）观察显示小鼠几乎一直跑动。

（3）小鼠染毒后行动迟缓，虚弱厌食，体重下降严重。轻度刺激伤害的小鼠体重在3d内恢复到试验前体重；中度刺激伤害的小鼠在3～14d恢复到试验前体重；重度刺激伤害的小鼠将在染毒后1～3d或后期死亡，未死亡小鼠14d内体重不能恢复。

（4）小鼠死亡一般不发生在30min暴露期内，多发生在试验后1～3d。死亡小鼠剖检显示肺有淤血、炎症或肺水肿，有的还伴有胃肠空，严重胀气。

五、毒性分级试验

在常见的毒性气体中，CO、HCN等主要表现为麻醉性，HCl、H_2S等主要表现为刺激性。通常样品进行毒性试验有两种方式，一种是验证毒性等级，那么试验时就按照标准规定的烟气浓度为25mg/L制备样品，试验结论就是达到或未达到设定毒性等级，不需要去确认样品的实际毒性等级；另外一种是确定毒性等级，这时候就需要根据试验观察动物是否达到终点，调整烟气浓度以确定等级，如样品在进行ZA_2级试验时动物未到达终点，且毒性主要表现为麻醉性，那么就可以进行ZA_1级试验，直到出现终点或达到最高毒性等级AQ_1级。GB/T 20285—2006标准中规定的烟气毒性等级对应的浓度为全不死亡浓度，如需要获得样品的全不死亡烟气浓度上限LC_0、小鼠全死亡烟气浓度下限LC_{100}、小鼠半数致死烟气浓度LC_{50}，则需要做大量的动物试验，在1.15^nmg/L（n=0，1，2，3……）范围中选取推测可能产生效应的产烟浓度试验，这样得到的是极限浓度结果而不是毒性分级中的级别。毒性分级中6个级别的浓度取值见表8-1。

表8-1　烟气分级浓度取值对应表

级　别	安全级（AQ）		准安全级（ZA）			危险级
	AQ_1	AQ_2	ZA_1	ZA_2	ZA_3	—
烟气浓度/（mg/L）	≥100	≥50.0	≥25.0	≥12.4	≥6.15	<6.15
取值n	≥33	≥28	≥23	≥18	≥13	<13

在GB 8624—2012燃烧性能分级体系中，烟气毒性等级是非常重要的一项指标。建筑装饰装修用的可燃建材燃烧产生的烟气毒性危害是造成火灾人员伤亡的最重要因素，考虑到对可燃材料的毒性试验数据量不足，不易直接用毒性分级数据作为燃烧性能等级的合格性判定指标。新分级将烟气毒性作为材料燃烧性能等级标识的附加信息中的一部分。附加分级以

毒性英文 toxicity 的第一个字母 t 表示，分为 3 个等级 t0、t1、t2。烟气毒性等级和分级判据见表 8-2。

表 8-2 烟气毒性等级和分级判据

烟气毒性等级	试验方法	分级判据
t0	GB/T 20285	达到准安全一级 ZA_1
t1		达到准安全三级 ZA_3
t2		未达到准安全三级 ZA_3

第二节 清洁阻燃技术

作为与信息和能源并列的现代科学三大支柱之一，具有本质功用性的材料早已成为人类生活和生产的基础，并随着科技发展需要而不断革新。其中，聚合物材料异军突起，已不再局限于传统材料如水泥、玻璃、陶瓷和钢铁等的代用品，而是在现代生活中扮演了不可替代的角色，并获得了前所未有的研究开发和广泛应用。然而，由于聚合物材料结构组成中不可避免地存在 C、H 和 O 等助燃性元素，在外界热源或火源诱导下，很容易发生燃烧并可能引发火灾，这使得聚合物材料的应用受到一定程度的限制，必须发展有效的阻燃技术。对高分子材料聚合物的阻燃处理，对于降低材料在燃烧过程中的热危害和烟气危害，延长火场疏散时间，减少火灾损失，保障人民的生命安全具有重要的现实意义。

一、阻燃剂分类

根据阻燃剂在材料中的作用形式可以将其分为添加型阻燃剂和反应型阻燃剂两大类。

（一）添加型阻燃剂

添加型阻燃剂主要分为无机系和有机系两种。

无机系包括铋化合物、锆化合物、氢氧化镁、氢氧化铝、硼化合物、磷化合物和锑化合物等。该系列具有不产生腐蚀性气体、无毒、挥发、不析出、价廉和热稳定性好等优点。其缺点是常需要添加大量的阻燃剂才能达到较好的阻燃效果，但是大量添加会导致材料的加工性能、机械物理性能和其他表面性能等下降。因此，常需要对该类阻燃剂进行微粒化、表面化或其他改性处理，以改变其在材料中的相容性和分散性。

有机系主要包括磷系（APP、聚磷酸酯类或磷酸酯类）和卤系（氯化物、溴化物如 DB-DPO 等）。有机阻燃剂用量少，有更好的协同性，效果好。一般添加量少，不影响材料的加工和机械性能；缺点是燃烧时释放有毒气体，烟尘量较大等。

（二）反应型阻燃剂

反应型阻燃剂具有反应性基团，在共聚物材料中既可以作为一种单体也可以嫁接到某单体作为单体的一部分参加聚合反应，在均聚的高分子材料中一般只能嫁接到单体上进行聚合，最终成为高分子链的一部分，阻燃剂固定不再迁移。该型阻燃剂对材料的物理力学性能和电学性能影响较小，同时能持久阻燃，用量小但单价高，限制了该阻燃剂的推广应用。常见的反应型阻燃剂为 FR-2［双（2，3-二溴丙基）反丁烯二酸酯］。

二、典型的阻燃剂

（一）无机阻燃剂

无机阻燃剂中使用较多的有氢氧化铝（ATH）、氢氧化镁（MH）、红磷等，以氢氧化铝和氢氧化镁为例探讨无机阻燃剂的阻燃机理。ATH 和 MH 通过分解脱水，吸收大量的热，降低聚合物表面温度，抑制聚合物热分解，实现阻燃；反应生成的水蒸气，稀释聚合物表面可燃性气体和氧气的浓度，同时水蒸气还有蓄热作用，使燃烧反应缓和甚至停止；脱水后形成的氧化物留在高聚物表面上，能够防止燃烧热反馈到凝聚相上，并且氧化物还能对聚合物的热降解产物发生物理化学吸附，实现抑烟功能。

（二）卤系阻燃剂

卤系阻燃剂是目前世界上产量最大的有机阻燃剂之一，以添加量少、阻燃效果显著而在阻燃领域中占有重要地位。卤系（尤其是溴系）阻燃剂的适用范围广泛，可用于阻燃大部分塑料制品，其分解温度处于常用聚合物的分解温度范围内，能够实现与聚合物同步阻燃的效果。这类阻燃剂还能与 Sb_2O_3 等复配使用，通过协同效应使阻燃效果更为明显，但是溴系阻燃剂的主要缺点是会降低被阻燃基体的抗紫外线稳定性，燃烧时生成较多的烟、腐蚀性气体和有毒气体，造成其使用受到了一定限制。卤系阻燃剂主要是在气相发挥作用，其受热分解生成的 HX 能与高活性自由基，如 $HO^{\bullet}$ 、$H^{\bullet}$ 反应，生成活性较低的卤自由基，致使燃烧减缓或中止；HX 气体密度较大，能稀释空气中的氧气和覆盖于材料表面，致使材料的燃烧速度降低或自熄。

（三）磷系阻燃剂

磷系阻燃剂包括无机磷系阻燃剂和有机磷系阻燃剂。无机磷阻燃剂主要以红磷、磷酸盐及磷/氮基化合物为主；有机磷系阻燃剂主要以磷酸酯、亚磷酸酯和膦酸酯为主。磷系阻燃剂受热后脱水生成强脱水剂聚磷酸，促使有机物表面生成炭化物发挥阻燃作用，且生成的非挥发性的磷氧化物和聚磷酸对基材能够起到覆盖作用，分解生成的氨也能隔绝空气达到阻燃作用。

（四）膨胀阻燃剂

膨胀阻燃剂（IFR）是近年来受国际阻燃界高度关注的新型复合阻燃剂，因具有独特阻燃机制和无卤、低烟、低毒特性，迎合当今保护生态环境的时代要求。膨胀阻燃剂主要通过形成多孔泡沫炭层在凝聚相起阻燃作用。其炭层经历以下几步形成：在较低温度下，酸源放出无机酸酯化多元醇，并作为脱水剂；在稍高于释放酸的温度下，发生酯化反应；体系在酯化前或酯化过程中熔化；反应产生的水蒸气和由气源产生的不燃性气体使熔融体系膨胀发泡；同时多元醇被磷酸酯脱水炭化，形成无机物及残余炭化物，体系进一步膨胀发泡；反应接近完成时，体系胶化和固化，最后形成多孔泡沫炭层。上述几步应当按严格顺序协调发生。膨胀阻燃剂也可能具有气相阻燃作用，因为磷-氮-碳体系遇热可能产生 NO 及 NH_3，而它们也能使自由基化合而导致燃烧链反应终止；另外，自由基也可能碰撞在组成泡沫体的微粒上而互相化合成稳定的分子，致使连锁反应中断。

第三节　燃烧颗粒物污染控制技术

一、生物质燃烧颗粒物形成

生物质燃烧是我国城市大气环境中碳质细颗粒物的主要固定源。国外对生物质燃烧细颗粒物形成机理的研究始于20世纪90年代，国内则主要侧重于生物质燃烧颗粒物排放特征的研究。

研究表明，生物质燃烧中细颗粒物的形成与燃煤细颗粒物相似，主要通过无机矿物质的气化-凝结过程形成，涉及无机物质（K、Na、S、Cl）的气化，碱金属、硫、氯等无机组分在高温下的气相反应，均相成核及其无机蒸气与粗飞灰颗粒间的相互作用等过程。图8-1为木屑固定床燃烧中细颗粒物的形成过程示意。

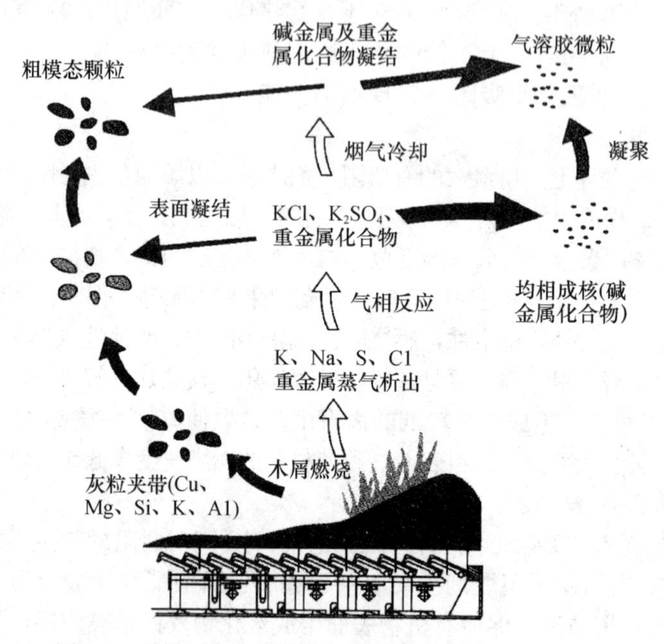

图8-1　木屑固定床燃烧中细颗粒物的形成过程示意图

清华大学对我国传统的生物质露天焚烧和生物质炉灶的颗粒物排放特征进行了全面系统的研究，发现秸秆露天焚烧、生物质家庭炉灶排放的颗粒物质量谱均呈单峰分布，峰值分别在0.26～0.38μm、0.12～0.32μm范围，均位于积聚模态。秸秆露天焚烧中，有机碳(OC)、元素碳（EC)、NH_4^+、K^+、Cl^-和SO_4^{2-}等化学物也呈现出和质量浓度类似的粒径分布。依据上述质量粒径分布和化学组分粒径分布特征，认为气化-凝结过程是秸秆露天焚烧、生物质家庭炉灶排放$PM_{2.5}$的主要形成机制，$PM_{2.5}$主要是由不完全燃烧产生的含碳成分及K、Cl和N等易挥发元素经气化、成核、冷凝和凝聚形成的无机成分组成。

Jimenez采用携带流燃烧反应器，发现橄榄树、桉树、橡树、栗树等生物质燃烧产生的颗粒物质量粒径呈现双峰分布，细模态峰值在0.03～0.20μm范围，气化凝结过程是主要的形成机制，主要由碱金属硫酸盐及氯化物组成，粗模态为微米级颗粒，主要含Ca、Fe、Si等元素，通过焦炭的破碎和矿物质聚合形成。

生物质中含较高量的K、Na碱金属，碱金属硫酸盐在生物质燃烧细颗粒物的形成中具有重要作用。国外对碱金属硫酸盐的形成做了一定研究，Christensen、Glarborg等建立了一个秸秆燃烧中细颗粒物的形成模型。根据热力学平衡数据，秸秆中的K、S、Cl元素分别以气态KCl、KOH、SO_2、HCl等形式析出，并经由如下一系列气相反应形成K_2SO_4蒸气，其中SO_2氧化为SO_3是K_2SO_4蒸气形成的控制步骤，在约800℃时K_2SO_4蒸气可通过均相成核作用形成晶核，随烟气冷却，KCl 蒸气可在 K_2SO_4 晶核表面凝结。

$$SO_2+O_2 \longrightarrow SO_3$$

$$KOH+SO_3(+M) \longrightarrow KHSO_4(+M)$$

$$KCl+SO_3(+M) \longrightarrow KSO_3Cl(+M)$$

$$KSO_3Cl+H_2O \longrightarrow KHSO_4+HCl$$

$$KHSO_4+KCl \longrightarrow K_2SO_4+HCl$$

图 8-2 为 Christensen 等通过理论模型得到的生物质燃烧烟气冷却过程中气态组分浓度变化。该图表明，随烟气冷却，K_2SO_4 蒸气浓度增加并达到临界过饱和，发生均相成核作用形成晶核，随烟气进一步冷却，这些晶核作为 KCl 蒸气的凝结核，最终使 K 元素由气相转为颗粒相。其中，Jimenez 等认为烟气冷却速率对硫酸盐形成量及细颗粒物排放特性存在重要影响；Hindiyarti 则认为，高温下亚硫酸盐氧化为硫酸盐是 K_2SO_4 蒸气形成的控制步骤。

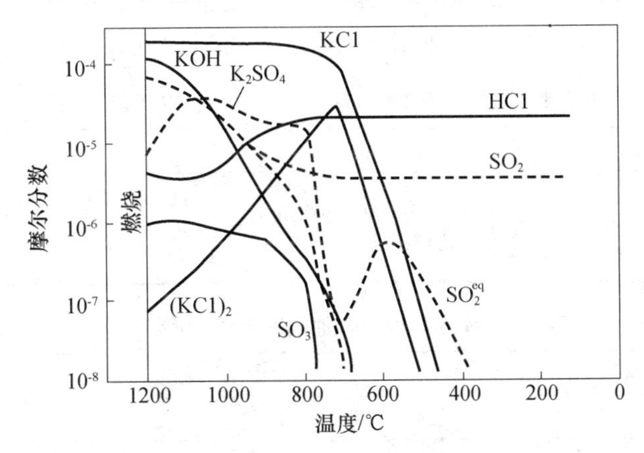

图 8-2　生物质燃烧烟气冷却过程中气态组分浓度变化

Jimenez 等通过采样分析橄榄树燃烧中形成的颗粒物组成对上述机理进行了验证，他们发现，在 1300℃烟气环境中采集的颗粒物主要由 KOH 凝结而成，粒径约 14nm；900℃烟气环境中，采集的颗粒物含 K、S 及 Cl 元素，粒径约 130nm；560℃时采集到的颗粒物则含 K、S 及 Cl 元素，粒径约 150nm，并随烟温降低，颗粒物中 Cl/S 比增加，表明温度低于 560℃时，KCl 蒸气可继续在 K_2SO_4 晶核表面凝结。

二、细颗粒物排放控制的政策法规

颗粒物对人体健康和大气环境造成的严重危害，已经引起我国政府及有关研究部门的高度重视。我国《环境空气质量标准》（GB 3095—2012）中明确规定了 PM_{10} 的排放浓度限值，见表 8-3。

表 8-3　我国 TSP 和 PM_{10} 的排放标准

污染物名称	取值时间	排放浓度限值/（$\mu g/m^3$）		
		一级标准	二级标准	三级标准
总悬浮颗粒物（TSP）	年平均	80	200	300
	日平均	120	300	500

续表

污染物名称	取值时间	排放浓度限值/（$\mu g/m^3$）		
		一级标准	二级标准	三级标准
可吸入颗粒物（PM_{10}）	年平均	40	100	150
	日平均	50	150	250

注：不同地方执行不同的空气质量标准，一类区为自然保护区、风景名胜区和其他需要特殊保护的地区，执行一级标准；二类区为城镇规划中确定的居住区、商业交通居民混合区、文化区、一般工业区和农村地区，执行二级标准；三类区为特定工业区，执行三级标准。

$PM_{2.5}$被认为是一种危害人体健康的潜在物质。20世纪90年代美国进行的流行病学研究揭示了长期或短期暴露于高浓度PM_{10}或$PM_{2.5}$环境中与多种健康指数如就诊率、呼吸系统发病率、肺活量降低和死亡率等之间的联系。2012年2月，我国首次制定环境空气$PM_{2.5}$浓度标准，将$PM_{2.5}$浓度限值正式纳入国家环境空气质量标准。我国关于$PM_{2.5}$环境空气质量标准实施计划见表8－4。与世界其他国家$PM_{2.5}$标准对比见表8-5。

表8-4 我国关于$PM_{2.5}$环境空气质量标准实施计划

年度	2011年	2012年	2013年	2015年	2016年
实施区域	颁布质量标准	京津冀、长三角、珠三角重点区域，直辖市以及省会城市	113个环保重点城市以及环保模范城市	地区级以上城市	全国推广

表8-5 我国与世界其他国家$PM_{2.5}$标准对比

国家	颁布时间	年平均浓度/（$\mu g/m^3$）		24h平均浓度/（$\mu g/m^3$）	备注
中国	2012年2月	35		75	2016年正式实施
美国	2012年	12		35	
欧盟	2008年5月	目标浓度限值	25		2010年施行，2015年1月1日强制施行
		暴露浓度限值	20		2015年施行
		消减目标值	18		2020年尽可能完成
日本	2009年9月	15		35	
澳大利亚	2003年	8		25	
印度	2009年	40		60	

三、燃烧源细颗粒物控制技术的研究现状

近30年来，世界各国都将颗粒物污染作为大气污染研究的重点，1998年美国能源部国家能源技术实验室（NETL）启动了细颗粒物研究计划，开展了新型$PM_{2.5}$控制技术的研究。我国2002—2008年间实施了“973”项目“燃烧源可吸入颗粒物形成与控制技术基础研究”（2002CB211600），开展了燃烧源PM_{10}形成与控制机理的研究，并在项目实施后期开始关注脱除难度更高、危害更大的细颗粒物$PM_{2.5}$。总体而言，燃烧源细颗粒物控制技术从原理上讲，可从燃烧过程和燃烧后两个技术方向加以控制。目前国内外正在研究开发的主要为燃烧后控制，可分为两个技术方向。

（一）团聚（凝并）长大促进预处理技术

通过不同技术途径使细颗粒物长大后采用传统除尘技术脱除。包括通过电场、声场、磁场等外场作用及在烟气中喷入少量化学团聚剂等措施增进细颗粒物间的有效碰撞接触，促进其碰撞团聚长大，及利用过饱和水汽在细颗粒物表面核化凝结的凝并长大等，这些措施各有优缺点及其适用范围。

主要预处理技术包括声波团聚技术、磁团聚技术、蒸汽相变技术、电凝并技术、化学团聚技术、热泳沉积技术等。此外，应用热团聚、湍流边界层团聚、光辐射等技术也可不同程度地促进细颗粒长大，但存在较大局限性，目前工业应用价值相对较小。

（二）高效除尘技术

高效除尘技术包括复合除尘和传统除尘技术改进两个方面。一般指结合现有污染物控制设备进行过程优化以及多场协同作用提高对细颗粒物的脱除效果。包括复合式除尘器与传统除尘器的改进。前者将不同的除尘机理有机结合，使它们共同作用以提高对细颗粒物的脱除效果，其中多数复合除尘器（技术）是利用静电力作用，如电袋复合除尘器、电旋风除尘器等；后者主要通过改进传统除尘器的结构，提高其对细颗粒物的脱除效果，如湿式静电除尘器等。

其中最有可能实现有效脱除细颗粒物的是复合除尘技术。对现有除尘设施进行过程优化虽有望达到提高细颗粒物脱除效果的目的，但在日趋严格的细颗粒物排放标准下，采用任何单一除尘技术都难以满足控制细颗粒物的需要，因此发展不同控制方式协同的复合除尘技术日益迫切。所谓复合除尘技术是指结合不同除尘机理，使它们共同作用以提高除尘效率，其中静电与其他传统除尘技术结合的“复合式除尘器”已成为工业除尘发展的一个重要方向，其理论和应用研究对推动燃烧源细颗粒物的有效控制具有重要意义。

主要技术包括电袋复合除尘器、静电颗粒层除尘器、静电旋风除尘器、静电增强湿式除尘器、湿式静电除尘器等。

（三）存在的问题

虽然国内外学者在燃烧源细颗粒物控制方面已开展了一定的研究工作，并取得了较大进展，但由于细颗粒物控制技术手段的多样性、复杂性，总体上，目前燃烧源细颗粒物控制技术尚处于实验室探索阶段，控制方法的研究也主要集中在宏观特性分析上，缺乏深层次的理论探究，未探明的、不确定的问题还很多。

前述介绍的主要是针对固定燃烧源细颗粒物的控制技术，比如燃煤、车辆尾气等。这些研究技术对于火灾现场烟气中细颗粒物的控制、消防员的个人防护、阻燃材料的开发与应用等有着重要的参考价值和意义。

目前，国内外正在研究开发的燃烧源细颗粒物控制主要为燃烧后控制，采用的技术途径主要是团聚促进预处理技术和高效除尘技术（器）两种。团聚促进技术专门针对细颗粒物的控制，但基本处于试验探索阶段，未见工程应用。声波团聚技术在团聚机理、操作参数影响规律等方面均已取得不少成果，也可达到较佳的团聚效果。目前制约该技术发展的关键在于缺乏适宜在高温烟尘环境下可长期稳定运行的声源及其能耗偏高。同时，针对碳质颗粒物声波团聚的研究十分缺乏。蒸汽相变技术应用于燃烧源细颗粒物控制，需与烟气中含湿量较高的过程（如湿法烟气脱硫工艺）结合才有实用价值，但这方面研究很少。存在的主要问题是过饱和水汽在细颗粒物表面凝结的同时也会凝结于脱硫液及凝结室设备壁面，以及过饱和凝结的非平衡特性，进而减弱蒸汽相变效果并有可能增强设备腐蚀。因此，探求如何促使水汽在颗粒表面凝结是必须要解决的技术难题。应用磁团聚技术控制燃煤细颗粒物的研究还刚刚起步，依据现有的研究结果，团聚效果相对较差，离工业应用尚有较大距离，但为控制燃煤细颗粒物排放提供了一条新的技术途径。电凝并技术起于 20 世纪 60 年代初，近年来，有关电凝并理论及方法的研究取得了显著进展，但在电凝并除尘装置的结构及操作参数优化方面有待进一步深入研究和探讨，今后在燃煤细颗粒物控制领域可能会发挥重要作用。

高效除尘技术（器）特别是静电与布袋结合的电袋复合除尘技术，是最有希望取得细颗粒物高效脱除的技术途径，但存在静电收集区和布袋过滤区的协同作用难以长期维持的问题。另外，目前高效除尘技术的研究大多侧重于总除尘效率的提高，专门针对促进细颗粒脱除的较少。因此，在评估高效除尘器性能时，也主要以总质量脱除效率为标准，未能定量反映对细颗粒物的脱除效果。

第四节　火灾烟气蔓延控制技术

防排烟（或称烟气控制，Smoke Control）问题已成为国际消防界和建筑设计领域重点关注的问题。防排烟工程的目的是要防止火灾产生大量的烟气，阻止烟气的迅速蔓延，确保人员的安全疏散和改善扑救条件。为达到上述目的，现代防排烟技术及方法主要有：设置机械排烟、送风系统，进行机械排烟或正压送风防烟；对建筑进行防烟分隔或建立防烟封闭避难区；设计自然通风口，利用烟气的热浮力特性采用自然排烟等。

机械防排烟技术最早起源于 20 世纪 50 年代的英国。国际上是从 20 世纪 60 年代开始研究，70 年代采用，80 年代开始广泛应用。80 年代初加拿大国家研究院建造了世界上首座高层建筑火灾试验塔，主要进行高层建筑的机械防排烟的研究。因而，北美成为全世界机械防排烟的研究中心之一。机械防排烟技术非常适用于多层大型建筑（如购物中心）、高层建筑、地下建筑、无窗建筑等。现在绝大部分高层建筑、地下商业建筑都采用机械防排烟技术作为主要的消防安全措施。

我国的机械防排烟技术研究虽然在 20 世纪 80 年代中期才开始起步，但发展很快，已经取得了一些重大成果，为有关规范的制修订和工程防排烟设计提供了可靠的技术依据，建立了有较高水平的一些大型实验设施，如高层建筑火灾试验塔（在四川所）、地下商业街和商场火灾试验室（在四川所、天津所）、大空间火灾试验馆（在中国科技大学）等，也使我们比较深刻地了解和认识了火灾中烟气的运动特性及其可能产生的危害。

一、火灾烟气的流动

火灾时，可燃物不断燃烧，产生大量的烟和热，并形成炽热的烟气流。由于高温烟气和周围常温空气密度不同，产生浮力使烟气在室内处于流动状态。

烟气体积与其受热温度有关，当起火房间温度达到 800℃时，烟气体积将增大近 4 倍。从此可以看出支配烟气流动的能量主要来自燃烧产生的热量。发热量大，烟气温度就高，密度也相应就小，自然在空气中产生的浮力就大，上升速度就快。

试验表明，烟气温度越高，烟气流动速度越快，和周围空气的混合作用减弱；温度越低，流动速度越慢，和周围空气的混合就会加剧。烟气的流动还和周围温度、流动的阻碍，通风和空调系统气流的干扰，建筑物本身的烟囱效应等因素有关。其一般流动速度见表8-6。

表8-6　火灾烟气一般流动速度

流动方向	起火时间段	流动速度/(m/s)
水平流动	火灾初期：阴燃阶段	0.1
	起火阶段	0.3
	火灾中期：旺盛阶段	0.5～0.8
垂直流动	—	3～4

在较高的楼梯间或竖井内，由于烟囱效应，最大可达6～8m/s。由此可见，建筑物一旦发生火灾，烟气将很快充满起火房间，迅速蔓延至走廊，进入楼梯、管道井等竖井后，数秒钟内即可由下而上蔓延全建筑物顶部。所以要采取控烟措施，装修材料使用不燃材料，搞好防排烟设计与施工，楼梯间内采取自然排烟，开启窗户，形成自然通风，楼梯间采用防火门分隔，形成独立的封闭楼梯间，在楼梯间内安装应急照明和疏散指示灯，疏散通道直通室外地面。这些措施的落实，对于保证人员安全疏散、限制火灾蔓延扩大具有重要的意义。

（一）烟气流动的驱动力

1. 烟囱效应

当建筑物内外的温度不同时，室内外气体的密度将随之出现差别，这将引发浮力驱动的流动。如果建筑物的室外较冷、室内较热，则室内气体将发生向上运动。建筑物越高，这种流动越强。竖井是发生这种现象的主要场合。在竖井内，由于浮力作用产生的气体运动十分显著，通常称这种现象为烟囱效应。在火灾过程中，烟囱效应是造成烟气向上蔓延的主要因素，是进行火灾风险评估时需要重视的一个方面。

当竖井内部温度 T_s 比外部温度 T_0 高时，则竖井内上部的压力将比外部同一高度处压力高。这样如果竖井的上部和下部都有开口，那么就会产生纯的向上流动，且在建筑物内外压力相等的高度处形成压力中性面。

如果建筑物的外部温度比内部温度高，例如有些建筑物的外竖井内，以及盛夏时节在安装空调的建筑物内，由于压力相反，在这种情况下竖井内气体是向下运动的。一般将竖井内部气体向上流动的现象称为正烟囱效应，内部气体向下流动的现象称为逆烟囱效应。

在正烟囱效应下，低于中性面的火源产生的烟气将与建筑物内的空气一起流入竖井，并沿竖井上升。一旦升到中性面以上，烟气不但可由竖井上部的开口流出来，也可进入建筑物上部与竖井相连的楼层。在中性面以下的楼层中，则除着火层之外的其他层内应当没有烟气。但如果楼层间有较大的缝隙，烟气则较容易进入与起火层相邻的楼层，而且流进着火层上一层的烟气要比流入中性面以下其他楼层的烟气要多一些。

若中性面以上的楼层起火，则当火势较弱时，由烟囱效应产生的空气流动可限制烟气流进竖井。如果着火层的燃烧强烈，热烟气的浮力足以克服竖井内的烟囱效应，则烟气仍可进入竖井而继续向上蔓延。

2. 燃气的浮力与膨胀力

这里燃气指的是在火灾燃烧中刚生成的高温烟气。这种烟气处于起火房间内，不仅具有较大的浮力，而且由于房间壁面的限制，还显示出一定的膨胀力。在火灾的充分发展阶段，起火房间与外界环境的压差可写为

$$\Delta P_{f0}=ghP_{atm}(1/T_0-1/T_f)/R$$

式中，ΔP_{f0}为起火房间与外界的压强差（Pa）；T_0 为起火房间外的气体的绝对温度；T_f 为起火房间内的燃气的绝对温度（K）；h 为中性面以上的距离（m），此处的中性面指的是起火房间内外压力相等处的水平面。若设外界压力等于标准大气压，则该式可进一步写为

$$\Delta P_{f0}=K_s(1/T_0-1/T_f)\times h=3460\times(1/T_0-1/T_f)\times h$$

若起火房间只有一个小的竖直墙壁开口，则燃气将从开口的上半部流出，外界空气从开口下半部流进。在烟气中，由燃料燃烧所增加的质量与流入的空气质量相比很小，可将其忽略；再假设燃气的性质与空气相同，则燃气流出与空气流入的体积流量之比等于它们的绝对温度之比：

$$Q_{out}/Q_{in}=T_{out}/T_{in}$$

式中，Q_{out}为从起火房间流出的燃气体积流量（m^3/s）；Q_{in}为流进起火房间的空气流量（m^3/s）；T_{out}为燃气的绝对温度（K）；T_{in}为空气的绝对温度（K）。

当燃气温度达到600℃时，其体积约膨胀到原体积的3倍。如果起火房间的开口很小，例如小的孔洞或裂缝，那么由燃气膨胀引起的压差就相当显著了，这可造成燃气由开口喷出，进而导致起火房间之外也发生火灾。

3. 外界风的作用

建筑物之外的风可在建筑物的周围产生压力分布，这种压力分布能够对建筑物内的烟气流动产生一定影响。风压分布随着风的速度和方向、建筑物的高度和几何形状等条件的不同而不同。

风速 V_0 是计算风压的基本参数。由于大地表面对风流的影响，风速将随着离开地面的高度增加而增大。但到达一定高度，风速基本上不再增大了。从地面到等速风之间的气体流动是一种大气边界层流动。地面上的建筑物、树木越多，大气边界层越厚。

在某种风向下，可以依靠建筑物的自燃排烟口来排出烟气，但在另一种风向时，自然排烟口附近可能是压力较高的区域，这时不但烟气排不出去，而且新鲜空气还可能从开口流入，以致改变烟气在建筑物内的流动。

4. 通风空调系统的影响

现在许多建筑中都安装了取暖、通风和空气调节系统（HVAC）。这种系统的机械通风方式可以大大改变室内烟气的流动状况。如果建筑物发生火灾时 HVAC 系统正在工作，HVAC 系统能将烟气传送到离起火房间很远的区域。即使 HVAC 系统引风机不开动，其管道也能起到通风网的作用。在烟囱效应的作用下，烟气将会沿管道流动，从而促进烟气在整个楼内蔓延。

基于上述情况，在装有 HVAC 系统的建筑物中，应当采取一些防止烟气蔓延的措施。主要应在火灾发生的初期，根据对烟气的探测信号，关闭送风机与引风机，以减少烟气在室内的快速蔓延。同时应关闭风管中的某些阀门，切断烟气向其他区域的蔓延途径。

建筑物的局部地方发生火灾后，火灾烟气会通过 HVAC 系统送到建筑的其他部位，从而使得尚未发生火灾的空间也受到烟气的影响。对于这种情况，一般认为，应关闭 HVAC 系统以避免烟气扩散并中断向着火区供风。这种方法虽然防止了向着火区的供氧及在机械作用下烟气进入回风管的现象，但并不能避免由于压差等因素引起的烟气沿通风管道的扩散。近来，在大型空调通风系统的设计中倾向于将 HVAC 系统在建筑物发生火灾时作排烟系统

用，平时该系统作暖通空调用，当火灾时就切换作排烟使用。

此外，还必须考虑到 HVAC 系统本身的火灾。一旦 HVAC 系统内部发生火灾，其烟气将会在风机的作用下极其迅速地扩展到建筑物的各个部分，从而对人员的生命和财产安全造成很大威胁。因此，在 HVAC 系统内部的过滤网、管道壁面材料等构件均应采用不燃材料和难燃材料制造。HVAC 系统内的各种控烟阀门必须动作灵活、可靠，且在关闭时有良好的密封性。

5. 运动物体的活塞效应

在某些特殊建筑结构中存在物体的往返运动，例如电梯在电梯井中运动、地铁列车在隧道内的运动等。它可导致结构空间内出现瞬时压力变化，这称为运动物体的活塞效应。在此以电梯运动为例，当电梯向下运动时将会使其下部的空间向外排气，其上部的空间向内吸气。说明活塞效应对烟气流动产生了明显的影响。

（二）特殊建筑中的烟气流动

在普通办公、居住的建筑物中，房间高度一般只有几米，长度或宽度也都有限，烟气的流动可很快受到四周壁面的限制。但是在很高、很长、面积很大与体积很大的建筑物中，烟气的流动具有一些特殊性。在火灾烟气毒害效应的风险评估及定量计算中，应当给予足够的注意。

在高层建筑中通常都有许多竖井，例如电梯井、楼梯井、管道井等，而且它们都有开口与每个楼层相通。这种结构形式往往成为烟气在高层建筑中蔓延的主要途径，烟囱效应是重要的驱动力。鉴于前述已经对高层建筑中的烟囱效应进行了简单的探讨，以及本书着重点在于探讨火灾烟气的毒害作用，这里不再赘述。着重探讨狭长的隧道、通道及大跨度空间建筑中火灾的烟气流动规律。

1. 隧道及水平长通道

对于公路与铁路隧道、电缆沟、人防通道走廊等狭长空间，烟气在水平方向上将蔓延很长的距离。在隧道火灾中，机车所带的燃油燃烧产生巨大的热量，而燃烧的热量又难以散发，导致在火源附近烟气温度非常高；而随着烟气离开着火点距离的增加，其温度将逐渐降低。虽然火灾烟气一般都具有几百摄氏度以上的高温，容易浮在通道上部，但是随着烟气向远离火源区域的扩散，上部烟气不断卷吸下部的空气，温度越来越低，密度越来越大，烟气与空气之间的密度差越来越小，浮力也就越来越小。当烟气离开火源一定的距离后，空气的浮力不再能维持烟颗粒的自身重力。这时烟气就容易发生弥散性沉降，如图 8-3 所示。这样，在狭长通道中，难以形成像常规尺寸房间那样的均匀的烟气层；采用传统的双层区域模拟的方法也就难以达到很好的模拟效果。

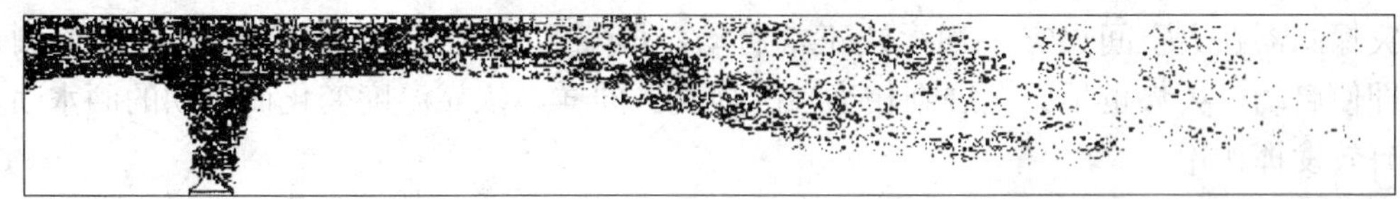

图 8-3　大尺度空间的烟气运动现象

由于在公路、铁路隧道等狭长空间内，火灾产生的烟气将由起火点向两侧蔓延，而人员也是由中间向两侧出口逃生，烟气的蔓延方向与人员逃生的方向存在某种程度的一致性。因此，必须采取措施对烟气前锋进行有效的滞止。在铁路和公路隧道、地下铁道的火灾烟气控制中，空气流用得很广泛。用这种方法阻止烟气运动需要很大的空气流率，而空气流又会给火灾提供氧气，对着火物的燃烧起到一定的助燃作用；同时，在火源附近，由于严重缺氧燃烧所产生的大量高温不完全燃烧产物一旦遇到夹带丰富氧气的空气流，还将发生“回燃”的特殊现象，对隧道结构造成更为严重的破坏。因此，对空气流的流量和流速需要进行较为复杂的控制。Thomas 和 Klote 等人对抑制烟气前锋蔓延的临界流速进行了试验研究，得到临界流速值的简化经验公式：

$$v_c = 0.292\left(\frac{Q_c}{W}\right)^{1/3} \qquad u \approx 0.7\sqrt{gd_0\frac{\Delta T}{T_{max}}}\text{（NIST 估算）}$$

式中，v_c 为阻止烟气逆流的临界空气速度；Q_c 为对火源热释放速率的对流部分；W 为隧道的宽度。

公路、铁路隧道火灾烟气蔓延的特殊规律性决定了其烟气控制方式的特殊性。隧道内的防排烟系统，按照气流在洞内的流动方式主要可分为横向防排烟型和纵向防排烟型。由于隧道内排烟时补气比较困难，单纯依靠两端开口进行补气的效果不理想，较早时期的隧道一般采用横向排烟的方式。横向防排烟系统与传统的烟气置换的方式一致，其烟气由隧道横断面流经隧道侧壁上方的排烟道，由分段设置的排烟竖井的烟囱效应排出隧道，同时隧道侧壁下方进行机械送风，为人员、车辆疏散和灭火救援人员提供新鲜空气，进而形成良好的气流循环。这种方式排烟效果好，有利于安全疏散和灭火救援，但施工难度大、施工成本高。纵向排烟方式与空气流的方式较为类似，烟气通过安装在拱顶部分的射流风机形成的烟流而沿顶棚向外排出，这种排烟方式的施工难度和成本都将大大降低，但在一定程度上将加快火灾蔓延，同时，烟气在隧道中的流动会造成能见度降低，空气稀薄，不利于人员、车辆疏散和灭火救援。因此，长隧道在施工条件允许的情况下，应尽量设置横向通风排烟系统或设置纵横向结合的通风排烟系统。

2. 大空间建筑

大空间建筑指的是那种内部空间很大的建筑物。根据建筑物的结构特点，大空间建筑有多种形式。有的占地面积很大，但并不很高，例如大型商场、大型车间；有的平面面积相当大且具有一定高度，例如大会堂、展览馆、体育馆、候车候机厅和大型仓库等；有的占地面积不是很大，但却相当高，例如高层建筑的中庭。

由于结构的特殊性和使用功能的需要，大空间建筑内无法进行防火防烟分隔。烟气一旦进入到大空间中就可向四周蔓延，进而对大空间内的各区域及与其相连的建筑造成严重影响。然而也由于烟气在大空间内流动的距离长，其温度和浓度都将大大降低，尤其是火灾初期产生的烟气，可能升不到顶棚便发生弥散。在普通建筑中使用的顶棚安装的点式感烟或感温火灾探测器在大空间火灾中均无法正常启动，烟气的浓度或温度不足以使火灾探测器工作。即使启动，火势也早已发展到相当大的规模。同样，依靠温度变化而启动的洒水喷头也不能有效发挥作用。

此外，大空间建筑的外部环境也会对室内温度分布产生重要影响。特别是在夏季，由于太阳的热辐射和外界热空气的作用，往往会使建筑物屋顶的温度大大升高，于是建筑物顶棚下方可形成一定厚度的热空气层，它足以阻止温度不太高的烟气上升到大空间的顶棚。通常称这种现象为“热障效应”，如图 8-4 所示。热障效应进一步限制了烟气上升到顶棚附近。

在有些公用大空间中还设计采用了全空气调节系统。这种系统可使大空间内形成某种定

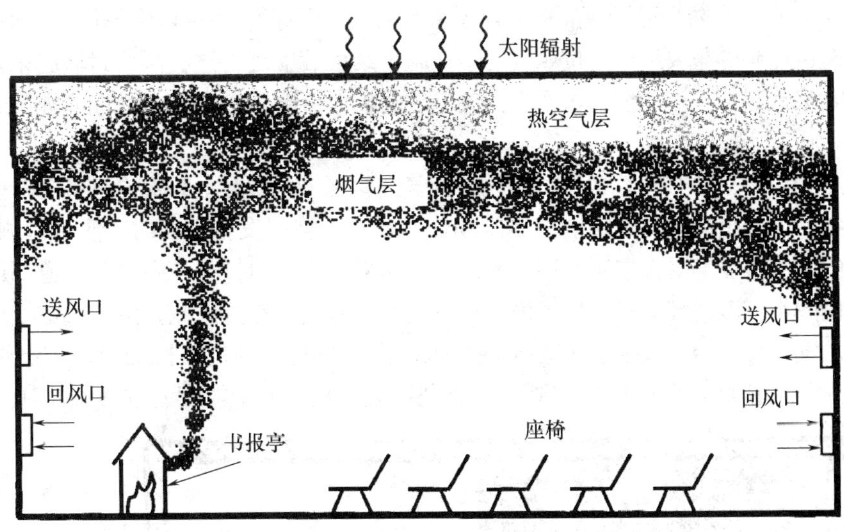

图 8-4　夏季大空间建筑内烟气运动示意图

向气体流动，进而可以改变烟气的自然流动状况。另外，出于节省能源的考虑，这种空调系统的送风口和回风口往往设在距地面较低的位置，以保证在大空间下部的空气维持较低的温度。这种空调设计形式又进一步促进了上部热空气层的形成。

二、火灾烟气的控制

在建筑火灾中，防止烟气的蔓延是一个极为重要的问题。挡烟垂壁、蓄烟仓、机械排烟系统、自然排烟系统等都是人们为了防止烟气蔓延而采取的消防措施。在建筑设计中，不合理的建筑结构可能会导致烟气聚积、排烟不通畅等问题；由于对烟气运动的规律认识不足，在排烟系统的设计中也可能存在一些不合理的地方；另外为了防止火灾蔓延，建筑内常常喷涂防火涂料，这些防火涂料在受火时往往具有较高的发烟性及毒性，可能对人员生命安全构成威胁。

挡烟和排烟是控制烟气蔓延主要的两种基本方法。挡烟指的是使用一定的固体材料或介质形成一定大小的防烟分区，将烟气阻挡在起火点所在的区域内，这样可以避免烟气对其他区域造成不良影响。排烟指的是将烟气排到建筑物之外，这是从根本上消除烟气在建筑物内蔓延的手段。实际工程中这两种方法常常是联合使用的。

（一）挡烟

1. 固体壁面挡烟

人们也许会认为利用固壁挡烟是一种原始的简单方式，实际上这反而是最有效的挡烟方式，决不可忽视它的作用。建筑物的墙壁、隔板、楼板、门窗和垂壁都可用于挡烟，但在实际工程中如何用它们组成适当有效的防烟分区是需要认真对待的。防烟分区的格局设计得合理，也可为排烟气措施的运用提供便利条件。固定的墙壁、楼板、隔板等是防烟分区的基本分隔构件，它们必须达到一定的耐火性能，以防止烟气温度过高而破坏。

还应指出，出于某些生产或经营的需要，在许多建筑物中需要进行跨越防烟分区的活动，例如大型商场、大型车间等。这时则必须设置活动的门、窗或活动卷帘等。这些构件也必须具有足够好的耐火性。

需要注意，在许多防烟隔墙或隔板上，还留有大量用于穿管、穿线用的孔洞。而这些孔洞可能构成烟气跨区蔓延的重要途径。按照规定，在施工结束后应当将这类洞口封堵起来，问题经常出现在不加封堵或封堵不好的情况，不少火灾事故的扩大恰恰是忽略这方面的问题造成的。

2. 风机加压挡烟

利用风机对某一区域加压，也可以阻挡住烟气向该区域的蔓延。现结合图 8-5 来说明这一思想。该建筑物内的两个区域通过隔墙上的门相连。当左侧空间发生火灾时，便对右侧空间加压，则穿过门缝的空气流能够阻止左侧的烟气渗透到右侧来。若将门打开，则整个门道都可用于气体流动，当右侧的空气流速较低时，烟气仍可经门道上半部进入右侧区域。但如果空气流速和流量足够大，则烟气仍可被空气流挡在右侧空间之外。由此可见，利用风机加压来控制烟气有两种情形：一是利用分隔物两侧的压差控制；二是利用流速足与流量够大的空气流控制。

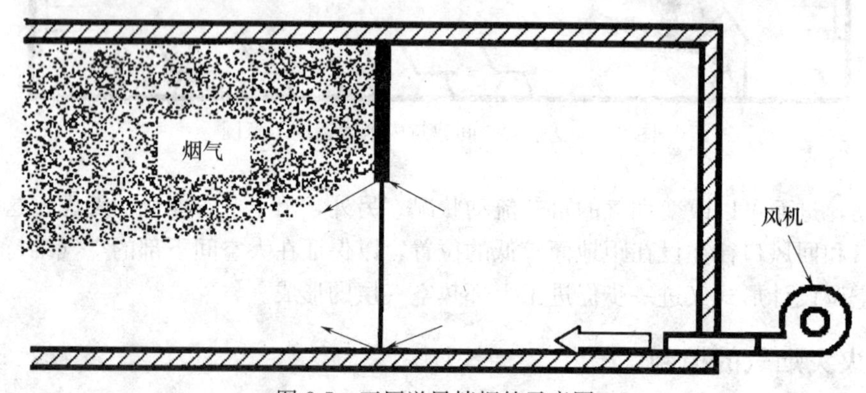

图 8-5　正压送风挡烟的示意图

实际上这两者的控制机理相同。但是将它们分别考虑是有好处的。因为若分隔物上存在较大的开口，则对设计和测量都适宜采用空气流速；但对于门缝、裂缝，按流速设计和测量空气流速都不现实，而适宜使用压差。另外将两者分开考虑，强调了对于开门或关门的情况应采取的不同处理方法。

利用压差挡烟广泛用于疏散楼梯与避难区的前室中。通常是通过适当的风管系统将风机送入的空气分配到各个前室之中。风机吸入的必须是室外的未被烟气污染的空气，否则便失去了加压挡烟的意义。为了有效阻挡烟气进入前室，前室与有烟区域的压差必须是足够大，但是又不能太大，否则将会给人员推门进入前室造成困难，影响到人员疏散的安全。一般认为这一压差为 25～50Pa 为宜。

为了不使加压引起的膨胀成为问题，加压空间中应当有可将烟气排到外界的通道。这种通道可以是顶部通风的电梯竖井，也可由排气风机完成。

空气流挡烟则广泛用于铁路、公路与地下隧道的火灾烟气控制中。这种挡烟方法需要很大的空气流率，嵌在内部空间很大的建筑中不宜采用。新鲜空气流又会给起火区域提供氧气，如果该区域还有明火，则这种送风方式有可能加强燃烧。除了大火已被抑制或燃料已被控制的少数情况外，通常不采用这种方法。

（二）排烟

1. 排烟的主要方式

排烟主要有自然排烟和机械排烟两种基本方式。自然排烟是通过建筑物上部的窗口、阳台或专用排烟口，利用烟气产生的浮力将烟气排放出去。

火灾烟气的温度通常会比冷空气高不少，在浮力作用下，它将上升到建筑物的上部，并形成逐渐加厚的烟气层。可以认为室内大体分为上部烟气层和下部空气层两个区域，这就为自然排烟提供了基本依据。

自然排烟方式的结构简单、易操作，也比较经济，但受到如室外风速、风向、建筑物所在地区的气候特点等环境因素的影响。自然排烟是一个比较缓慢的过程，当室内仍存在明火的情况下，单纯靠自然排烟往往无法达到迅速排除烟气的目的。自然排烟口必须有足够大的面积，通常要求排烟口总面积不应小于该防烟分区面积的2%。但试验表明，当建筑物的平面面积或体积较大时，这种排烟口面积比就不足以及时排出烟气。如果烟气的温度较低，可以在建筑物内部发生弥散，那么便失去了自然排烟的基础。在大空间建筑火灾中就存在这种情况。

机械排烟是利用风机进行强制排烟，机械排烟需要建立一个较复杂的系统，包括由挡烟壁面围成的蓄烟区、排烟管道、排烟风机等。为了有效排烟，应当对系统的形式做出合理的设计。例如，当建筑物的面积较大时，可在一个防烟分区内设计几个竖直的排烟口，而尽量减少水平管道的长度；又如在高层建筑中，宜沿竖直方向多设几个排烟口，并将风机安装在建筑物的顶部。对于大面积建筑、大空间建筑及地下建筑等，必须采用机械排烟。因为在这些建筑中的烟气容易与空气掺混和弥散，不用强制排烟手段难以彻底清除烟气。机械排烟是控制烟气蔓延的最有效的方法。研究表明，在火灾过程中良好的机械排烟系统能排出大部分烟气和80%以上的热量，从而使室内的烟气浓度和温度大大降低。

此外，实际上所用的排烟风机必须有足够大的排烟速率，以减缓烟气在建筑内的沉降，使之不会在相关人员的有效安全疏散时间之内到达对人危害的高度。

2. 排烟过程中的补风问题

排烟过程是一种空气与烟气的置换过程。烟气从排烟口排出，室内形成一定的负压，进而导致新鲜空气从其他的开口补充进入。补风口的位置对机械排烟的效果具有重要的影响。试验发现，如果补风口位于地面附近且距火源较近，则新进来的空气很快可到达火源，为燃烧提供大量的氧气，进而促进火势的增大。因此当室内仍有明火时，不应过早地打开火源附近的补风口。如果进风口位置离风机过近，容易造成空气的流通短路，反而使烟气无法排出。应当指出，机械排烟系统对建筑物内的气体具有很强的掺混作用，排烟与补气的位置安排不当，很可能导致烟气量的增大。

3. 烟气的稀释问题

排烟过程是烟气边稀释边排放的过程。向原先充满浓烟的空间内供入新鲜空气，并使之与烟气掺混，就是对烟气进行稀释，这样便可将建筑物内的平均烟气浓度控制在人可接收的程度。烟气稀释也是火灾扑灭后清除烟气的基本方法。

这里对无明火区域的烟气稀释计算做些简要讨论。设 $t=0$ 时刻，该区域均匀分布着一定浓度的烟气，然后不断向其中补入新鲜空气，这样在任意时刻 t 时，烟气的浓度可以表示为：

$$C/C_0=e^{-\alpha t}$$

式中，C_0 为开始时的烟气浓度；C 为 t 时刻的烟气浓度；α 为稀释率，一般用每分钟的换气次数表示。由此方程可解出稀释率和时间：

$$\alpha=\frac{1}{t}\ln\left(\frac{C_0}{C}\right)$$

$$t=\frac{1}{\alpha}\ln\left(\frac{C_0}{C}\right)$$

此式也可以用于计算烟气中某种有害组分的浓度变化，只需将式中的烟气浓度改换为该组分的浓度即可。各组分的浓度可以用任何适宜表示组分的单位表示。

如果排烟系统每小时可排除 9 倍的室内空气，即稀释率是 $0.15min^{-1}$，要将烟气浓度降低到初始值的 1%，可算出所需时间是 30min。如果希望在 10min 内排除该区域的烟气，则必须加大换气率。可得出稀释率是 $0.46min^{-1}$，即每小时换气 28 次。

第五节　职业健康安全管理

一、职业健康安全管理体系的产生与发展

职业健康危害分析的目的是创造出一个安全的工作环境。从历史上看，职业研究提供了一些暴露于外源性化学物质（化学物质或者其他与人类机体无关的试剂）在环境中可引起人类疾病的最有力的证据。早在公元前 370 年，希波克拉底描述了长期接触金属的工人铅中毒症状。1775 年，珀西瓦尔波特爵士指出，煤烟在导致烟囱清扫工患高风险率阴囊癌方面发挥了重要作用。1977 年，长期接触农药的工人案例研究表明，暴露在溴气中可能会导致男性的不孕不育。这些观察结果引起了人们对外源性化学物质是如何伤害或破坏生物系统的强烈兴趣。相应的，由毒理学研究所得的结论，则有助于工作地方暴露风险的评估，以及建立职业暴露限制。

借助剂量-反应关系和危险源识别步骤，外源性化学物质的毒理学特性有助于风险评估的过程（图 8-6）。危险源的识别描述出了一个外源性化学物质所能导致的生理效应，例如生殖毒性、肿瘤、呼吸困难或过敏性反应。由于分子毒理学的进步，改善了对能被人体吸收，或伤害到重要的目标组织的外源性化学物质计量的测量方法，因而毒理学也能在暴露评估中发挥着越来越重要的角色。风险特征的描述，综合了用于风险管理决策的有关剂量-反应关系、危源的识别和暴露评估步骤的相关信息。风险管理策略主要包括：建议使用防护设备来设定工作接触限值，或者消除工作场所中可能存在的外源性化学物质。

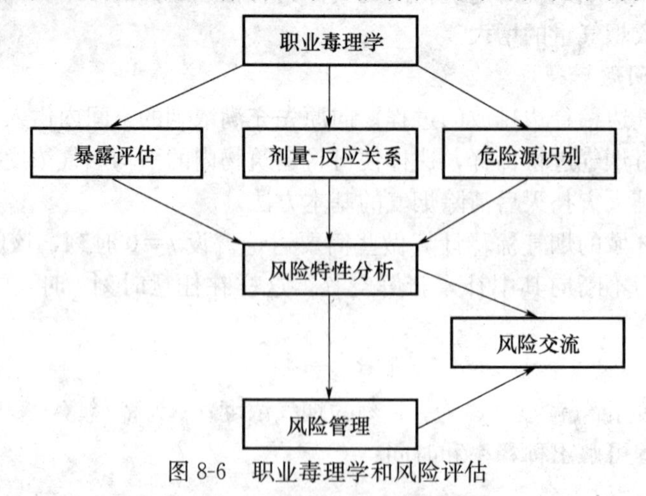

图 8-6　职业毒理学和风险评估

1970年，美国国会通过了“职业安全与健康法”。这条法令规定联邦劳动部门要通过安全与健康实施细则（OSHA）来制定并执行工作场所的安全标准。OSHA标准被称为允许暴露极限（PELs）。允许暴露极限已通过美国政府工业卫生师协会（ACGIH）TLVs的测试。TLVs通常被定义为在一天8h、一周40h的工作周期内大部分工作人员接触到的使寿命不遭受不利影响的化学物质的最高浓度。但是TLVs不能保证所有人暴露在安全范围内就一定都是安全的。雇主们可能会采用自愿暴露极限，因为OSHA尚未颁布致病浓度的标准，他们希望获得比PELs或TLVs更安全的接触标准。

职业接触极限并不是只根据毒性来确定。将毒理学信息包括在职业政策的发展取决于经济水平、科学技术和社会政治环境。通过对健康风险数据、经济学、现有技术和社会政治热点综合考虑，政治决策者制定了工作场所标准或者防护措施。与时俱进的职业毒理学和相对安全的防护措施所扮演的角色就给出毒理学和流行病学数据提供了最准确的诠释。

1996年9月，ISO在日内瓦组织召开了由44个国家和6个国际组织共同参加的职业健康安全管理体系（OHSMS）国际研讨会，就是否制定职业健康安全管理体系国际标准问题展开讨论。鉴于职业健康安全问题比较复杂，牵涉到各国实际国情、劳工权益，甚至国家利益和主权等问题，因此会议未能取得一致意见。会议认为，目前制定统一的国际标准的时机尚未成熟，但也并不妨碍一些国家提早建立其各自的职业健康安全标准。

1999年4月，第十五届世界职业健康安全大会在巴西召开，来自国际劳工组织（ILO）的官员明确提出，国际劳工组织将如同贯彻ISO 14000系列标准一样，严格依照ILO第155号公约和161号公约推行企业安全卫生评价并推行规范化的管理体系，为此特颁布了关于职业健康安全管理体系指南。在这一背景之下，全球三十多个国家开始制定其本国的职业健康安全管理体系标准。考虑到当时尚无世界通用的职业健康安全管理体系认证标准，为满足企业的认证需求，1999年英国标协和挪威船级社等数十家国际著名认证机构联合推出了职业健康安全评价系列（OHSAS）标准。

职业健康安全管理体系体现了保护人权的国际潮流，并已成为继ISO 9000质量管理体系和ISO 14000环境管理体系之后国际社会关注的又一个新热点。尽管OHSAS 18000系列标准并不作为某一国家或某一国际组织正式颁布的标准，而是可供任何国家及组织采用的职业健康安全管理体系系列标准，但OHSAS 18000标准颁布以后，立刻在世界范围内引起了较大反响。OHSAS 18000标准综合了世界各国和组织成功的职业健康安全管理经验，因此，许多国家及认证机构都将其作为实施及认证的职业健康安全管理体系标准。根据目前国际范围内对职业健康安全管理体系标准的需求及实施状况，OHSAS 18000已成为被广泛采纳的、最具权威性的标准。

二、消防员职业健康标准

日益频繁的职业活动使消防员接触到的有毒有害物质和其他有害因素也日益增多，直接威胁着消防员的身心健康。经调查，因接触各类职业危害因素而导致的急慢性职业中毒、骨髓肌肉损伤和心理疾病等已成为影响消防员健康的重要原因。由于消防员接触的职业危害因素具有多样性、不可预测性和复杂性，因此消防员这一特殊职业人群的职业健康保护和职业健康安全管理尤为重要。

消防员是保障国家经济发展和社会稳定的重要力量。为加强消防员的职业健康保护，我国制定了国家职业卫生标准《消防员职业健康标准》(GBZ 221—2009)。该标准的发布和实施，对在消防组织内贯彻落实《中华人民共和国职业病防治法》及相关法律、法规，提高我国消防员的职业卫生防护水平和身体素质，促进我国特殊职业人群的职业健康保护等具有十分重要的意义。

《消防员职业健康标准》在研制过程中充分考虑了消防员这个特殊职业人群与一般职业人群的共性及其自身的特点，所依据的基础理论和采取的技术措施均是经过实践被认为相对成熟的理论和技术。为确保标准采用的技术措施可行，标准研制组在对我国消防组织的职业健康现状和工作特点进行深入调查研究的基础上，吸收了职业健康监护、职业卫生评价、职业病危害防护、基本职业卫生服务、职业健康促进等领域的最新研究成果，同时还借鉴了职业安全健康认证体系中的管理方式和国外消防员健康保障体系的理念，这些管理方式和理念已在国内外众多行业和领域得到广泛应用和认可。

(一) GBZ 221—2009 的制定背景

随着经济和社会的发展，我国消防组织的职责和业务发生了巨大变化，由以前单一的防火灭火，发展为集灭火和以抢救人员生命为主的危险化学品泄漏、道路交通事故、地震及其次生灾害、建筑物坍塌、重大安全生产事故、空难、爆炸及恐怖事件、群众遇险事件的救援工作及参与处置水旱灾害、气象灾害、地质灾害、森林及草原火灾等自然灾害，矿山、水上事故，重大环境污染、核与辐射事故和突发公共卫生事件的活动。消防员在承担上述任务时，接触的有毒有害物质和其他有害因素也日益增多，这些有害因素对广大消防员的健康具有不可低估的潜在影响，直接威胁着消防员的身心健康。除了爆炸、建筑物坍塌等造成的意外伤害外，因接触各类职业病危害因素而导致的急、慢性职业中毒，骨骼肌肉损伤和心理疾病等已成为影响消防员健康的重要原因。近年来，我国消防员伤亡的有关报道引起了人们的广泛关注，在全国第十届第五次政协会议上，部分政协委员提交了关于保障消防员健康的提案，旨在保护消防员的身心健康，为促进消防事业和国民经济的健康发展提供保障。

2002 年 5 月 1 日我国实施了《中华人民共和国职业病防治法》，之后相继颁布实施了配套的职业卫生法律、法规、标准和规范等 700 余项，为保护劳动者的健康提供了法律法规依据和技术支持。我国已有相当多的劳动者享受了不同程度的职业卫生服务，但之前颁布实施的规范、标准主要针对工农业生产活动中职业病危害的控制和劳动者职业健康的保护，而消防员所接触的职业病危害因素具有多样性、不可预测性和复杂性，因此我国已制定的标准、规范不能满足保护消防员职业健康的需要，致使消防员这一特殊职业人群的职业健康保护工作相对滞后。

公安部消防局十分重视消防员的健康问题，决定立项制定消防员职业健康相关标准，并于 2006 年 7 月在公安部正式立项《消防员职业健康标准》。在项目实施过程中，鉴于消防员建制的多样性，为保障更大范围消防员的职业健康，标准研制组经项目立项单位同意，决定将此标准上升为国家标准，于 2007 年 5 月在卫生部职业卫生标准委员会申请立项，2008 年 9 月通过并正式立项。

(二) GBZ 221—2009 标准的主要内容

《消防员职业健康标准》(GBZ 221—2009) 正文 7 章，资料性附录 7 个，根据标准格式，主要包括以下内容。

第 1 章为范围，规定本标准的内容、适用范围。经现场调查和体力劳动强度分级结果显示，消防职业活动以重体力劳动和极重体力劳动为主，因此本标准制定的体格、体能等指标主要参考男性标准，女性要从事消防员工作，亦应达到这些标准要求。

第 2 章为规范性引用文件，包括部分国家标准、国家职业卫生标准。

第 3 章为术语和定义，对 17 个术语进行了定义。

第 4 章为职业健康条件，对消防员的体格、体能、心理等健康条件做了规定。由于消防员的职业特点，只有具备一定体格、心理素质、体能的人员才能从事消防工作，因此将体格、心理、体能等健康条件作为消防员的准入条件。目前我国除现役制消防员外，其他建制消防组织的消防员主要为退役的消防员，因此体格检查的指标和标准主要参照《应征公民体格检查标准》。在此基础上，参考美国消防协会《消防部门职业医学项目综合标准》（NFPA 1582），增加了消防员的特殊条款，规定消防员上岗前职业健康检查应达到的要求。在体能中规定了测试指标和标准，要求消防员应每年进行体能测试，并规定了消防员基础体能测试应达到的最低要求。鉴于消防员从事的职业活动具有较高危险性，要求进行心理测试。

第 5 章为职业健康监护，主要包括职业健康检查和职业健康监护档案管理，对职业健康检查的种类、周期、内容、方法等进行了规定。规定应对消防员开展上岗前、在岗期间、离岗时以及应急职业健康检查，监护对象主要为一线消防员，在岗期间定期健康检查周期为 1 年。职业健康监护档案管理中规定消防组织应建立职业健康管理档案和消防员个人健康档案，保证档案的完整性，为开展健康评估、实施健康干预提供准确、可靠的资料。

第 6 章为职业健康管理，分别对管理组织、管理人员、管理计划等做出了规定。规定国家、省、市消防组织应设立职业健康管理机构，规定职业健康管理的责任人是消防组织的最高管理者，明确各级职业健康管理人员承担的相应职责。

第 7 章为职业健康保障。根据现场调查情况并参照《城市消防站建设标准》、《消防员个体防护装备配备标准》（GA 621—2013）和《消防特勤队（站）装备配备标准》（GA 622—2013）等现行相关标准，规定保障消防员职业健康主要包括消防员职业危害防护装备和医疗卫生服务两个方面的内容。职业危害防护装备主要规定侦检装备、洗消装备和个人防护装备的配备、使用和管理；医疗卫生服务，主要对消防组织医疗卫生的硬件、软件和工作内容进行了规定，规定基层消防组织应设卫生室，并配备常规医疗检查、治疗设备及现场急救设备，储备一定量的药品，规定地市级消防组织应配备 2 名以上医师，基层消防组织应配备 1 名以上卫生人员，负责疾病的初步处理、转诊、心理咨询和干预等工作，使消防员获得基本医疗卫生服务。

其他附录的主要内容如下：

（1）附录 A（体能测试方法，对测试方法进行了统一规定）；

（2）附录 B（职业健康监护档案内容及管理）；

（3）附录 C（职业健康促进内容）；

（4）附录 D（职业健康评估内容）；

（5）附录 E（消防站配备职业危害防护装备的目录）；

（6）附录 F（消防职业活动中消防员接触的常见有毒气体的直读式仪器检测方法）；

（7）附录 G（危险化学品及核泄漏事故的洗消方法）。

（三）GBZ 221—2009 标准与国外相关标准的对比

美国消防协会（NFPA）由多个国家的消防组织参加，其制定的规范、标准具有透明性和开放性，并在世界范围内得到广泛的应用，其中涉及消防员职业健康的标准主要有 4 个，分别为《消防组织职业安全和健康项目标准》（NFPA 1500）、《消防组织内的传染病控制标准》（NFPA 1581）、《消防部门职业医学项目综合标准》（NFPA 1582）、《消防员身体健康项目标准》（NFPA 1583），内容涉及了传染病的预防控制、食品卫生、环境卫生、职业病及工作相关疾病的预防控制、体能训练与测试等方面。

与我国实行现役制作为主体的消防体制不同，一些发达国家采取职业制，消防经费投入较大，器材装备比较先进，消防员可工作至50岁左右；而我国消防器材和防护装备总体水平正逐步改善和提高，在现有条件下完成各项消防职业活动需要消防员具备较好的身体素质。因此，GBZ 221—2009标准在部分体格、体能方面的要求严于国外标准。

第六节　烟气毒性相关标准及网络资源

随着计算机、网络、通信与存储技术的发展，国内外信息资源实现了便利的共享。电子信息资源如书目（题录文摘）型数据库、全文型数据库、数值型数据库和事实型数据库等在整个信息资源中所占的比重越来越大。从事材料燃烧烟气毒理学研究、教学、相关科学技术工作，需要进行有关信息的检索。主要的科技信息源有科技图书、科技期刊、科技报告、科技会议文献、专利文献、标准文献、政府出版物、学位论文、产品样本、科技档案等十余种。本书收集整理了火灾烟气毒性相关的部分技术标准及资源，其中部分内容在书中已有介绍。为便于广大同行的深入研究，罗列如下。欢迎有志于本领域研究的专家、同行不吝赐教。

一、烟气毒性测试相关技术标准

1. GB 8624—2012　建筑材料及制品燃烧性能分级
2. GB/T 20285—2006　材料产烟毒性危险分级
3. GB/T 8627—2007　建筑材料燃烧或分解的烟密度试验方法
4. GBZ 2.1—2007　工作场所有害因素职业接触限值　第1部分：化学有害因素
5. GBZ 2.2—2007　工作场所有害因素职业接触限值　第2部分：物理因素
6. GBZ 221—2009　消防员职业健康标准
7. HJ/T 76—2007　固定污染源烟气排放连续监测系统技术要求及检测方法
8. HJ/T 47—1999　烟气采样器技术条件
9. ISO 5659-2—2012　塑料　烟雾产生　第2部分：单室实验法测定光密度
10. ISO 13344—2004　火灾烟气致命毒性的评估
11. ISO 13571—2012　火灾威胁生命要素　用火灾数据对可用逃生时间的评估指南
12. ISO 16405—2015　房间角落和开放式热量计　使用傅里叶变换红外光谱技术对产生的烟气进行抽样与测量的指南
13. ISO 19701—2013　火灾烟气的取样和分析方法
14. ISO 19702—2015　燃烧产物毒性试验　使用FTIR气体分析仪对火灾烟气中毒性气体和蒸汽的采样与分析指南
15. ISO 19703—2010　着火时有毒气体的生成和分析　实验燃烧中物质产生、当量比和燃烧效率的计算
16. NFPA 1500—2013　消防部门职业安全和健康计划标准

17. ASTM E800—2014　火灾时现有气体或所产生气体的测量标准指南

18. ASTM E1678—2010　火灾危险性分析中烟气毒性测量的测试方法

19. ASTM D2843—2010　塑料燃烧或分解产生的烟气密度的测定方法

20. DIN 53436-1—1981　材料在通风条件下的热分解产物的产生及毒性检验　第 1 部分：分解仪器及试验温度的测定

21. DIN 53436-2—1986　材料在通风条件下的热分解产物的产生及毒性检验　第 2 部分：热分解法

22. DIN 53436-3—1989　材料在通风条件下的热分解产物的产生及其毒性检验　第 3 部分：吸入毒性的试验方法

23. DIN 53436-4—2003　材料在通风条件下的热分解产物的产生及毒性检验　第 4 部分：液体热分解法

24. DIN 53436-5—2003　材料在通风条件下的热分解产物的产生及毒性检验　第 5 部分：毒性计算测定方法

25. DIN EN 2826—2011　航空航天—在辐射热和火焰影响下非金属材料的燃烧行为—烟雾中气体成分分析指南

26. DIN 5510-2—2009　轨道车辆中的防火措施　第 2 部分：原材料和配件的燃烧特性与燃烧边界效应—分类、要求和检测方法

27. BS EN 60695-7-2—2011　火灾试验　第 7-2 部分：烟气毒性　概要和相关测试方法

28. BS EN 60695-7-3—2011　火灾试验　第 7-3 部分：烟气毒性　测试结果使用和解释

29. EN 50305—2002　铁路应用　具有特殊火灾行为的铁路车辆电缆：测试方法

30. NF X70-100-1－2006　燃烧试验　废气分析　第 1 部分：热降解产生气体的分析方法

31. NF X70-100-2—2006　燃烧试验　废气分析　第 2 部分：管式熔炉热降解法

32. NF X70-102—2006　燃烧产物毒性试验　使用 FTIR 气体分析仪对火灾烟气中毒性气体和蒸汽的采样与分析指南

33. NF X70-103—2010　着火时有毒气体的生成和分析　实验燃烧中物质产生、当量比和燃烧效率的计算

34. NF X70-104—2013　火灾烟气的取样和分析方法

35. JIS B7983 AMD-1—2006　烟道气体中氧含量的连续分析仪

36. JIS B7984—2006　烟道气体中氯化氢的连续分析仪

二、美国医学图书馆的毒理学网络

美国医学图书馆的毒理学资源由 Toxnet（毒理学网）和 Toxicology and Environmental Health（毒理学和环境卫生）组成。Toxnet 的网址为 http：//www. toxnet. nlm. nih. gov，是美国国立医学图书馆的一组数据库的总称，其内容包括毒理学和有害化学物质及其相关领域的信息。

Toxnet 的在线数据库介绍如下：

（1）ChemIDplus 收录了 35 万多条化学物质记录，内容包括物质名称、同义词、化学文摘社（CAS）登记号、分子式、分子结构和法规信息清单等，并链接至有关该化学物质的数据库。

（2）HSDB（Hazardous Substances Data Bank，有害物质数据库）是 Toxnet 的主导文件，包括了 4500 多种化学物质的事实型数据库。HSDB 的数据涉及人类和动物毒性、安全和处理、环境转归等广泛的领域。HSDB 数据经科学审定。

（3）Toxline（Toxicology Information Online）是文献型数据库，内容涉及药物及其他化学品的生物化学、药理学、生理学和毒理学效应。

（4）CCRIS（Chemical Carcinogenesis Research Information System）是由美国国家癌症研究所（NCD）提供的事实型数据库，内容包括化学物质的致癌性、致突变性、促瘤与抑瘤方面的资料。

（5）DART/ETIC（Developmental and Reproductive Toxicology 和 Environmental Teratology Information Center Database），内容涉及发育及生殖毒理学的文献型数据库。

（6）GENE-TOX（Genetic Toxicology）是由美国环境保护局（EPA））经“Gene-Tox 计划”审定的遗传毒理学试验数据。

（7）IRIS（Integrated Risk Information System）是由美国环境保护局（EPA）支持的事实型数据库，包括人类健康风险评定的数据（危害识别和剂量反应评定）。

（8）ITER（International Toxicity Estimates for Risk，国际毒性危险度评估）是由 Cincinnati 主导的 Toxicology Excellence for Risk Assessment（TERA）的产品。TERA 提供了世界权威组织的危险度信息，包括美国 EPA、ATSDR、加拿大卫生部、ARC、荷兰 NIPHE、IARC 和一些独立的机构，它们的危险度值已经过专家审查。

（9）MultiTox. Databases 是下列数据库的综合检索：HSDB、IRIS、ITER、CCRIS、GENE-TOX。

（10）TRI（EPA's Toxic Chemical Release Inventory）是美国 EPA 编辑的有毒物质排放数据库，包括 1995 年以来的美国有毒化学物质向环境排放的年报。

（11）HAZ-MAP 是一个为健康和安全专业人员及寻求工作中暴露于化学物质和生物制品的健康效应信息的消费者而设计的职业卫生数据库。

（12）Household Products 家用产品数据库。连接 5000 多个消费者商标与来自生产商提供材料安全数据单（MSDS）的健康效应，并且允许科学家和消费者基于化学组成对产品进行研究。

（13）TOXMAP-环境卫生电子地图。TRI 资料的地理表现并与其他资源链接。

从 Toxnet（毒理学网络）可链接到 Toxicology and Environmental Health（毒理学和环境卫生），以及很多毒理学相关网站。Toxnet 正在不断更新和扩充，以适应社会对毒理学信息的需求。

三、管理毒理学相关机构和网址（表 8-7）

表 8-7 毒理学有关法规、机构的国外网址

法规、机构	网址（http：//）
国际	
OECD Tesing Guidelines 经济合作和发展组织测试指南	www. oecd. org/ehs/test/testlist. htm
ICH Guidance Documents 国际协调会议 ICH	www. ich. org/ich5. html

续表

法规、机构	网址（http：//）
欧盟	
European Union 欧盟	www. eurunion. org/legislat/index. htm
EU Testing Guidelines for Medicinal Products 欧盟医学产品测试指导原则	dg3. eudra. org/eudralex/index. htm
美国	
Food and Drug Administration（FDA）食品药物管理局	www. fda. gov
FDA Center for FoodSafety and Applied Nutrition 食品安全和应用营养中心	vm. cfsan. fda. gov/list. html
FDA Center for Drug Evaluation and Research 药品审评和研究中心	www. fda. gov/cder
Environmental Protection Agency（EPA）环境保护署	www. epa. gov
EPA Office of Pollution Prevention and Toxic Substance 污染预防和有毒物质办公室	www. epa. gov/internet/oppts
EPA Office of Pesticide Programs 杀虫剂计划办公室	www. epa. gov /pesticides
Toxic Substances Control Act 有毒物质控制法	www. 1aw. cornell. edu
Federal Insecticide，Fungicide and Rodenticide Act 联邦杀虫剂、杀菌剂和灭鼠剂法	www. 1aw. cornell. edu
Federal Food，Drug and Cosmetic Act 联邦食物、药和化妆品法	www. fda. gov/opacom//laws/fdcact/fdctoc. html
Food Quality Protection Act 食物质量保护法	www. fda. gov
EPA Testing Guidelines 测试指南	www. fda. gov
FDA Guidance Documents 指南文件	www. fda. gov

参考文献

［1］范维澄，王清安，姜冯辉，等. 火灾学简明教程［M］. 合肥：中国科学技术大学出版社，1995.
［2］范维澄，孙金华，陆守香，等．火灾风险评估方法学［M］．北京：科学出版社，2004.
［3］舒中俊，杜建科，王霁．材料燃烧性能分析［M］．北京：中国建材工业出版社，2014.
［4］舒中俊，徐晓楠，李响．聚合物材料火灾燃烧性能评价［M］．北京：化学工业出版社，2007.
［5］詹姆士 G. 昆棣瑞．火灾学基础．杜建科，王平，高亚萍译［M］．北京：化学工业出版社，2010.
［6］杜建科，舒中俊，朱惠军，等．材料燃烧性能与试验方法［M］．北京：中国建材工业出版社，2013.
［7］国际劳工局. 重大事故控制实用手册［M］. 北京：中国劳动出版社，1993.
［8］霍然，胡源，李元洲．建筑火灾安全工程概论［M］．合肥：中国科学技术出版社，1999.
［9］赵成刚，曾旭斌，邓小兵，等．建筑材料及制品燃烧性能分级评价［M］．北京：中国标准出版社，2007.
［10］孟昭泉，宋大庆，苑修太．实用急性中毒急救［M］．济南：山东科学技术出版社，2009.
［11］朱子杨，龚兆庆，汪国良．中毒急救手册．第3版［M］．上海：上海科学技术出版社，2007.
［12］王清．有毒有害气体防护技术［M］．北京：中国石化出版社，2007.
［13］汪东红，李宗宝．硫化氢中毒及预防［M］．北京：中国石化出版社，2008.
［14］孟紫强，等．二氧化硫生物学：毒理学・生理学・病理生理学［M］．北京：科学出版社，2012.
［15］贡俊．微生物法脱除二氧化硫气体的研究［M］．北京：中国环境科学出版社，2011.
［16］白志鹏，王宝庆，王秀艳，等．空气颗粒物污染与防治［M］．北京：化学工业出版社，2011.
［17］Susan M. Briggs，Kathryn H. Brinsfield. 干建新，张茂译．公共突发事件医疗应对：高级灾难医学救援手册［M］．杭州：浙江大学出版社，2007.
［18］宁波市环境监测中心．快速检测技术及在环境污染与应急事故监测中的应用［M］．北京：中国环境科学出版社，2011.
［19］杨睿，周啸，罗传秋，等．聚合物近代仪器分析．第3版［M］．北京：清华大学出版社，2010.
［20］杨林军．燃烧源细颗粒物污染控制技术［M］．北京：化学工业出版社，2011.
［21］北京市环境保护局，北京市环境保护研究所，北京市环境保护监测中心等译．颗粒物环境空气质量USEPA基准［M］．北京：中国环境科学出版社，2008.
［22］郝吉明，段雷，易红宏，等．燃烧源可吸入颗粒物的物理化学特征［M］．北京：科学出版社，2008.
［23］徐明厚，于敦喜，刘小伟．燃烧源可吸入颗粒物的形成与排放［M］．北京：科学出版社，2009.
［24］胡还忠．医学机能学实验教程．第2版［M］．北京：科学出版社，2005.
［25］沈建忠．动物毒理学［M］．北京：中国农业出版社，2011.
［26］王心如，周宗灿．毒理学基础．第5版［M］．北京：人民卫生出版社，2007.
［27］周校平，张晓男．燃烧理论基础［M］．上海：上海交通大学出版社，2001.
［28］祁君田，党小庆，张滨渭，等．现代烟气除尘技术［M］．北京：化学工业出版社，2008.
［29］段小丽．暴露参数的研究方法及其在环境健康风险评价中的应用［M］．北京：科学出版社，2012.
［30］张连营．职业健康安全与环境管理［M］．天津：天津大学出版社，2006.
［31］李洪，汪红泉，郭功涛．职业健康与安全［M］．北京：人民出版社，2010.
［32］环境保护部科技标准司．国内外化学污染物环境与健康风险排序比较研究［M］．北京：科学出版

社，2010.
[33] 朱常有，杨乃莲，王宇航．中国职业健康安全概况 [M]．北京：中国劳动社会保障出版社，2012.
[34] 费尔曼，米德，威廉姆斯．寇文，赵文喜译．环境风险评价方法、经验和信息来源 [M]．北京：中国环境科学出版社，2011.
[35] 张龙连．职业病危害与健康监护 [M]．北京：中国劳动社会保障出版社，2010.
[36] 于云江．环境污染的健康风险评估与管理技术 [M]．北京：中国环境科学出版社，2011.
[37] 胡二邦．环境风险评价实用技术、方法和案例 [M]．北京：中国环境科学出版社，2009.
[38] 杨建民，陈永青．《消防员职业健康标准》实施指南 [M]. 北京：化学工业出版社，2013.
[39] 胡源，尤飞，宋磊，等. 聚合物材料火灾危险性分析与评估 [M]. 北京：化学工业出版社，2007.
[40] 中国医学科学院卫生研究所．烟气测试技术 [M]．北京：人民卫生出版社，1981.
[41] 于正然，刘光铨，单嫣娜，等．烟尘烟气测试实用技术 [M]．北京：中国环境科学出版社，1989.
[42] 环境保护部．重点行业环境健康风险手册 [M]．北京：中国环境科学出版社，2011.
[43] GB/T 16157—1996 固定污染源排气中颗粒物测定与气态污染物采样方法 [S]．
[44] GB 8624—2012 建筑材料及制品燃烧性能分级 [S]．
[45] GB/T 20285—2006 材料产烟毒性危险分级 [S]．
[46] GB/T 8627—2007 建筑材料燃烧或分解的烟密度试验方法 [S]．
[47] GBZ 2.1—2007 工作场所有害因素职业接触限值　第 1 部分：化学有害因素 [S]．
[48] GBZ 2.2—2007 工作场所有害因素职业接触限值　第 2 部分：物理因素 [S]．
[49] GBZ/T 205—2007 密闭空间作业职业危害防护规范 [S]．
[50] GA 621—2013 消防员个人防护装备配备标准 [S]．
[51] GBZ 221—2009 消防员职业健康标准 [S]．
[52] DIN 53436-5—2003 材料热分解产物的毒性试验　第 5 部分：计算确定毒性的方法 [S]．
[53] 胡云楚. 硼酸锌和聚磷酸铵在木材阻燃中的成炭作用和抑烟作用 [D]. 长沙：中南林业科技大学，2006.
[54] 孙立娟．香烟烟雾中丙烯醛对线粒体与视网膜色素上皮细胞的损伤及营养素的保护作用 [D]．上海：华东理工大学，2006.
[55] 徐亮. 典型热塑性装饰材料火灾特性研究 [D]. 合肥：中国科学技术大学，2007.
[56] 赵敏. 高分子材料火灾烟气的危害及控制 [J]. 塑料工业，2004，32 (6)：53-55.
[57] 魏捍东. 火灾中烟的危害性及常见烟中毒处置方法 [J]. 消防科技，1998，(11)：4-5.
[58] 梁锵，孙学成．论火灾对环境的影响 [J]．武警学院学报，2007，23 (8)：20-22.
[59] 边归国，廖屹．一起由废旧轮胎火灾引发次生环境污染的思考 [J]．中国应急管理，2010，2：48-51.
[60] 郭瑞碛．日本枥木县一家工厂发生大火 [J]．消防技术与产品信息，2004，(1)：57.
[61] 原海军，岳海玲．火灾对环境影响及防治对策研究 [J]．消防技术与产品信息，2008，(8)：24-27.
[62] 张亮．火灾对环境的影响及对策 [J]．消防科学与技术，2008，27 (5)：375-377.
[63] 占丽萍，祁海鹰，吕子安，等．火灾烟气毒害物 HCl 和 HCN 的分析及危害性评价方法 [J]．工程热物理学报，2004，25 (suppl.)：209-212.
[64] 王丽娟，胡健，齐国先．丙烯醛致成年小鼠心肌细胞凋亡的作用 [J]．中国生化药志，2007，28：192-196.
[65] 袭著革，晁福寰，杨丹凤，等．丙烯醛 DNA 分子的损伤作用 [J]．环境与健康杂志，2004，21：293-295.
[66] 朱立军，戴亚．液相色谱法分析卷烟主流烟气中的挥发醛 [J]．烟草科技，2003，10：22-25.
[67] 程学美，邵华，单永乐，等．甲醛及丙烯醛对人淋巴细胞 DNA 分子加合作用的研究 [J]．中国卫生

检验杂志，2007，17（1）：23-25.

[68] 刘兴余，朱茂祥，谢剑平．丙烯醛致突变性研究进展［J］．中国烟草学报，2009，15（6）：76-80.

[69] 李禄生，李旭良，魏光辉，等．环磷酰胺代谢产物丙烯醛对未成熟睾丸损伤的实验研究［J］．中华小儿外科杂志，2007，28（6）：318-321.

[70] 陈国庆，袁新彦，吴杰．火灾烟气毒害分析［J］．实用全科医学，2004，2（4）：353-354.

[71] 何瑾，刘军军，甘子琼，等．一种新的火灾烟气成分分析方法——傅里叶红外变换光谱法［J］．消防科学与技术，2007，26（9）：488-491.

[72] 于清，隋峰．便携式 CO_2 红外线分析仪的应用和检定［J］．化学分析计量，2007，16（5）：68-69.

[73] 张永怀，白鹏，刘君华．红外气体分析器［J］．分析仪器，2002（3）：36-40.

[74] 常冬，王加华，蒋圣楠，等．三种不同便携式可见/近红外分析仪对比研究［J］．食品安全质量检测学报，2011，2（5）：231-234.

[75] 张广军，李亚萍，李庆波．小型红外 CO_2 气体分析仪［J］．仪器仪表学报，2009，30（5）：1032-1036.

[76] 张永怀，张进永，刘君华．智能红外多组分气体分析仪［J］．测控技术，2004，23（5）：9-13.

[77] 张凤菊，张钰，李红莉，等．顶空毛细管气相色谱法分析气体样品中的甲醇［J］．中国环境管理干部学院学报，2014，24（6）：69-72.

[78] 徐兰琴，余林，陶涛，等．高效液相色谱法测定生物燃料烟气中丙酮和苯甲醛的含量［J］．中华预防医学杂志，2006，40（3）：200-202.

[79] 钱飞中，李应群．离子色谱法测定环境空气中氯化氢［J］．现代科学仪器，2002（6）：16-17.

[80] 唐胜利，甘子琼．离子色谱法在火灾烟气分析中的应用研究［J］．消防科学与技术，2007，26（5）：264-266.

[81] 甘子琼，刘军军，唐胜利．预测 FTIR 光谱中烟气毒性组分体积分数的定量模型［J］．消防科学与技术，2005，24（4）：421-425.

[82] 张政伟，吕子安，彭华，等．小尺寸火灾模型中 CO 释放特性实验［J］．清华大学学报：自然科学版，2008，48（2）：252-255.

[83] 吕子安，连晨舟，季春生，等．火灾中材料产烟毒性的分析［J］．清华大学学报：自然科学版，2004，44（2）：278-281.

[84] 甘子琼，刘军军，唐胜利，等．阻燃电工套管热解烟气毒害物分析［J］．消防科学与技术，2014，33（1）：96-98.

[85] 田建军，姜恒，苏婷婷，等．基于 TGA-FTIR 联用技术的 EVA 热解研究［J］．分析测试学报，2003，22（5）：100-102.

[86] 田原宇，吕永康，谢克昌．PVC 的热解/红外（Py/FTIR）研究［J］．燃料化学学报，2002，30（6）：569-572.

[87] 李迎旭，方梦祥，余春江，等．硬木地板材料和棉花秆的变氧浓度热解燃烧表观动力学的实验研究［J］．火灾科学，2005，14（3）：137-143.

[88] 徐晓楠．新一代评估方法：锥形量热仪（CONE）法在材料阻燃研究中的应用［J］．中国安全科学学报，2003，13（1）：19-22.

[89] 郝权，蒋曙光，位爱竹，等．锥形量热仪在火灾科学研究中的应用［J］．能源技术与管理，2009，1：72-75.

[90] 邱榕，范维澄．火灾常见有害燃烧产物生物毒理（Ⅰ）：一氧化碳、氰化氢［J］．火灾科学，2001，10（3）：154-158.

[91] 邱榕，范维澄．火灾常见有害燃烧产物生物毒理（Ⅱ）：一氧化氮、二氧化氮［J］．火灾科学，2001，10（4）：200-203.

[92] 冉海潮，焦凤龙，孙丽华，等．TGAS模型及其在建筑火灾中人群安全疏散的应用［J］．消防科学与技术，2013，32（11）：1209-1211.
[93] 赵泽文，蒋勇．计算机数值模拟在火灾烟气有毒物质生成研究中的应用［J］．消防技术与产品信息，2008，（12）：32-35.
[94] 许镇，唐方勤，任爱珠．烟气毒性多气体的改进评价模型［J］．清华大学学报：自然科学版，2011，51（2）：194-197.
[95] 刘军军，李风，张智强，等．火灾烟气毒性评价和预测技术研究［J］．中国安全科学学报，2006.16（1）：76-83.
[96] 刘军军，兰彬，张文良，等．地下商业街火灾烟气成分试验研究［J］．消防科学与技术，2001，20（1）：10-12.
[97] 杨立中，方伟峰．可燃材料火灾中的毒性评估方法［J］．中国安全科学学报，2001，11（1）：65-69.
[98] 方伟峰，杨立中．可燃材料烟气毒性及其在火灾危险性评估中的作用［J］．自然科学进展，2002，12（3）：245-249.
[99] 占丽萍，祁海鹰，吕子安，等．刺激性气体HCl在不同尺度火灾实验中的释放行为［J］．中国安全科学学报，2004，14（3）：14-16.
[100] 刘道强，徐志胜，王飞跃．建筑材料火灾烟气减光性能的试验研究［J］．中国安全科学学报，2005，15（3）：13-15.
[101] 李山岭，蒋勇，邱榕，等．火灾烟气危害定量评价模型THVCH及其应用［J］．安全与环境学报，2012，12（2）：250-256.
[102] 童朝阳，阴忆烽，黄启斌，等．火灾烟气毒性的定量评价方法评述［J］．安全与环境学报，2005，5（4）：101-105.
[103] 陈鑫宏，毕海普，邢志祥，等．火灾烟气危害评价HTV模型的应用与验证［J］．中国安全科学学报，2013，23（9）：20-25.
[104] 张念，谭忠盛. 高海拔特长铁路隧道火灾烟气分布特性数值模拟研究［J］．中国安全科学学报，2013，23（5）：52-57.
[105] 叶俊麒，杨立中，武来喜．火源房间开口宽度与远距离处一氧化碳浓度关系的实验研究［J］．火灾科学，2008，12（3）：172-177.
[106] 安辉，孙磊，周燕虹，等．密闭舱室内非金属材料燃烧释放有毒气体对大鼠肺组织通透性的影响［J］．第三军医大学学报，2009，31（4）：294-296.
[107] 兰彬，钱建民．国内外防排烟技术研究的现状和研究方向［J］．消防科学与技术，2001，2：17-18，21.
[108] 王晓楠．ABS阻燃技术进展及其市场需求分析［J］．广东科技，2013，2：182-183.
[109] 张铁江．常见阻燃剂的阻燃机理［J］．化学工程与装备，2009，10：114-115，83.
[110] 张利芬，杨先贵，王公应．反应型阻燃剂在聚合物中的应用研究进展［J］．工程塑料应用，2014，42（7）：114-117.
[111] 曹杰，肖卫东，秦莉，等．活性阻燃技术在环氧树脂材料上的应用［J］．粘接，2006，27（1）：40-43.
[112] 华胜兵，关瑞芳．聚氨酯材料阻燃技术研究进展［J］．广东化工，2009，36（10）：114-115.
[113] 纪磊，陈志林，蔡智勇．美国阻燃处理木材的现状［J］．木材工业，2011，25（2）：27-28.
[114] 王国建，黄演．透明膨胀型防火涂料国内外研究进展［J］．材料导报，2011，25（5）：58-62.
[115] 王明清．橡胶的阻燃技术进展［J］．橡胶工业，2004，52（5）：309-312.
[116] 李雪艳，张胜，张荣，等．中国纤维/织物阻燃技术进展（一）［J］．产业用纺织品，2011，5：1-6.
[117] 刘继纯，王伟，李晴媛，等．用锥形量热仪研究PS/MH符合材料燃烧性能［J］．现代塑料加工应

用，2009，21（6）：41-44.
[118] 张红章，范卫琴．沥青路面烟气抑制剂的试验研究［J］．道路工程，2013，4：5-9，14.
[119] 姚春花，吴义强，胡云楚，等．3种无机镁系化合物对木材的阻燃特性及作用机理［J］．中南林业科技大学学报，2012，32（1）：18-23.
[120] 夏燎原，胡云楚，吴义强，等．介孔SiO_2-APP复合阻燃剂的制备及其对木材的阻燃抑烟作用［J］．中南林业科技大学学报，2012，32（1）：9-13.
[121] 陈旬，袁利萍，胡云楚，等．聚磷酸铵和改性海泡石处理木材的阻燃抑烟作用［J］．中南林业科技大学学报，2013，33（10）：147-152.
[122] 张国维，朱国庆，黄丽丽．XPS外保温系统竖向火蔓延大涡模拟与危险性分析［J］．应用基础与工程科学学报，2013，21（5）：973-982.
[123] 付丽华，张瑞芳，石龙．基于锥形量热仪实验的卷烟及其包装材料燃烧特性研究［J］．火灾科学，2009，18（1）：20-25.
[124] 方廷勇，冯文兴．火灾烟气毒性评价新的"RRC"动态模型及工程应用［J］．消防科学与技术，2005，24（2）：156-158.
[125] 杨立中，邹兰．地铁火灾研究综述［J］．工程建设与设计，2005，12：32-35.
[126] 阎善郁，刘岩，赵铁．地铁隧道火灾烟气湍流反应的数值模拟研究［J］．大连交通大学学报，2010，31（6）：56-60.
[127] 许镇，唐方勤，任爱珠．建筑火灾烟气危害评价模型及应用［J］．消防科学与技术，2010，29（8）：651-655.
[128] 安翠，魏东．低压（低氧）条件下古建筑装饰性织物燃烧特性的实验研究［J］．热科学与技术，2010，9（4）：369-376.
[129] 赵铁，乔健．隧道火灾烟气中CO的PDF数值模拟研究［J］．山西建筑，2008，34（32）：167-169.
[130] 张晓丽．常见合成纤维燃烧烟气组成规律的试验研究［J］．消防科学与技术，2009，28（1）：12-15.
[131] 王静，王恩元．浅谈有机卤系阻燃材料火灾中的烟气毒性评估［J］．西部探矿工程，2005，10（114）：241-243.
[132] 冯文兴，杨立中，叶俊麒．火灾中烟气毒性成分向远距离房间传播的实验研究［J］．中国科学技术大学学报，2008，38（12）：1451-1454.
[133] 张阳，刘志鹏．常用建筑材料的烟气毒性浅析［J］．广州化工，2010，38（6）：116-117.
[134] 陈正刚，张媛．基于LES的某别墅火灾烟气数值模拟［J］．消防技术与产品信息，2009，12：51-54.
[135] 钱翌，刘莹．3种材料燃烧烟气对矮牵牛生理生态特征的影响［J］．安徽农业科学，2010，38（23）：12930-12932.
[136] 阴忆烽，童朝阳，黄启斌，等．CO_2对火灾烟气导致人员失能的影响［J］．自然科学进展，2005，15（5）：611-616.
[137] 阴忆烽，童朝阳．TGAS模型计算4种火灾场景内烟气对人的失能作用［J］．毒理学杂志，2005，13（9）：309.
[138] 童朝阳，阴忆峰．火灾烟气中CO_2改变呼吸换气速率对人员吸入其他毒性气体的影响［J］．毒理学杂志，2005，16（3）增：289.
[139] 甘子琼．火灾烟气的亚致命效果［J］．消防技术与产品信息，2005，7：53-54.
[140] 何瑾，刘军军．两种含氮高分子材料的热解烟气毒性评价［J］．环境科学学报，2007，27（6）：1049-1055.
[141] 章涛林，方廷勇，卢平．高层建筑火灾烟气迁移特性研究［J］．安徽工业学院学报：自然科学版，

2008，16（5）：58-64.

[142] 赵成刚，伍萍，张羽．干、湿毛巾对烟气的吸附作用［J］．消防科学与技术，2007，26（1）：30-33.

[143] 袁杰，申世飞．某类重特大火灾数值模拟研究［J］．科技导报，2011，29（11）：42-47.

[144] 冯文兴，牛海霞，杨立中．火灾烟气毒性成分向远距离走廊传播危害性分析［J］．消防科学与技术，2009，28（8）：551-555.

[145] 方廷勇，杨立中．典型建筑结构中烟气毒物迁移的实验及数值分析［J］．燃烧科学与技术，2005，11（1）：62-67.

[146] 王俊胜，刘丹，王国辉，等．不同辐照强度下阻燃聚氨酯泡沫的燃烧行为［J］．高分子材料科学与工程，2013，29（7）：64-67.

[147] 何瑾，张寒，刘军军．火灾烟气毒性蛋白质组学研究进展［J］．中国西部科技，2012，11（3）：33-34.

[148] 邱旭东，高甫生，王砚玲．建筑火灾烟气运动数值模拟方法的回顾与评价［J］．自然灾害学报，2005，14（1）：132-138.

[149] 霍然，李元洲，金旭辉，等．大空间内火灾烟气充填研究［J］．燃烧科学与技术，2001，7（3）：219-222.

[150] 钟茂华，厉培德，卢兆明，等．多层多室建筑火灾烟气运动的网络模拟［J］．火灾科学，2002，11（2）：103-107.

[151] 冯文兴，杨立中，方廷勇，等．狭长通道内火灾烟气毒性成分空间分布的实验［J］．中国科学技术大学学报，2006，36（1）：61-64.

[152] 季春生，吕子安，连晨舟．PVC 燃烧时 HCl 的释放规律［J］．高分子学报，2005，5：674-677.

[153] Kaplan H L，Grand A F，Hartzell G E. Combustion Toxicology：Principles and Test Methods［M］. Technomics Publishing Company，Inc.，Lancaster，PA（1982）.

[154] Gordon E. Hartzell. Advances in Combustion Toxicology［M］. Technomics Publishing Company，Inc.，Lancaster，PA（1982）.

[155] NFPA 1500—2013 Standard on Fire Department Occupational Safety and Health Program［S］.

[156] ISO 13344—2004 Estimation of the Lethal Toxic Potency of Fire Effluents［S］.

[157] ISO 19701 Methods for Sampling and Analysis of Tire Effluents［S］.

[158] ISO 9705：1993 Fire Tests—Full-scale Room Test for Surface Products［S］.

[159] ISO 5659-2 Plastics—Smoke Generation-Part 2：Determination of Optical Density by a Single Chamber Test［S］.

[160] AFAP-1—2010. NATO Reaction-to-fire Tests for Materials［S］.

[161] ISOTR 9122-4—1993. Toxicity Testing of Fire Effluents-part 4：The Fire Model（Furnaces and Combustion Apparatus Used in Small scale Testing）［S］.

[162] Fabienne Reisen，Stephen K. Australian Firefighters' Exposure to Air Toxics During Bush Fire Burns of Autumn 2005 and 2006［J］. Environment International，2009，（35）：342-352.

[163] Vikelsoe J，Johansen E. Estimation of Dioxin Emission from Fires in Chemicals［J］. Chemosphere，2000，（40）：165-175.

[164] WilliamM. Pitts. Toxic Yield［A］. United Engineering Foundation Conference Proceedings［C］，2001 January 7-11：76-87.

[165] F. M. Galloway. Transport and Decay of Hydrogen Chloride：Use of a Model to Predict Hydrogen Chloride Concentrations in Fires Involving a Room-corridor-room Arrangement［J］. Fire Safety Journal，1990，16：33-52.

[166] Hartzell, G. E. 王晔译 . Combustion Products and Their Effects on Life Safety. Fire Protection Handbook [J] . 消防技术与产品信息，1996：39-46. （1991）. 17th edition，National Fire Protection Association，Quincy，Massachusets.

[167] Wang H，Hahn TO，Sung CJ，et al. Detailed Oxidation Kinetics and Flame Inhibition Effects of Chloromethane [J]. Combustion and Flame . 1996. 105：291-307.

[168] Leylegian JC，Zhu DL，Law CK，et al，Experiments and Numerical Simulation on the Laminar Flame Speeds of Dichloromethane and Trichloromethane [J]. Combustion and Flame，1998，114：285-293.

[169] XING Jia-jia，JIANG Yong，PAN Long-wei. An Approach for Predicting the Toxicity of Smoke [J]. Journal of Safety Science and Technology，2013，9 (8)：72-82.

[170] Tuovinen H，Blomqvist P，Saric F. Modelling of Hydrogen Cyanide Formation in Room Fires [J]. Fire Safety Journal，2004，39：737-755.

[171] Kantak MV，De Manrique KS，Aglave RH，et al，Methylamine Oxidation in a Flow Reactor：Mechanism and Modeling [J]. Combustion and Flame，1997，108：235-65.

[172] Dagaut P，Glarborg P，Alzueta MU. The Oxidation of Hydrogen Cyanide and Related Chemistry [J]. Progress in Energy and Combustion Science，2008，34：1-46.

[173] Feron VJ，Til HP，Vrijer FD，et al. Aldehydes：Occurrence，Carcinogenic Potential，Mechanism of Action and Risk Assessment [J] . Mutat Res，1991，259：363-385.

[174] Cai Y，Wu MH，Ludeman S M，et al. Role of O6-alkylguanine-DNA Alkyltransferase in Protecting Against Cyclophosphamide-induced Toxicity and Mutagenicity [J] . Cancer Res，1999，59：3059-3063.

[175] Houlgate PR . Determination of Formaldehyde and Acetaldehyde in Mainstream Cigarette Smoke by High Performance Liquid Chromatography [J] . Analyst，1989，114：355.

[176] Kehrer JH，Biswal SS. The Molecular Effects of Acrolein [J] . Toxicology Science，2000，57：6-15.

[177] Rodgman A. The Composition of Cigarette Smoke：Problems with Lists of Tumorigens [J] . Beitrage zur Tabakforschung International，2003，20：402-437.

[178] Rodgman A，Green CR. Toxic Chemicals in Cigarette Mainstream Smoke：Hazard and Hoopla [J]. Beitrage zur Tabakforschung International，2003，20：481-543.

[179] Cohen SM，Garland EM，St John M，et al. Acrolein Initiates Rat Urinary Bladder Carcinogenesis [J]. Cancer Res，1992，52：3577-3581.

[180] Feng ZH，Hu WW，Hu y，et al. Acrolein is a Major Cigarette-related Lung Cancer Agent：Preferential Binding at p53 Mutational Hotspots and Inhibition of DNA Repair [C] . Proceedings of the National Academy of Sciences of the United States of America，2006，103：15404-15409.

[181] Lijinsky W，Reuber MD. Chronic Carcinogenesis Studies of Acrolein and Related Compounds [J]. Toxicol and Health，1987，3：337-345.

[182] Parent RA，Caravello HE，Christian MS，et al. Developmental Toxicity of Acrolein in New Zealand White Rabbits [J] . Fundam Appl Toxicol，1993，20：248-256.

[183] Parent RA，Caravello HE，Balmer MF，et al. One-year Toxicity of Orally Administered Acrolein to the Beagle Dog [J] . J Appl Toxicol，1992，12：311-316.

[184] Parent RA，Caravello HE，Long JE. Two-year Toxicity and Carcinogenicity Study of Acrolein in Rats [J] . J Appl Toxicol，1992，12：131-139.

[185] Esterbauer H，Schaur RJ，Zollner H. Chemistry and Biochemistry of 4-hydroxynonenal，Malonaldehyde and Related Aldehydes [J] . Free Rad Biol Med，1991，11：81-128.

[186] R kallonen. Smoke Gas Analysis by FTIR Method Preliminary Investigation [J] . Journal of Fire Sciences，1990 (8)：343-360.

[187] J Bak and A Lasen. Quantitative Gas Analysis with FTIR：a Method for CO Cal Ibration Using Partial Least Squares with Linearized data [J] . Applied Spectroscopy，1995，49 (4)：437-443.

[188] J Tetteh，E Metcalfe，S Howell s，et al. Orthogonal Noise Annihilation for FTIR Spectroscopy a Fire Gas Analysis [J]，Fire and Materials，1996，20：51-59.

[189] H Pottel. The Use of Partial Least Squares (PLS) in Quantitat Ive FTIR Det Ermination of Gas Concentrations in Smoke Gases of Burning Textiles [J] . Fire and Materials，1995，19：221-231.

[190] Babrauškas V，Gann G R，Levin B C，et al. A Methodology for Obtaining and Using Toxic Potency Data for Fire Hazard Analysis [J] . Fire Safety Journal，1998，31：345-358.

[191] Rodkey F L. A Mechanism for the Conversion of Oxyhemoglobin to Methemoglobin by Nitrite [J]. Clin Chem，1976，22：1986-1990.

[192] Armstrong，G. W. A Chemicall Mathematical Model for Predicting the Potential Physiological Hazard of a Changing Fire Environment [J] . Fire and Flammability Combustion Toxicology，1972：346-50.

[193] Packham，S. C，G. E. Hartzell. Fundamentals of Combustion Toxicology in Fire Hazard Assessment [J] . Testing and Evaluation，1981，9 (6)：341.

[194] TONG Qingjie，QUAN Gaofeng，SHAO Li. Analysis of Mentality and Behavior of People Involved in Fire Disasters [J] . Journal of Hefei University of Technology，2004，18 (3)：159-162.

[195] Danel J. Caldwell，Yves Alarie. A Method to Determine the Potential Toxicity of Smoke from Burning Polymers. 1. Experiments with Douglas Fire [J] . Journal of Fire Sciences，1990，8：23-62.

[196] Gordon L. Nelson Fire and Pesticide，A Review and Analysis of Recent Work [J] . Fire Technology，2000，36 (3)：163-182.

[197] HUANG Rui，YANG Lizhong，FANG Weifeng. Progress in Study of Hazard Analysis of Fire Smoke [J] . Engineering Science，2002，4 (7)：80-85.

[198] LIU Junjun，LI Feng，LANBin，et al. Development of Fire Smoke Toxicity Research [J] . Fire Science and Technology，2005，24 (6)：674-678.

[199] Lin C J，Chuan Y K. A Study on Long Tunnel Smoke Extraction Strategies by Numerical Simulation [J]. Fire Safety Journal，2005，40 (4) ：320-330.

[200] Speitel，L. C. Fourier Trans form Infrared Analysis of Combustion Gases [J] . Journal of Fire Sciences，2002，20，5：349-372.

[201] PottsW. J，LedererT. S；A Method for Comparative Testing of Smoke Toxicity [J] . Journal of Combustion Toxicology，1977，4：114-162.

[202] Robinson R S，Dressler D P，Dugger D L，et al. Smoke Toxicity of Fire-retardant Television Cabinets [J] . Journal of Combustion Toxicology，1977，4：4-35.

中国建材工业出版社
China Building Materials Press